아주 특별한 생물학 수업

# 아주 특별한 생물학 수업

생물학자 장수철 교수가 국어학자 이재성 교수에게 1:1 생물학 과외를 하다

장수철, 이재성 지음

Humanist

2012년 11월 10일
## 장수철
절친 이재성에게
## 생물학 수업을 시작하다.


2013년 2월 26일
## 총 14회, 28시간 38분 51초
기대했던 맛집 탐방은 없었지만
목표한 분량의 수업 종료.


우리는
이 109일 동안의 기록을
## "아주 특별한 생물학 수업"이라
부르기로 결정했다.

# 차례

## 수업을 시작하기 전에

**3년 전 어느 날,** 휴머니스트 출판사에서 연락이 왔습니다. 제가 개설한 교과목의 제목과 수업계획서, 강의 평가를 보고 연락했다고 했지요. 일반인을 대상으로 한 생물학 입문서를 만들고 싶다는 제안이었습니다. 평소에 일반인에게 생물학 수업을 할 것을 꿈꾸던 저에게 단비와 같은 소식이었습니다. 책을 통해 더 많은 사람에게 수업을 들려줄 수 있다니! 더없이 설레는 일이었습니다. 하지만 실제로 제안을 받고 보니 글쓰기에 대한 두려움이 슬금슬금 밀려왔습니다. 어떻게 하면 좋을까.

이럴 때 믿을만한 친구가 있다는 것은 인생의 커다란 복입니다. 서울여자 대학교 국어국문학과에 재직하는 이재성 교수가 떠올랐습니다. 이재성 선생님은 《글쓰기의 전략》이라는 베스트셀러도 낸 경험이 있으니까요. 여럿이 모여 머리를 맞대고 이런 저런 논의를 하다가 고등학교 졸업 이후 과학과 멀어진, 그러나 나이가 들어 생물학이 무엇인지 궁금해진 40대 아저씨를 표준으로 삼아 수업을 시도해 보기로 했습니다. 물론 그 아저씨는 이재성 선생이었지요. 이재성 선생님은 직업이 교수일 뿐인 일반인 아저씨의 입장을 대변해 기초적인 것, 궁금한 것, 엉뚱한 것을 친

11

구라는 이름으로 거침없이 질문하는 역할을 맡았습니다. 그렇게 이 수업은 시작되었습니다.

저는 앞서 말한 것처럼 대학에서 학생들에게 생물학을 가르치고 있습니다. 처음 교수가 되어 수업 시간에 만났던 학생들이 가끔 기억납니다. 의욕을 잔뜩 갖고 열성적으로 수업을 하는 저를 조용히 응시했었죠. 하지만 지금은 학생들이 수업 시간에 꽤 활발하게 질문을 합니다. 아마도 일방적이었던 제 강의가 이제는 소통하고 질문해도 될 만큼 조금의 여유가 생긴 것이 아닐까요?

평소 학생들을 가르칠 때 중요하게 생각하는 것이 하나 있습니다. 생물학은 '암기하는 학문'이라는 인식을 깨는 것입니다. 대학에서 이런저런 전공 교과목을 배우면서 생물학은 물리학이나 화학과는 다르게 법칙이 많지 않다는 것을 알게 되었습니다. 모든 학문이나 과학이 그렇겠지만 다양한 생명 현상은 법칙으로 아울러 설명하기 어렵기 때문에 생물학은 상대적으로 생각할 여지가 많다는 것을 몸소 깨달은 겁니다. 가르치는 입장에 서고 나서는 늘 생각할 수 있는 수업을 고민하고 준비합니다. 그렇게 수업을 준비하면 명확하지 않았던 생물학의 주제들이 구체적으로 드러나 저 스스로도 훨씬 많은 것을 배우게 됩니다. 그렇지만 안타깝게도 생물학이 외우는 과목이라는 선입견은 많은 학생들에게 여전합니다. 생물학은 외우는 것에 앞서 이해가 바탕이 되어야 합니다. 그렇지 않고 무작정 외운 지식은 아무런 의미가 없습니다. 저는 이 책을 통해 그러한 선입견을 바로잡아 주고 싶었습니다.

2012년 겨울에 시작된 열두 번의 수업은 생명 현상을 이해하는 데에 꼭 필요한 내용으로 채워졌습니다. 기초 화학, 세포, 에너지 대사, 광합성, DNA, 유전, 염색체 등 생물학의 기초적인 내용으로 수업을 준비하였고, 현상의 본질, '왜'와 '어떻게'라는 질문, 관련된 생활 속의 예, 각 생물 종류의 역사 등 과학을 총체적으로 이해할 수 있도록 수업을 진행했습니다. 그리고 이재성 선생님의 질문으로 수업이 보다 알차게 채워졌습니다. 학교 수업에서는 받아본 적이 없는 질문이 난감할 때도 있었지만 오히려 배울 점이 많았습니다. 그런 질문은 엉뚱한 질문이 아니라, 학교에서 학생들이 용기 있게 손들고 말하지 못했던 질문, 교과서가 아닌 일상생활에서 생물학을 적용해 보는 사고 과정에서 나오는 당연한 질문이었던 것입니다.

이 책은 아저씨들을 위한 생물학 수업을 표방하지만, 실제 수업의 난이도는 생물학을 배우고 있는 중고등학생들과 이제는 가물가물한 학창 시절 생물학을 배웠던 일반인들을 대상으로 하고 있습니다. 생물학을 배우고 있는 중고생들에게는 이 책이 생각하는 습관을 갖는 데 도움이 되기를 바랍니다. 생각하는 습관은 과학을 비롯한 그 어떤 학문을 하더라도 필요한 자세입니다. 더불어 생물학은 쉬운 학문이고 더는 알 것이 없다고 생각하거나, 진화 말고는 더 이상 말할 것이 없다고 생각하는 과학 독자들에게 말씀드립니다. 일상적인 삶과 생물학의 관계는 떼려야 뗄 수 없으며, 물론 진화를 아는 데에도 기본이 되는 것은 말할 것도 없겠지요. 수업이 쌓일수록 이전까지 알고 있었던 생물학 지식과 더불어 사고의 폭과 깊이가 늘어나게 될 것입니다.

학생뿐만 아니라 '생물' 수업을 한번쯤 들어본 적이 있는 어른도 이 책을 재미있게 읽기를 바랍니다. 저는 생물학 분야에서 경력을 쌓은 교수이지만 한편으로는 한 구석에 허전함을 안고 사는 보통의 중년이기도 합니다. 다른 중년 아저씨들도 큰 차이는 없을 것이란 생각이 듭니다. 주변을 둘러보면 책임감 때문에 지금까지 유보했던 자신만의 삶을 즐기기 위해 노력하는 또래의 사람들이 보입니다. 등산이다, 악기 연주다, 사진 촬영이다, 다양한 활동으로 마음의 허전함을 채웁니다. 이 책은 어느 정도 동병상련의 마음으로 만든 것이라 할 수 있습니다. 혹시 자신이 영위하고 싶은 취미가 지적 호기심과 관련이 있는 중년의 어른이 있다면 이 책이 삶의 윤활유와 같은 작용을 하게 되지 않을까요?

10여 년 전, 연세 대학교에서 학생들을 막 가르치기 시작한 때였습니다. 같은 전공에 있던 선배 교수가 했던 말이 매우 인상 깊었습니다. "가능하면 많은 사람에게 생물학을 '전도'해야 해. 나 스스로 그러고 싶고."

생물학 박사 학위를 받고 교수직을 얻어 연구직이 아닌 교강사로 일을 하게 되면서 저도 그런 생각을 가지게 되었습니다. 평소에 우리나라의 교육이 문과와 이과로 분리되어 대학생이 되어서도 종합적이고 체계적으로 사고하기가 쉽지 않고, 대부분의 사람들이 생명을 과학과 연관 짓지 않고 인식하는 경우가 많습니다. 그동안 학생들을 가르치면서 어떻게 생물학을 가르쳐야 하는지 조금이나마 알게 되었고, 계속해서 다양한 시도를 하고 있습니다. 이 책도 그 다양한 시도 중 하나라고 할 수 있을 겁니다.

《아주 특별한 생물학 수업》을 통해 과학을 전공하거나 전공하려는 학생이 아닌, 일반 독자들에게도 제 수업을 전할 수 있게 되어 기쁘게 생각합니다. 더불어 나의 수업을 들었던, 듣고 있는, 앞으로 듣게 될 제자들에게 이 책은 제가 생물학 수업을 준비하는 데에 게으르지 않았다는 증거가 될 것 같습니다. 한 가지 욕심이 더 있다면 개개인이 세상을 더 밝게 보는 데에 이 '특별한 수업'이 도움이 되기를 바랍니다. 혹시 책을 읽다가 모자란 점이 있다면 꼭 알려 주시길 바랍니다. 아울러 책이 나오기까지 큰 노력을 아끼지 않으신 휴머니스트 편집자분들에게도 감사드립니다.

장수철

# 삶과 죽음, 살아 있다는 것의 의미

## 생명과 생물학

생명이란 뭘까요? 생명을 이야기하려면 먼저 생물이 어떤 공통
된 특징을 가지고 있는지를 봐야 해요. 수업을 마치고서는 '생
물의 특징은 진화론으로 설명될 수 있다.'라는 것까지 연결될
수 있으면 좋겠어요. 같이 살펴보죠.

## 생물의 특징을 알아보자

**장수철** 사실 생물은 종류가 워낙 다양해서 '모든 생물은 이런이런 특징이
있다.'라고 규정하기가 쉽지 않아요. 그래도 생물의 특징이 뭘까, 간단히
정리해 보면, 이래요.

우선 생물은 각자 자기만의 구조적인 특징이 있어요. 해바라기면 해바
라기, 사자면 사자처럼 생물은 나름대로의 독특한 구조를 가지고 있어요.

그리고 생물은 생명을 유지하려면 어디선가 에너지를 얻어 써야 해요.
빠른 날갯짓으로 잘 알려진 벌새 있죠? 벌새는 손가락 두 마디 정도 크
기인데 1분에 수백 번 날갯짓을 해요. 이놈이 그렇게까지 힘들게 꽃에서
꿀을 빨아 먹는 것은 꿀을 이용해서 에너지를 만들겠다는 의미예요.

또 생물은 생명이 제대로 일어날 수 있게 일정한 상태를 유지하도록
조절 작용을 합니다. 토끼는 열심히 뛰느라 체온이 올라가면, 귀를 쫑긋

**그림 1-1** 생물은 각자 자기만의 구조적인 특징이 있다. 해바라기는 꽃대 끝의 둥근판에 많은 꽃이 뭉쳐 커다란 꽃을 이룬다.

세워서 핏줄을 외부에 노출시켜요. 체온을 바깥으로 내보내서 체온이 지나치게 올라가는 것을 억제하는 거죠.

그 다음에 생물은 발생을 하고 성장을 합니다. 어머니 몸속에서 정자와 난자가 만나서 내 모양 하나하나가 만들어지는 과정이 발생이에요. 내가 어머니 몸 밖으로 나와서 키가 크고 몸무게가 늘어나는 것은 성장이라고 하죠.

또 하나는 환경에서 오는 자극에 반응을 한다는 것. 벌레를 잡아먹는 식물인 파리지옥은 이러한 특성을 잘 보여 줍니다. 대개 식물은 전혀 움직이지 않을 거라고 생각하는데 이 경우는 굉장히 빠르게 움직이거든요. 잎 두 개가 입을 벌리고 있다가 파리가 와서 건드리면 탁 하고 잡아요.

**그림 1-2** 파리지옥은 곤충을 잡아먹으며 사는 식충식물이다. 가장자리에 가시 같은 긴 털이 나 있는 잎 두 개가 입을 벌리고 있다가 파리와 같은 곤충이 이 긴 털을 건드리면 잎을 탁 닫는다. 모든 생물은 환경에서 오는 자극에 반응한다.

외부에서 물리적으로 어떤 자극이 있으면 그것에 반응해 잎이 닫히는 거죠. 이 힘은 곤충의 입장에서는 벗어나기 힘들 정도로 큽니다. 여기에서는 파리지옥을 예로 들었지만, 모든 생물은 외부 환경 요인에 반응을 합니다.

'진화(evolution)'라는 말은 다들 들어 봤죠? 진화한다는 것은 생물이 가지고 있는 아주 중요한 특징입니다. 여러 변이 중 적응에 성공해서, 즉 자연에서 선택되어 유전자를 자손에게 전달할 수 있게 되는 것을 진화라고 이야기하죠. 그러면 적응이란 뭘까요? 해마는 산호와 비슷하게 생겨서 바닷속에서는 웬만해서 포식자 눈에 띄지 않죠. 오랜 세월이 지나면서 주변 환경과 굉장히 비슷한 모양이나 색깔을 띠는 것들만 살아남는 데 성

**그림 1-3** 생물은 진화한다. 해마는 오랜 세월 동안 산호초가 있는 환경과 비슷한 색깔과 모양을 띠는 것들이 포식동물의 위협을 피해 살아남아. 오늘날과 같은 모양으로 진화했다.

공했습니다. 이게 적응이에요. 눈에 잘 띄는 놈들은 잡아먹혀도 벌써 잡아먹혔겠죠. 당연히 유전자를 자손한테 전달하지 못했을 겁니다.

마지막으로 번식도 생물의 중요한 특징입니다. 생물은 목숨을 걸 만큼 번식에 헌신적이에요. 남극에 있는 황제펭귄은 수컷이 새끼를 다리 사이에 놔두고 보살피죠. 엄청 추운 날씨인데 털로 새끼를 덮어서 따뜻하게 해 주는 거예요. 그렇게 견디면서 암컷이 물고기를 잔뜩 잡아 가지고 오기를 기다리는 거예요. 암컷이 올 때까지 견디면 먹고 사는 거고, 그렇지 않으면 죽을 수도 있어요. 그런데 아무리 추워도 수컷 혼자 안 떠나요.

## 생명을 정의할 수 있을까

**장수철** 지금 생물의 특징을 쭉 이야기하고 있는데요, 사실 생명을 정의하기란 무척 어렵습니다. 생물인지 아닌지에 대한 논란이 많은 바이러스(virus)를 한번 생각해 보죠.

바이러스는 맨눈으로 볼 수는 없지만 전자 현미경으로 보면 나름대로 자기만의 독특한 구조를 가지고 있다는 걸 확인할 수 있어요. 자손도 수없이 많이 만들 수 있습니다. 그중에서도 숙주 세포 내에서 살 수 있는 놈들만 선택이 되는데 그 과정을 적응이라고 할 수 있죠. 물론 적응을 하기 때문에 진화도 합니다. 이런 점을 보면 바이러스는 생물이죠.

그렇다면 바이러스에 외부 자극을 주면 반응을 할까요? 안 해요. 인간 면역 결핍 바이러스인 HIV(human immunodeficiency virus)에 꿀을 뿌려 준다든지 산소를 공급한다든지 했을 때, 좋으면 좋은 대로 싫으면 싫은 대로 반응을 할까요? 그런 거 없어요. 외부의 어떤 환경에 놓이더라도 반응하지 않습니다. 조절 작용도 전혀 안 일어나요. 아까 토끼가 체온이 지나치게 올라가는 것을 막기 위해서 귀를 쫑긋 세운다고 했죠? 일정하게 체온을 유지하려고 하는 행동이란 말이에요. 그런데 바이러스에서는 내부 환경을 일정하게 유지하기 위한 어떤 일도 벌어지지 않습니다. 에너지? 안 써요. 보통 생물은 자기 스스로 에너지를 얻고 사용해서 자신이 필요로 하는 모든 일을 하는데, 애들은 안 그래요. 필요한 일이 있으면 숙주 안에 들어가서 그 세포에 있는 걸 써먹는 거예요. 그러니까 성장과 발생이 전혀 안 일어나죠. 그런데 번식은 엄청나게 잘 일어난단 말이죠.

자, 그럼 이것을 생물이라고 할 것이냐 말 것이냐. 생물학자마다 의견이 다른데, 많은 경우에 "생물이라고 할 수가 없다. 그러나 생물과 굉장

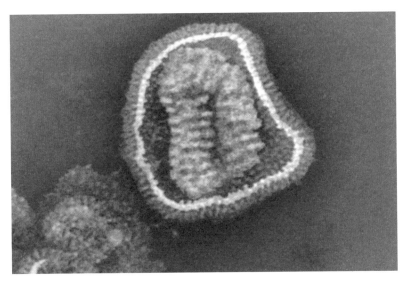

**그림 1-4 인플루엔자 바이러스 입자** 바이러스는 생물일까? 바이러스는 독특한 구조를 가지고 있고, 자손을 번식시킬 수 있으며, 변이를 만들어 진화할 수 있다. 그러나 환경에 반응하지 않고, 조절 작용도 전혀 일어나지 않으며, 발생과 성장을 하지 않는다.

히 밀접한 관계를 가지고 있는 것은 인정하고 봐야 한다." 이렇게 이야기 해요.

이재성 질문이 있어요. 앞에서 말한 생물의 특징 일곱 가지 모두를 만족시켜야만 생물이라고 할 수 있는 건가요? 조건으로 이외에 다른 것은 없는 건가요?

장수철 아아, 여기에서 말한 '생물의 특징'을 '생물의 조건'이라고 오해하면 안 돼요. 물리학이나 수학은 어떤 조건이나 법칙이 명확하지만, 생물학은 상대적으로 느슨한 편이죠. 생물이 워낙 다양하고, 우연적인 요소가 커서 예측하기 어렵다는 의미로 해석할 수 있겠네요. 어쨌든 느슨하긴 하지만 생물에 공통적인 특징이 있다는 거죠. 생물의 특징으로 물질대사(metabolism)를 한다, 번식을 한다, 이 두 가지만 꼽는 생물학자도 있어요. 하지만 대부분은 더 많은 특징을 예시하죠.

하하. 가볍게 들어가는 이야기라고 생각했는데 여기에서 이런 질문이 나올 줄 몰랐네요.

**이재성** 그건 생물학자가 너무 안일한 거야. 자기가 공부하는 대상이 뭔지 모르면서 이것저것 이야기한다는 게. 그러면서 일반인한테 그것을 이해하라고 하면 너무 무책임한 것 같은데요?

**장수철** 이야기를 듣다 보니까 과학에 대해 물리학적인 이미지를 굉장히 강하게 가지고 있다는 느낌이 드네요. 선생님은 생물학에서 물리학에서와 같이 딱 떨어지는 조건이나 법칙을 찾으려고 하는 것 같은데, 사실 생물학은 물리학이나 화학과 다른 특징을 가진다고 할 수 있어요.

**이재성** 그렇다면 노새는 뭐죠? 암말하고 수탕나귀에서 나오는 거요. 호랑이와 사자 사이에서 나오는 라이거도 있고요. 그럼 노새나 라이거는 생물은 생물인데 생식 능력이 없는 생물인 거네요?

**장수철** 그렇죠.

**이재성** 생식 능력은 생물의 중요한 특징이라고 하셨는데 노새도 생물이라고 한다면 모순 아닌가요?

**장수철** 그래서 생물학이 어려운 거예요. 이렇게 이야기하면 '대답이 뭐 그

---

**물질대사란?** 생명체 내에서 일어나는 모든 화학 반응을 말한다. 물질대사는 큰 분자를 작은 분자로 분해하는 이화작용(異化作用, catabolism)과 작은 분자를 재료로 큰 분자를 만드는 동화작용(同化作用, anabolism)으로 나눌 수 있다. 생물은 물질대사를 통해 에너지를 얻고 몸을 구성하는 재료를 얻는다.

래?' 하고 반응할 수 있는데, '하나씩 둘씩 예외를 가지고 있다고 하더라도 커다란 틀로는 생물로 인정을 할 수 있다.'가 그 대답이 될 거 같네요.

생물의 특징이나 조건은 오늘처럼 생물학 수업을 처음 시작할 때 이야기하는 거예요. 그런데 이걸 반드시 갖춰야 할 조건이라고 생각하기보다는 생물의 특징을 조금 더 단순하게 정리를 해보자는 맥락으로 이해해야 해요. 앞에서 말한 대로 물질대사를 한다는 특징을 하나로 보고, 번식한다는 것을 다른 하나로 보는 거죠.

이재성 지금 그 설명에서는 자의적인 느낌이 강한 거 같은데요.

장수철 맞아요. 만일 생물을 쭉 관찰하고서 모든 생물에 적용할 수 있는 생물의 정의나 특징을 깔끔하게 정리할 수 있다면 생물학자도 그렇게 힘들지 않을 거예요. 하지만 생물학에는 조건이나 법칙이 별로 없어요. 사실 이렇게 특징을 뽑아내는 것도 쉽지가 않아요.

이재성 질문을 했지만 '생물이란 무엇인가?'에 대한 답을 뭐라고 해야 할지 막막한 느낌이에요.

장수철 생물이 가지고 있는 특징들이 워낙 다양하기 때문에 이것저것 관찰하고 생각하면서 '생물이란 무엇인가?'에 대한 답을 찾아가는 거예요. 예외가 있긴 하지만 생명을 아울러 설명할 수 있는 기준을 제시해 줘야 하는 것이 생물학자들의 임무죠. 생물학은 그런 식으로 발전한 거예요. 그러니까 물리학자나 화학자 들이 처음에 생물학을 무시했죠. 그렇다고 생물학을 할 때 물리학이나 화학에서 하는 방식으로 법칙을 들이댔다가는 생물에 대해 아무것도 설명할 수 없어요.

## 생물이 살아가는 법

장수철 생물의 특징을 관계의 측면에서 살펴보고, 더 이야기를 나누죠.

우리가 얻는 에너지는 어디에서 시작되는 걸까요? 쭉 따라서 올라가다 보면 햇빛이에요. 빛에너지. 식물이나 일부 세균(Bacteria)과 일부 원생생물(原生生物, Protista)이 빛에너지를 다른 생물이 먹을 수 있는 탄수화물로 바꾸어 주는 거예요. 빛에너지를 직접 이용할 수 없는 생물들은 다른 생물을 먹고 에너지를 얻는 거죠.

만일 햇빛이 사라진다면 지구 상의 생물은 어떻게 될까요? 99.9퍼센트 사라집니다. 태양은 에너지를 지구로 계속해서 퍼줍니다. 에너지를 공급 받지 못한다면 지구 상에서 생물들은 99.9퍼센트가 사라져요. 너무나 명확한 거예요. 그렇다면 99.9퍼센트에 속하지 않는 생물은 뭐가 있을까요? 지구 상에 화학 분자에 저장된 약간의 에너지만 먹고 사는 세균들이 있어요. 태양 에너지가 차단된다면 그놈들은 살아남을 거예요. 다만 태양이 없다면 지구 자체적으로 공급할 수 있는 에너지는 언젠가 고갈될 것이기 때문에 개네들도 언젠간 다 멸종할 거라는 건 분명해요.

또 하나, 생물의 구조와 기능은 아주 밀접하게 연결되어 있습니다. 새의 날개는 역학적으로 공기의 저항을 덜 받는 전형적인 구조예요. 새가

---

**원생생물이란?** 생물을 크게 나누는 세 개의 영역, 즉 세균(Bacteria)과 고세균(Archaea), 진핵생물(Eukarya) 중 진핵생물을 보면 동식물, 곰팡이류를 제외한 대부분이 단세포 생물인데 이들을 원생생물이라 한다.

**그림 1-5** 생물의 구조와 기능은 밀접하게 관련되어 있다. 새의 날개뼈는 속이 비어 있어 가볍기 때문에 새가 나는 데 유리하다. 또한 날개의 모양은 비행에 적합한 구조다.

잘 날려면 일단 가벼워야 해요. 그래서 날개를 살펴보면 뼛속이 비어 있어요. 날개의 뼈들이 다 통뼈가 아닌 속이 빈 뼈들이에요. 나는 데 굉장히 유리한 구조죠. 새의 신경세포도 마찬가지예요. 새의 신경세포들은 비교적 복잡하고 탄탄하게 연결되어 있어요. 왜 그럴까요? 날면서 얘네들이 해야 하는 일이 적어도 두 가지가 있어요. 하나는 포식자를 봤을 때 재빨리 피하는 거예요. 독수리가 있는 것을 봤다면 멀리 있을 때 눈치채서 빨리 움직여야 살아남죠. 그러면 포식자 입장은 어떨까요? 멀리서 먹잇감을 보고 먹잇감이 움직이기 전에 잽싸게 내려가서 낚아채야 하겠죠. 가까이서 보고 움직였다가는 먹잇감이 금방 눈치를 챌 거예요. 그렇기 때문에 새는 시신경과 뇌, 그리고 날개의 근육을 연결하는 일련의 신경이 굉장히 밀접하게 연결되어 있어요. 또 하나, 새의 날개에 있는 세포에는 미토콘드리아(mitochondria)가 엄청나게 많아요. 날갯짓을 한다는 것은 에너지를 굉장히 많이 소모한다는 이야기거든요. 에너지를 생물이 쓸 수 있는 형태로 바꾸어 주는 것이 미토콘드리아예요.

**이재성** 잘은 모르지만 새의 날개에서 말씀하신 특징은 치타 같은 경우도 마찬가지일 것 같아요. 그러니까 꼭 새의 형태만 적용되는 것은 아닌 것 같아요.

**장수철** 맞아요. 여기에서는 새를 예로 들어서 몇 가지 요소를 본 거예요. 치타의 경우라면 좀 달라지겠지만 빨리 달리기와 몸의 구조가 연결되어 있는 것은 맞는 이야기죠. 그런데 다 그럴까요?

맹장, 없어도 되잖아요. 참고로 나는 재작년에 쓸개에 있는 담석을 제거하면서 쓸개를 뺐어요. 나 쓸개 빠진 놈이에요. 하하. 쓸개나 맹장이라고 부르는 충수 같은 경우는 잘라 내도 사는 데 지장이 없어요. 그런데 왜 있을까? 과거에는 지방 분해 효소의 분비나 면역 기능 등을 했는데 현재는 다른 기관과 기능이 중복되거나 필요 없게 된 듯합니다. 더 정확하고 자세한 내용은 과학자들이 풀어야 할 숙제이긴 해요.

자, 그 다음으로 '모든 생물은 세포로 이루어져 있다.' 사람을 구성하는 세포는 60조 내지 100조 개거든요. 그런데 처음에 출발을 몇 개부터 시작했죠?

**이재성** 한 개.

**장수철** 모르는 게 없어. 하하. 어머니의 난자와 아버지의 정자가 만나서 한 개가 되었죠. 그게 세포 분열을 엄청나게 해서 여기까지 온 거예요. 그래서 내 몸은 전부 세포로 이루어져 있어요. 세균? 세포로 이루어져 있어요. 세포는 생명 현상을 나타낼 수 있는 최소의 단위예요. 세포가 깨지면 물질대사와 번식이 안 일어난다는 거예요.

**이재성** 죄송한데요. 아까 무슨 생각을 했느냐 하면, 1원짜리를 세포로 만들면 짧은 기간에 60조 원이 될 것 같다는 생각이 들었어요.

**장수철** 하하하. 네, 뭐…….

**이재성** 죄송합니다!

**장수철** 아니에요. 좋은 이야기예요. 동전이 발생만 한다면 가능한 이야기겠죠? 자, 그리고 생물은 유전 물질을 가지고 있습니다. 유전 물질은 DNA(deoxyribo nucleic acid)예요. DNA에는 염기 서열(base sequence)로 유전 정보가 저장돼 있어요. 일종의 암호라고 생각하면 되는데, 그 암호를 푸는 방식이 모든 생물이 다 똑같아요. 무슨 이야기냐. 사람의 세포에서 인슐린(insulin)을 만드는 유전자를 뽑아서 세균한테 넣으면 세균도 인슐린을 만든다는 거예요. 그러니까 DNA가 가지고 있는 유전 정보를 읽어 내는 방식이 모든 생물이 다 똑같아요. 신기하지 않아요?

**이재성** 안 신기해요.

**장수철** 아니, 그걸 다르게 읽을 수도 있잖아요. 사람의 언어가 얼마나 많아. DNA를 다른 생물에 이식하는 것을 당연한 것으로 교육 받아서 그런 것 같군요. 하하.

생물의 또 다른 특징은 체내를 일정한 환경으로 유지하려고 한다는 거예요. 몸속에서 뭔가 너무 많이 만들어지거나 반응이 과하게 일어나면 그것을 좀 줄여 주고, 너무 적으면 많이 만들거나 반응을 촉진해 주죠. 그래야 자기 고유의 구조와 기능을 유지할 수 있어요. 예를 들면 사람에게는 혈압을 일정하게 조절해 주는 메커니즘이 있어요. 혈압이 너무 올라가는 것도 안 좋고, 너무 내려가는 것도 안 좋죠. 혈압에 문제가 생기는 건 우리가 조절 메커니즘을 방해하는 환경 요소에 노출되어 있어서 그런 거예요. 또 체온이 너무 올라가면 생명이 위험하잖아요. 병에 걸려서 병원균과 싸우느라 체온이 올라가는 경우도 있지만, 어쨌든 체온이 올라가면 내려 주고, 떨어지면 올려 주죠. 그래서 일정하게 36.5도를 유지하려고 하죠. 또 뭐가 있을까요? 여러분의 혈액이나 체액을 뽑아서 산성도를 나타내는 수치인 pH를 재면 전부 다 7.4가 나올 거예요. 또 혈액 내의 염분 농도를 일정하게 유지해 줘요. 만약에 혈액 내의 염분의 농도가 올라가면 어떤 일이 벌어지죠?

이재성 핏줄이 쪼그라들어요. 맞아요?

장수철 네, 맞아요. 세포로부터 물이 빠져 쭈글쭈글해집니다. 그리고 우리 몸 전체에서 염분 농도가 올라가면 그 안에 들어 있는 단백질들이 전부 다 이상해져요. 그러면 생명을 잃어요.


## 수준 있는 생물학의 설명 체계

장수철 지금까지 생명이 어떠한 특징을 나타내는지를 봤어요. 이것 말고도 생물, 생명체, 생명, 생명과학에 대해 우리가 생각해야 하는 몇 가지가 있습니다.

그림 1-6을 보세요. 잎이 어떻게 구성되는지를 볼 거예요. 레고를 쌓듯 작은 단위부터 볼까요? 아하, 분자가 모이면 엽록체(chloroplast)가 되고, 엽록체랑 핵 등 다른 구조물이 모이면 세포가 되는구나! 세포가 모이면 잎이 되는데 잎을 가져다 벗겨 보면 조직을 이뤄요. 세포가 촘촘하게 모여 있는 책상 조직(palisade tissue), 세포가 성겨 있는 해면 조직(sponge tissue) 등등. 조직들이 모여서 이파리 구조를 만들죠.

처음에는 이렇게 생각했겠죠. '어, 잎을 분해했더니 그 안에 조직이 있네. 그 조직을 분해했더니 그 안에 세포가 있네. 세포를 분해했더니 그 안에 엽록체가 나오네. 엽록체를 분해를 했더니 분자가 보이네.' 이렇게요.

**그림 1-6 생물학의 설명 체계: 개체에서 분자까지** '이파리는 어떻게 빛에너지를 이용할까?'라는 질문에 답하려면 엽록체가 어떤 특성을 가지고 있는지, 엽록체가 있는 세포에서 무슨 일이 일어나는지, 조직들에 어떤 변화가 생기는지 다양한 수준에서 관찰해야 한다. 생물은 개체, 조직, 세포, 소기관, 분자 수준으로 작은 규모에서 설명될 수 있다.

이게 무슨 이야기냐 하면, '분자생물학(molecular biology)'이라고 많이 들어 봤나요? 분자생물학은 주로 유전자를 가지고 이야기하지만 분자 수준 (level)에서 생명을 연구합니다. 우리 눈에 보이지 않는 것을 연구하죠. 20세기 후반, 분자생물학이 급속히 발달한 이후 수많은 생물학자가 실험실에서 연구를 하고 있습니다.

　하지만 분자 수준에서만 생물학을 하면 생물에 대해 온전히 알 수 있을까요? "나 화학하는 사람인데 분자에 대해서는 모르는 게 없어!" 그러면 이 사람이 생물학을 제대로 할 수 있을까요? 생물학이 전부 다 분자생물학이라면 그럴 수도 있을 거예요. 그렇지만 생물학은 분자 수준에서 보는 것이 다가 아니에요. '이파리 수준에서 왜 광합성이 잘 일어나지? 이파리가 늙으면 어떻게 되지?' 하는 것까지 다 봐야 하는 게 생물학이거든요. '어, 이파리가 늙었어. 그래서 봤더니 엽록체가 다 시들시들해졌네. 그래서 낙엽으로 변했네.' 그런 과정이 왜 어떤 식으로 일어났는지를 보는 것이 생물학이에요. 그 과정에서 물론 엽록체를 구성하고 있는 단백질에 무슨 일이 일어났는지를 아는 것은 중요하지만 그것만 가지고 되느냐. 아니에요. 엽록체도 알아야 하고, 엽록체가 들어 있는 세포에서 무슨 일이 일어났는지, 조직들이 어떻게 되었는지도 알아야 합니다. 그래야 단풍이 들든 광합성이 활발하든 그것이 왜 그런지, 어떻게 일어나는지를 알 수 있다는 거죠. 그래서 생물학은 분자 수준, 또는 세포내 구조물 수준에서, 또 세포 수준에서, 조직 수준에서, 그리고 기관 수준에서 다 설명해야 합니다. 이파리라고 하는 기관을 이해하기 위해서는 다양한 수준에서 설명해야 한다는 거죠. 이게 생물학에 있어서 굉장히 중요합니다.

　또 생물학은 각 수준에 있는 다양한 구성 요소 사이의 관계도 들어

다봐야 합니다. 엽록체 안에는 엽록소(chlorophyll)도 있고 카로티노이드 (carotenoid)도 있고, 이온을 여기저기로 옮겨 주는 수송 단백질 등 광합성에 필요한 여러 가지 분자가 있어요. 그런데 그 여러 가지를 한데 모아 두면 광합성이 일어나는가? 안 일어나요. 이 분자들이 일정한 질서에 따라 배치가 제대로 되어야 엽록체가 되고 광합성이 일어납니다. 마찬가지예요. 세포 안에는 엽록체도 있고, 보이지는 않지만 핵도 있고, 그밖에 세포를 구성하고 있는 요소가 굉장히 많아요. 그것들을 대충 갖다 놓으면 하나의 세포처럼 작동할까? 안 해요.

그래서 농담 비슷하게 생물학자들이 이렇게 이야기를 해요. '지금 여기 있는 사람 중에 누구 하나를 완전히 분해해서 그 사람을 구성하고 있는 분자를 모두 준비한 다음에 그것을 모아 둔다면 과연 그 사람이 생물학 연구를 할 수 있을까?' 안 되겠죠.

**이재성** 그렇게 사람을 다 분자로 분해해서 값을 매기면 약 10만 원쯤 된대요. 63킬로그램 기준으로요. 물론 물가 상승률도 고려해야겠지만.

**장수철** 그래요?

**이재성** 지금 말씀하신 것처럼 사람을 다 분해해서 분자의 상태로 모아 놓는 것은 아무런 의미가 없다는 거죠. 그것을 돈으로 환산하면 그 정도 가치밖에 되지 않는다는.

**장수철** 모르는 이야기인데, 아까 그 가격은 정확하게 맞아요? 하하.

생물학에서는 아래 수준에서 설명했던 모든 내용을 다 합치더라도 한 수준, 한 수준 오를 때마다 생기는 새로운 특징이 설명되지 않아요. 세포에 대해서 아무리 많이 알아도 세포가 모여 있는 사람에 대해서는 다른 설명이 필요하다는 거죠. 이것은 생물이 가지고 있는 아주 중요한 특징입니다.

**그림 1-7 생물학의 설명 체계: 개체에서 생물군계까지** 생물은 개체, 개체군, 군집, 생태계, 생물군계, 생물권 수준에서 설명될 수 있다. 같은 종끼리의 모임을 개체군. 여러 종의 집단이 모인 것을 군집, 생물 군집과 서식처의 환경 요소를 아울러 생태계라 하며, 아마존 밀림, 사하라 사막 등 생태계의 모임은 생물군계. 생물군계의 모임인 지구는 생물권이라고 한다. 큰 규모에서 보면 다른 종이나 다른 개체군 사이의 관계, 생물과 무생물의 상호작용을 파악할 수 있다.

좀 더 높은 수준으로 나가 볼까요? 나무라는 개체(organism)가 있고, 같은 종에 속해 있는 개체끼리 모이면 개체군(population)을 이뤄요. 개체군을 관찰할 때는 출생률, 사망률, 이주율 등을 관찰해요. 개체군이 커지고 줄어들 때 이런 이야기를 하죠. 이런 것은 개체군 수준에서 이야기할 수 있지 개체 수준에서는 이야기를 할 수가 없어요. 그 다음에 군집 (community)이라는 것이 있어요. 여기 사람 개체군이 하나 있고, 이 교실은 너무 깨끗하게 만들어서 없을 것 같긴 한데 구멍 같은 걸 잘 찾아보면 개미나 바퀴벌레가 왔다 갔다 할 수도 있어요. 그러면 개미 중에서 같은 종에 속해 있는 놈들이 있을 수 있단 말이에요. 개미 개체군하고 사람 개체군하고, 서로 다른 개체군이 몇 개 같이 있으면 그것을 군집이라고 이야기해요.

개체군이나 군집을 왜 볼까요? 종이 다른 종과 상호작용을 하기 때문이에요. 식물과 질소 고정 박테리아를 예로 들 수 있어요. 식물은 햇빛하고 물, 이산화탄소만 있으면 먹을 것을 만들어 낼 수 있어요. 광합성을 해서 탄소로 만들어진 분자를 만들어 내는 거죠. 그런데 식물이 단백질이나 핵산을 만들려면 탄소로 말고도 질소가 있어야 해요. 문제는 공기 중의 질소는 식물이 바로 흡수를 못한다는 거예요. 공기 중에 질소가 한 80퍼센트 있잖아요. 아무 소용없어요. 공기 중에 있는 질소를 단백질을 만드는 재료로 쓰려면 공기 중에 있는 질소 분자($N_2$)를 다 깨야 돼요. 그런데 그 깨는 힘이 보통 힘이 들어가는 것이 아니에요. 왜냐하면 질소 분자는 질소 원자 두 개가 가장 강한 화학 결합인 공유 결합(covalent bond)을 세 개씩이나 해서 형성($N \equiv N$)되기 때문이에요. 이 분자를 깨서 질소 원자를 이용하려면 다른 분자로 바꿔 줘야 합니다. 예를 들어 질소 비료인 암모니아($NH_3$)를 만드는 데 가서 보면 온도가 500도, 기압은 200기압이에요. 상상이 가요? 엄청나죠? 그 상태에 공기 중의 질소 분자를 집어넣으면 이 분자들이 깨지면서 암모니아 분자를 만들어요. 그제야 식물은 암모니아를 써서 단백질을 만들 수 있어요. 그래서 질소 비료가 나오는 거죠. 하지만 원래 자연에는 질소 분자를 암모니아, 질산 등의 분자로 바꿔 식물에게 공급하는 박테리아가 있어요. 박테리아가 비료 공장 역할을 하는 겁니다. 그 결과, 박테리아 개체군과 식물 개체군은 서로에게 필요한 물질을 공급해 주면서 공생을 하는 거죠.

군집의 수준에서 보면 다른 생물 종이 서로에게 어떤 영향을 끼치는지를 이야기할 수 있어요. 서로 경쟁하는 종도 있고, 다른 한 종에게 얹혀 사는 종도 있고, 또 서로 도움을 주면서 사는 종도 있고. 서로 도움을 주면서 사는 경우가 또 뭐가 있을까? 우리 몸속 대장에는 적어도 500종의 세균이 있어요. 그중에서 유산균은 우리에게 이로운 세균이죠. 유산균 음료는 사실 다 세균 덩어리야. 유산균은 우리 몸속에서 해로운 세균이 자라는 것을 억제해 주고 우리는 유산균에게 먹을 것을 줘요. 서로 도움을 주는 거죠.

생물은 주변 종과 상호작용을 할 수밖에 없어요. 이런 작용은 아무리 분자를 알고, 세포를 알고, 개체를 안다고 해도 설명이 안 돼요. 그러니까 '서로 다른 종 개체군끼리 어떤 특징을 가지고 만나는가? 어떤 상호작용을 하는가?' 하는 것을 알기 위해서는 군집을 알아야 하죠. 더 나아가서는 생물과 무생물이 상호작용을 하겠죠. 그러니까 생태계(ecosystem)에 대해서도 알아야 해요. 나중에는 '지구 자체를 하나의 생물권으로 보자.' 하는 이야기가 나와서 생명 현상을 굉장히 큰 규모로 보기도 합니다.

아래 수준에서 위 수준으로 하나씩 하나씩 올라갈 때마다 새로운 특징이 나오는 것을 '창발성(emergent property)'이라고 해요. 창발성은 아주 중요한 생물의 특징입니다.

**이재성** 생물하고 무생물하고 상호작용을 한다는 것이 어떤 의미인가요?

**장수철** 무생물은 의도성을 가질 수 없다는 것 때문에 질문하시는 건가요?

**이재성** 무생물은 아무것도 하지 않고 얻는 것도 없으니까요. 무생물 요소를 생물이 이용한다는 것은 이해가 가지만 무생물 입장에서 생물을 이용한다는 것이 이해가 안 가서요.

**장수철** 흠, 어렵네. 그 이야기는 편안하게 이해하고 지나갈 수 있을 거라고 생각했는데. 이런 것이 있을 수 있어요. 무생물적인 요소가 생물에 영향을 받아서 지구 환경 자체가 많이 바뀌었다는 것을 알 수 있거든요. 현재까지 과학자들이 밝혀 낸 바에 따르면 초기 지구 환경은 생물이 살기에 굉장히 어려운 환경이었단 말이에요. 그러다가 무기물로부터 유기물이 생겼어요. 이 유기물 중에서 우연히 자기를 복제했는데 복제 능력도 뛰어나고 불량품이 별로 안 생기는 분자가 생긴 거예요. 이런 분자들이 살아남아서 수가 늘어난 겁니다. 생물이 번식할 수밖에 없는 이유가 여기에서 나온 건데, 복제하는 분자는 한번 생기면 계속 복제할 수 있는 거죠. 그래서 그냥 계속 생겨났어요.

자기가 계속 생존하고 번식도 하려면 에너지를 얻어야 되겠죠? 이 복제 분자들은 다른 유기물에서 에너지를 얻었어요. 다른 유기 분자들을 막 먹다가 그때까지 만들어진 유기물이 고갈되는 상태까지 가게 돼요. 그런 상황에서 빛에너지를 쓰는 변이가 출현한 거예요. 생물은 변이가 출현할 수밖에 없어요. 계속 자기랑 똑같은 것을 만든다고 하지만, DNA가 복제되는 과정에서 오류가 생기기 때문이에요.

어쨌든 태양빛을 이용할 수 있는 생물이 나타났어요. 광합성을 하는 세균들이 생긴 거예요. 이 세균들은 그전까지는 대기에 별로 없었던 산소를 만들었어요. 당시 지구는 불그죽죽하고 파란 하늘은 상상도 못했던 환경이었는데, 계속해서 산소가 생기고 오존층이 만들어지면서 지구 환경, 기후 자체가 바뀐 거예요. 무생물 입장에서 보면 이득을 얻었다 아니다 말하기 어렵지만, 결과적으로 무생물적인 환경이 바뀐 것이죠. 무생

물적인 환경에서 생물이 탄생했고, 생물이 만들어 놓은 또 다른 산물 때문에 무생물적인 환경이 바뀌는 거죠. 그래서 상호작용이라고 이야기하는 거예요.

이재성 그리고 아까 말씀하신 무기물이라고 하는 것은 무생물이라고 치환해서 생각하면 되는 건가요?

장수철 생물을 구성하는 분자들은 거의 대부분 탄소를 중심으로 만들어져 있어요. 이러한 분자를 다루는 화학을 '유기화학(organic chemistry)'이라고 해요. 무기물은 유기화학이 다루는 대상이 아닌 분자라고 할 수 있어요. 따라서 무생물이라 간주해도 무리는 아니에요.


## 린네와 다윈


장수철 자, 그러면 지구에 어떤 생물들이 있는지 살펴보죠.

이재성 나비다.

장수철 네. 나비는 지구 상에서 가장 성공한 '족속(또는 분류군)' 중 하나예요. 종이 아니고 족속이라고 이야기했습니다. 곤충의 경우에는 100만 종이 밝혀졌어요. 현재 180만 종의 생물에 이름을 붙였어요. 이름을 부여한 생물이 180만 종이라는 뜻이지, 지구 상에 있는 생물이 180만 종이라는 뜻은 아니에요. 과학자들이 아직 탐사하지 못한 지구 내 환경이 많이 있다는 이야기죠. 어디가 있을까요?

이재성 아프리카.

장수철 또?

이재성 아마존.

**그림 1-8** 나비는 지구 상에서 가장 성공한 '족속(또는 분류군)' 중 하나다. 생물에 이름을 붙인 것이 약 180만 종인데. 그중 약 100만 종이 곤충이다. 물론 180만 종은 이름을 부여한 생물이라는 뜻이지. 지구 상에 있는 생물이 180만 종이라는 뜻은 아니다.

**장수철** 또?

이재성 북극, 남극.

**장수철** 네네.

이재성 땅속?

**장수철** 네, 땅속. 그리고 엄청나게 넓고 깊은 바닷속. 조심스럽게 예상하기로는 한 3000만 종에서 많게는 한 2억 종까지 될 거라고 이야기를 해요. 어쨌든 180만 종에는 이름이 붙어 있어요. 예를 들면 사람 하면 호모 사피엔스(*Homo Sapiens*), 개 하면 캐니스 루퍼스(*Canis Lupus*) 이런 식으로 이름이 붙어 있는 것이 180만 종이라는 뜻이에요. 그중에서 곤충이 100만 종이에요. 앞으로 곤충은 더 늘어날 것 같아요. 우리가 친숙하게 느끼는 포유류를 포함한 척추동물은 최대 5만 2000종, 식물은 29만 종밖에 안 돼요. 우리 균류(Fungi) 몇 개 모르죠? 버섯, 곰팡이 또는 빵 만들 때 쓰는 효모. 몇 개 안되는 거 같잖아요? 10만 종이나 돼요. 세균도 별로 안되는 것 같지만 1만 500종이나 되고, 앞으로 굉장히 늘어날 거예요. 땅을 잔뜩 파서 손으로 한 줌 쥐었을 때 그 안에 들어 있는 생물의 개체 수가 10억 단위라고 해요. 그중에는 우리가 새롭게 이름을 추가해야 하는 생물도 있을 거예요.

지금 하는 얘기는 아마존에 가서 실험을 한 사례인데, 아마존에 가서 나무 하나를 딱 정해요. 그 다음 밑에다가 커다란 비닐을 쫙 깔아요. 깐 다음에 엄청나게 강력한 살충제를 뿌리는 거야. 그럼 그 나무에 사는 곤충들이 죽어서 다 떨어질 거 아니에요. 막 흔들어서 다 떨어뜨리는 거죠. 딱정벌레와 비슷한 놈들만 모아서 기존에 알려진 딱정벌레와 같은 종인지 아닌지 구조를 하나씩 하나씩 다 비교하는 거예요. 그런데 옛날에 보지 못했던 딱정벌레가 꽤 많이 발견이 된 거예요. 아마존의 한 구역을 정해서 나무 하나만 본 것인데도요. 열대우림 아마존을 예로 들었지만, 인도네시아를 비롯한 아시아 쪽도 마찬가지예요. 아프리카 쪽도 마찬가지고. 그런 지역을 꾸준히 탐사하면 종 수는 엄청나게 늘어날 거예요. 곤충, 균류, 세균은 앞으로도 계속 늘어날 겁니다. 다만 척추동물, 그중에서도 포유류는 앞으로 늘어나 봐야 몇십 종, 그것이 최대예요.

이재성 곤충 같은 것을 조사하는데, 종이 아니라 아까 이야기했던 것처럼 돌연변이일 수도 있지 않아요? 그 모든 것에 이름을 다 매기나요? 뭐 약간의 차이는 생긴다면서요.

장수철 그것은 방법이 있어요. 대개 서로 교미가 가능한지를 봐요. 가능하면 같은 종이지요. DNA 염기 서열 비교는 기본이고요. 앞서 말한 것처럼 외부 형태나 해부적인 구조만 보고 종을 나눌 수도 있고, 그 외에 생태학적 환경을 비교할 수도 있어요. 이 중 한두 가지 기준에 따라 정확하게 다른 종이라는 것을 밝힌 다음에 이름을 붙여요. 그래서 예전에는 1000만 내지 2억을 이야기했는데, 요즘은 3000만 종이 조금 유력한 것 같아요. 여러 가지 근거를 가지고 이야기하더라고요.

**그림 1-9 칼 폰 린네** 스웨덴의 식물학자로, 생물 분류학의 기초를 다졌다. 그가 만들어낸, 속명과 종명을 라틴어로 적어 생물의 종류를 나타내는 이명법은 오늘날에도 사용하고 있다. 린네는 자연물을 동물, 식물, 광물로 분류하였는데, 오늘날의 생물학적 분류 체계에는 광물계가 포함되지 않는다.

그래서 '엄청나게 많은 생물을 분류하자. 알기 좋게 분류를 하는데, 어떻게 분류를 하는 것이 맞겠느냐?' 고민을 했는데, 칼 폰 린네(Carl von Linné)라는 유명한 분류학자는 '동물, 식물, 광물'로 분류했어요. 그런데 광물이 생물은 아니잖아요. 그래서 후대에 와서 동물, 식물, 눈에 보이지 않는 것 미생물, 이렇게 셋으로 나눴거든요. 그런데 미생물을 보아하니 생각보다 얘네들이 공통점이 별로 없어요. 그래서 미생물을 다시 나눴어요.

세균과 아메바는 하늘과 땅 차이예요. 연못물을 떠서 슬라이드 글라스 위에 스포이드로 한 방울을 떨어뜨려요. 그 다음에 현미경으로 보잖아요? 여러 종류의 생물이 보여요. 그런데 걔네들은 세균이 아니에요. 전부 세균을 '먹고 사는' 생물이에요. 그러니까 일반 현미경으로는 세균이 잘 안 보여요. 배율을 최대로 높이고 렌즈에 기름을 바르면 볼 수는 있어요. 그래도 자세한 것은 안 보여요. 세균처럼 맨눈으로는 보이지 않지만 세균보다 훨씬 크면서 세포 하나짜리인 미생물들이 굉장히 많았던 거예요. 그래서 그것은 세균이 아니라고 판단하고, 다시 분류를 한 거예요. 구조가 단순하고, 세균보다는 큰 세포인 것들을 '원생생물'이라고 이름을 붙였어요. 그래서 동물, 식물, 세균, 원생생물로 분류했어요.

나중에는 한번 더 영양 공급을 어떤 식으로 받는지를 봤어요. 식물은 어때요? 보통 가만히 있으면서 태양빛을 받아서 광합성을 하죠. 동물은? 돌아다니면서 먹죠. 식물이나 동물은 외부 물질이나 먹이를 안으로 끌어들여서 안에서 영양분을 만들어요. 그런데 그렇지 않게 먹는 생물도 있는 거예요. 버섯, 곰팡이 이런 애들은 어때요? 소화 효소를 바깥으로 내보내서 분해한 다음에 빨아 먹어요. '먹는 방식이 다르니까 달리 분류를 하자.' 그래서 그것을 '균류'로 따로 이름을 붙였어요. 우리가 '곰팡이'라고 부르는 것들은 정확하게 말하면 균류예요. 그래서 동물, 식물, 세균, 원생생물, 균류, 이렇게 나눠요. 나름대로 그럴듯하죠.

그런데 최근에 유전적인 차이를 보고 다시 분류를 했어요. 정확히 말하면 리보솜 RNA(ribosomal RNA, rRNA)의 유전자를 보고 분류를 해요. rRNA가 좀 생소하죠? 모든 생물이 다 가지고 있는 것이 DNA라고 했죠. 좋아요. DNA는 유전 물질이잖아요. DNA는 자손한테 전달되는 물질이기도 하지만, 우리 몸을 구성하는 단백질을 만들어 내는 정보가 저장되어 있는 물질이기도 해요. 세포 하나하나에 있는 DNA가 작동을 해서 단백질을 만드는 거예요. DNA는 뭘 하라마라 하는 명령어만 가지고 있지, 실제로 그 명령을 수행하는 것은 단백질이에요. 모든 생명체 혹은 세포는 단백질로 만들어지거든요. 그래서 DNA만 있으면 안 돼요. DNA

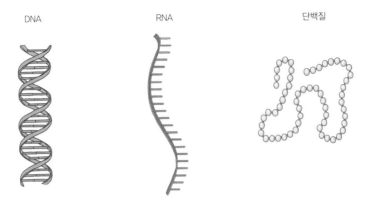

DNA RNA 단백질

**그림 1-10 DNA에서 단백질까지** 모든 생물은 DNA를 유전 물질로 가지고 있다. DNA 정보는 RNA로 전달되고, RNA로 전달된 정보를 읽어서 단백질이 만들어진다. 이 과정에서 리보솜은 RNA에서 단백질을 만드는, 단백질 공장 역할을 한다.

에서 RNA(ribonucleic acid)가 만들어지고, RNA의 정보를 읽어서 단백질이 만들어집니다. 여기서 RNA는 DNA의 일부 정보를 담고 있는 분자를 말해요. DNA에서 딱 필요한 단백질을 만드는 정보만 읽어 오는 거예요. 그런 다음에는 RNA 정보를 읽어서 단백질을 만들어 주는 분자가 있어야 해요. 그게 바로 리보솜(ribosome)이에요. 모든 생명체는 다 리보솜이 있어요. 리보솜을 떼어 보면 반은 단백질이고 반은 RNA예요. 모든 생명체가 리보솜을 가지고 있으니까 모든 생명체는 rRNA, 즉 리보솜을 구성하고 있는 RNA를 가지고 있거든요. 이것을 비교를 한 거예요. 비교를 했더니, 세균이라고 해서 한꺼번에 묶었던 것들이 너무나 차이가 나는 거야. 이후 이 결과는 100종의 생물 유전자를 비교해서 확인되었어요. 두 부류의 세균에서 다른 점이 여러 가지가 나왔는데 중요한 것이 유전 정보 전달 체계의 여러 특징에서 차이가 있었어요. 그래서 세균을 고세균(Archaea)과 세균, 둘로 나눴어요. 그리고 나머지는 진핵생물(Eukarya)

로 묶었고요.

고세균은 대개 옛날 지구 환경과 비슷한 곳에 살아요. 유황이 많은 곳, 굉장히 뜨거운 곳, 염분의 농도가 굉장히 높은 곳, 저 깊은 땅 속……. 그래서 '고세균'이라고 이름을 붙였어요. 얘네들은 세균하고 비슷한 점이 꽤 많지만 나머지 진핵생물과도 비슷한 점이 상당히 많아요.

우리 주변에 개, 고양이, 장미, 버섯, 곰팡이 등을 떠올려 보면 생물이 굉장히 다양한 거 같잖아요. 그런데 세균 입장에서 보면 '너희들은 다 똑같애.'라고 할 수 있을 정도로 진핵생물은 커다란 공통점을 가지고 있는 것으로 간주될 수밖에 없어요. 그럴 정도로 고세균, 세균, 진핵생물 영역(Domain) 각각이 차이가 큰 거예요. 그래서 생물을 커다랗게 셋으로 나눕니다.

곰을 분류해 볼까요? 곰은 고세균 영역, 세균 영역, 진핵생물 영역, 셋 중에서 진핵생물 영역에 속하죠. 자, 진핵생물에는 원생생물, 식물, 균류도 있지만 곰은 동물계(界, Kingdom)에 속하죠. 동물계 아래에서 곰은 척삭동물문(門, Phylum)에 들어갑니다. 척삭동물은 발생 초기 또는 일생 동안 척삭을 가지는 생물로, 여기에서 척삭은 척추의 기초가 되는, 연골로 된 구조를 말하죠. 나비나 불가사리, 해면동물은 척추가 없어요. 곰은 다시 포유강(綱, Class)에 속합니다. 젖으로 새끼를 키우는 동물이죠. 어류도

**고세균과 세균의 차이** RNA 중합효소의 종류, 단백질 합성의 시작 분자, 인트론의 유무, 항생제에 대한 반응도 등에서 서로 차이를 보인다. 고세균의 이런 특징들은 오히려 진핵생물과 비슷하다.

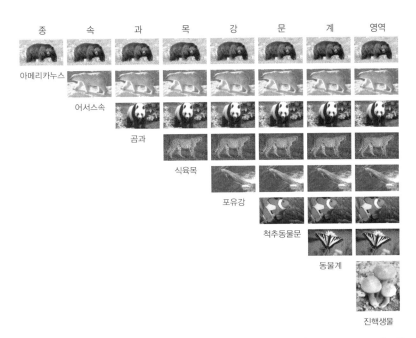

|종|속|과|목|강|문|계|영역|

아메리카누스

어서스속

곰과

식육목

포유강

척추동물문

동물계

진핵생물

**그림 1-11 곰은 생물 분류 어디에 속할까?** 미국흑곰 어서스 아메리카누스(*Ursus Americanus*)는 진핵생물영역 〉동물계 〉척삭동물문 〉포유강 〉식육목 〉곰과 〉어서스속 〉아메리카누스종에 속한다.

파충류도 양서류도 아닙니다. 수없이 많은 포유강 생물 중에서 곰은 초식동물도 아니고, 고래류도 아니에요. 육식을 하는 식육목(目, Order)에 속하는 생물 중 하나예요. 그중에서도 곰과(科, Family), 곰과 중에서도 어서스(*Ursus*)라는 속(屬, Genus)에 속하고 최종 '어서스 아메리카누스(*Ursus americanus*)'라는 종(種, Species) 이름이 붙습니다.

이재성 '어서스(*Ursus*)'가 우루사 아니에요?

**장수철** 아, 그럴 수 있겠네요. 어서스라는 말 자체가 곰을 말하기도 해요.

이재성 저걸 보고 '아, 우루사가 저기에서 나왔구나.' 이런 생각을 했는데.

**장수철** 참신할 걸 참 잘 떠올린단 말이야. 하하.

생물 분류 체계에서 알 수 있는 것은 이거예요. '생물은 너무너무 다양하다. 그러면서도 서로 비슷한 점을 가지고 있다.'

'생물이 어떻게 이렇게 다양한가, 그러면서도 어떻게 서로 비슷한가? 어떻게 그러한 일이 벌어질 수 있지?' 이런 물음에 답을 한 분이 찰스 다윈(Charles Darwin)입니다. 다윈은 '어, 부모가 가지고 있는 형질이 자손에게 계속 전달이 되네?'라는 질문을 품고 형질을 계속 쫓아간 거죠. 그런데 '형질이 전달되고 전달되는 가운데에서 형질이 비슷한 것이지 똑같은 것은 아니다. 혈통이 전해질 때 변형이 되고, 그 변형된 혈통이 계속해서 아래로 전달되면서 어떤 놈들은 선택이 되고 어떤 놈들은 선택이 되지 않는다. 계속해서 혈통이 변형되고 자연에서 선택되는 과정을 겪다 보면 원래 조상과는 많이 다른 자손들이 생길 수 있다.'라는 걸 알게 된 거예요.

**그림 1-12 찰스 다윈** 진화론을 창시한 영국의 생물학자. 다윈은 '생물이 어떻게 이렇게 다양하지? 그러면서도 어떻게 서로 비슷하지? 이런 일이 어떻게 생기는 걸까?' 하는 물음을 설명하려고 했다.

'자연 선택(natural selection)'이라는 말 많이 들어 봤죠? 자연 선택의 예를 들어 볼까요? 여러 가지 종류의 벌레가 있어요. 그중에서 새의 눈에 띌 수 있는 밝은 놈들은 먹히지만, 밝지 않는 놈들은 아직 남아 있는 경우가 좀 있죠. 살아남은 이 개체군은 여러 색깔을 가지고 있는 조상 개체군과는 다른 개체군이 될 수 있는 거죠. 변이가 쌓이고 또 쌓이고 쌓이게 되면 언젠가는 조상 개체군과는 서로 번식을 할 수 없을 정도로 유전자 교환이 불가능한 그런 새로운 개체군이 생기겠죠? 그렇게 새로운 종이 출현하는 거예요. 이런 식으로 생물이 다양해져 왔을 겁니다. 생물의 공통점과 다양성을 설명해 주는 가장 좋은 이론(theory)은 현재까지는 '진화'입니다.

그렇다면 생물이 조상으로부터 물려받은 공통점은 뭘까요? 생물은 '다 세포를 가지고 있다. 다 DNA를 가지고 있다. 다 DNA를 읽어 내는 방식이 똑같다.' 이런 거죠. 공통 조상이 아니라면 그런 공통점이 설명이 안 돼요. 리처드 도킨스(Richard Dawkins)는 같은 조상이 아니면서 DNA를 읽어 내는 방식이 똑같을 수 있는 확률을 계산을 했어요. 수십 조 분의 1이 나와요. 다른 조상으로부터 유래해서 DNA를 읽어 내는 방식이 같은 확률은 거의 없다는 거예요. 바꿔서 이야기하면 공통 조상으로부터 출발해서 현재의 생물들이 생겼다는 거죠.

네, 여기까지가 오늘 제가 이야기하려고 했던 내용입니다.

## 수업이 끝난 뒤

이재성 아, 참참참! 원핵생물, 원생생물. 생물 분류하는 것을 말씀하실 때 '원-'이 들어가는 것이 많았었는데 용어가 헷갈렸어요. 왜 원핵생물은 이름이 왜 원핵생물이에요?

장수철 핵이 없어서요.

이재성 '원'이 무슨 뜻이에요?

**장수철** 영어로 '프로(pro-)'. 그러니까 '뭐뭐가 있기 전'이라는 뜻이에요. 원핵생물은 영어로 '프로케리요트(prokaryote)'라고 하는데 핵이 있기 전부터 있던 세포라는 뜻이에요. '-karyote'는 핵이라는 뜻이고, 'pro-'가 붙으면 핵이 생기기 이전부터 만들어졌다는 뜻이 돼요. '진핵생물'은 유케리요트(eukaryote), '핵을 가지고 있다'는 뜻이고요. 원생생물, 즉 '프로티스타(Protista)'는 그리스어에서 유래했는데, '모든 것 중에서 첫 번째, 가장 처음'이라는 뜻이라고 해요. 독일의 생물학자이자 철학자인 에른스트 헤켈(Ernst Haeckel)이 생물을 동물계, 식물계, 원생생물계로 분류하면서 처음 사용했죠.

**이재성** 지금 저 같은 경우는 그런 용어 하나하나가 다 헷갈리는 거예요. 저도 학문을 하면서 한자 용어를 많이 사용하잖아요. 그런 것들을 우리말로 풀어 주면 이해하기 쉬울 거 같아요. 예를 들어 우리 같으면 '구개음화(口蓋音化)'를 풀어서 설명해 주거든요. 학생들은 한자를 모르면 뜻은 정확히 이해하지 않고 하나의 용어로 받아들이는데, 우리는 '구개는 입천장이고 음은 소리이고 화는 바뀌는 거. 그러니까 이 안에 내포되어 있는 것은 뭔가 입천장이 아닌 곳에서 나는 소리가 입천장에서 나는 소리로 바뀌는 거 아니겠니?' 하면 학생들이 쉽게 이해해요. 그런 것처럼 원핵생물, 진핵생물 하는 것은 용어 자체고, 외워야 하는 것인데, '원' 혹은 '프로'라는 것이 무슨 뜻인지 설명을 해 주면, 용어하고 내용하고 일치가 돼서 이해하기가 쉬울 거예요. 사실 나이가 들면 외우는 것이 어려워져요.

**장수철** 일단 이런 이야기는 중학생 정도면 다 알아들을 거라고 생각했는데. 하하하하. 아니에요. 맞아요, 알아듣지 못해요. 선생님이 이야기한 대로 설명해 주는 것이 맞아요.

**이재성** 그리고 용어가 영어로 되어 있잖아요. 그런데 사실은 저것도 무시할 수 없는 거 같아요. 한자도 어려운데 영어까지 알아야 하니까요. 그러니까 한자나 영어로 표현된 용어를 우리말과 관련지어 설명해 주면 좋을 것 같아요. 예를 들면 저 같은 경우는 이중모음 같은 것을 이야기할 때, '이것을 한자로 활음이라고 한다. 왜냐하면 혀가 활강하는 것처럼 펼쳐지기 때문에. 영어로는 글라이딩 사운드라고 한다. 글라이더처럼.' 이런 식으로 이야기하거든요.

**장수철** 음음. 오케이.

**이재성** 그렇게 용어를 다 같이 연결해서 설명해 주면 오히려 이해가 높아지는 거 같아요. 용어에 대한 것뿐만 아니라 내용에 관한 것도 '아, 이런 것이겠구나.' 하고 유추할 수 있고요. 그러면 설명했던 내용들이 연결이 돼서 연상 작용도 일어나고요. 그래서 지금 '어려웠던 것들이 뭘까?' 하고 생각해 보니까 '원-'이 많았어요. 막 헷갈려가지고.

**장수철** 네, 맞아요. 나도 처음에 생물을 배웠을 때 어려웠었거든요.

**이재성** 고세균도 오래되었다는 뜻이고.

**장수철** 네. 고세균을 영어로 '아케이아(Archaea)'라고 하는데 영어로도 '오래되었다'라는 뜻이죠.

**이재성** 영어도 같이 쓰면 되잖아요.

**장수철** 네, 맞아요. 마저 이야기하면 세균은 흔히 '박테리아(Bacteria)'라고도 해요.

**이재성** 그러니까 박테리아가 우리가 알고 있는 일상적인 세균이 아닌 것 같은 느낌인 거죠. '분류에 왜 갑자기 개체 이름이 들어갔을까?' 하는 느낌?

**장수철** 사실 '세균'이라는 말 때문에 헷갈리는 것도 있어요.

**이재성** 그러니까 헷갈리는 것이 왜 헷갈리는지를 설명해 주시면 좋을 것 같아요. 사실은 들어서 알고 있는 지식이 꽤 있는데 그러한 것들에 확신을 가질 수 없는 것이, 이 사람은 이렇게 저 사람은 저렇게 이야기하기 때문이거든요. 아까 박테리아도 흔히 몸에 해로운 세균 정도로 알고 있는데 생물학에서는 생물 분류의 큰 축으로 나오니까 헷갈리는 거죠.

**장수철** 그런데 그렇게도 헷갈릴 수 있나?

**이재성** 헷갈릴 수 있죠. 저 같은 사람 많을 걸요? 처음에는 개념적인 설명을 많이 하시다가 뒤로 넘어가면서 구체적인 이름이 나오기 시작하는데 떠올리기 어려웠거든요. '원생생물, 저거 무슨 뜻이지?' 하는. 그런데 보통 학생들은 그런 질문 잘 안 하죠. 외우라고 하면 외우는 거고, 모르면 나만 무식한 것 같고 하니까. '용어에 대한 개념을 풀어서 말씀해 주시면 정확하게 이해할 수 있지 않을까?' 이런 생각을 했어요.

**장수철** 그건 앞으로 생물학을 가르치는 우리가 더 고민해야 할 문제일 거 같네요. 사실 고민 많이 하긴 해요.

**이재성** 용어도 그렇고 지금 우리가 하는 첫 번째 수업은 생물에 대한 전체적인 밑그림을 그리는 거라고 생각해요. 세부적인 질문거리는 사실 많이 남아 있는 거죠.

**장수철** 네. 여기에서 모든 것을 이야기할 수는 없지만, 이재성 선생이 질문하는 것은 답할 수 있도록 할게요.

그럼 다음 수업에서는 생물학을 알기 위해서 필요한 화학에 대해 이야기해 보기로 해요.

**이재성** 오오, 화학! 내가 좋아하는 거다!

# 너와 나의 화학 작용

## 내 몸을 이루는 분자 1: 물, 탄수화물

오늘 수업이랑 다음 수업까지는 생물학에 필요한 화학 공부를 할 거예요. 생물학을 하는데 왜 화학을 알아야 하느냐. 그건 이야기를 하면서 자연스럽게 알게 될 겁니다. 화학을 전부 다 알 필요는 없어요. 우리 수업에서는 생물에 중요한 물과 우리 몸을 이루는 큰 분자인 탄수화물, 지질, 단백질, 핵산에 대해 살펴볼 겁니다. 오늘은 물과 탄수화물까지 살펴보죠.

## 화학을 알아야 하는 이유

**장수철** 사람이 맛을 어떻게 느끼는지를 이야기할 건데요. 옛날에는 혀 끝 부분이 단맛을 느끼고, 옆이 신맛, 혀 전체에서 짠맛, 저 안쪽이 쓴맛을 느낀다 그랬어요. 그런데 틀렸어요. 혀 표면에 '맛봉오리(taste bud)'라고 있어요. 맛봉오리 근처의 구조를 보니까 개네들이 다양한 맛을 다 느끼는 거예요. 지금은 그렇게 밝혀졌어요. 향긋한 맛도 새롭게 규명됐어요. 일본 사람이 알아내서 '우마미(umami) 맛'이라고 하는데, 우리말로 하면 '향긋하다' 또는 '감칠맛이 나다'라는 뜻이에요. 그래서 다섯 가지 맛을 느낀다는 것이 밝혀졌어요.

  그렇다면 맛은 어떻게 느낄까요? 예를 들면 단맛. 초콜릿 먹으면 달달하잖아요?

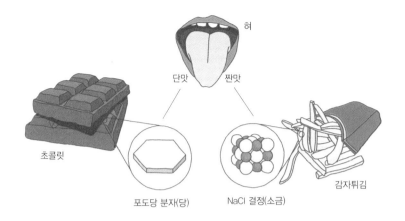

 부분에 라벨들이 있습니다:

혀

단맛     짠맛

초콜릿

포도당 분자(당)     NaCI 결정(소금)     감자튀김

**그림 2-1 어째서 초콜릿은 단맛이고, 감자튀김은 짠맛일까?** 단맛을 내는 분자는 육각형 모양. 짠맛을 내는 분자는 정육면체 모양이다. 혀 맛봉오리에는 각각의 맛 분자 모양에 맞는 구조가 있어, 퍼즐 조각이 맞춰지듯 맛 분자가 수용기에 붙으면 맛을 느끼게 된다.

이재성 아니에요, 다크 초콜릿은 쓴데?

장수철 쓴맛은 카카오 때문이에요. 단맛은 정확하게 초콜릿 속의 당이라고 생각하시면 돼요. 보통 초콜릿에 카카오랑 설탕이 들어가거든요. 다크 초콜릿은 카카오 성분이 높은 거고요. 단맛을 느끼는 것은 초콜릿 속에 포함된 당의 맛을 느끼는 거예요.

초콜릿을 구성하고 있는 포도당 분자가 맛 수용기(taste receptor)에 탁 붙으면 단맛을 느끼게 돼요. 퍼즐을 맞추는 것과 비슷한 원리입니다. 그러니까 우리가 분자와 결합할 수 있는 구조를 가지고 있기 때문에 단맛을 느끼는 거죠. 대개 포도당, 과당, 설탕은 분자 구조가 비슷해서 맛 수용기에 붙었을 때 우리가 단맛을 느껴요. 이재성 선생이 아마 이게 제일 많이 발달되어 있을 거예요.

이재성 다른 맛도 잘 느껴요. 맛을 느끼는 행복이 얼마나 큰데.

**장수철** 하하. 그래요? 틀린 말은 아니네요.

그 다음에 신맛은 아세트산(acetic acid), 염산(hydrochloric acid) 같은 데서 나오는 수소 이온($H^+$)을 느끼는 거예요. 이건 정확하게 $H^+$와 결합할 수 있는 구조가 있어요. 그 다음에 향긋한 맛은 글루탐산(glutamic acid)이라고 하는 아미노산(amino acid)과 결합할 수 있는 부위 때문에 느낄 수 있어요. MSG처럼 조미료에 글루탐산을 인공적으로 만들어서 넣으면 향긋한 맛 수용기가 자극을 받아서 우리가 맛을 느끼는 거예요. 그 다음에 짠맛은 NaCl을 느끼는 거라는 거, 이건 다 알죠?

쓴맛은 물음표예요. 쓴맛을 느끼게끔 하는 물질에서 어떠한 부분을 맛 수용기가 느끼는지는 잘 몰라요. 상당히 많은 종류의 분자를 인식하는 것 같다고는 생각하지만 그게 도대체 무엇인지에 대해서는 밝혀야 할 것이 많아요. 다만 대개 독극물이나 약 성분이 쓴데, 우리 몸에 해로운 물질을 걸러 내기 위해서 쓴맛을 느끼게끔 진화적으로 발달한 것 같다는 주장은 있습니다.

우리의 혀에서 맛을 느낀다는 것이 어떤 의미인지 살펴봤어요. 맛의 본질은 혀 표면에 있는 맛을 감지하는 분자와, 그것에 붙으려고 하는 분자 사이의 결합이에요. 결국 '생명 현상을 이야기하려면 분자 수준에서 어떤 일이 일어나는지 들여다봐야 한다.'는 거죠.

**이재성** 카레는 그 다섯 가지 맛이 조합이 되면 카레 맛이 나오는 건가?

**장수철** 그렇겠죠?

**이재성** 정말로 그런 건가요?

**장수철** 네, 그렇겠죠. 카레 성분을 다 분해해서 그 안에 당이 어느 정도 들어가 있으면 그만큼 단맛이 느껴질 것이고, 소금이 어느 정도 있으면 그만큼 짠맛이 느껴질 것이고, 신맛을 느낄 수 있는 과일 주스 성분이 어느 정도 들어갔다 그러면 또 그만큼 느껴질 것이고, 뭐 그럴 거예요.

**이재성** 예를 들어 짠맛 30퍼센트, 신맛 20퍼센트 하면 카레 맛이 나오는 거고 단맛 20퍼센트, 신맛 10퍼센트, 쓴맛 몇 퍼센트 하면 초콜릿 맛이 나오는 거고, 뭐 그런 건가? 아니죠? 비율이 변한다고 해서 그 많은 맛들이 나올 것 같지는 않은데요.

**장수철** 혀로 느끼는 맛은 그렇고, 향도 중요한 역할을 합니다. 후각도 맛을 느끼는 데 영향을 미치는 것으로 알려져 있죠. 그리고 매운맛은 맛이 아니라 통증이죠. 맛과 향의 성분을 화학적으로 잘 맞추면 맛이 나올 거예요. 조미료나 화학 첨가제가 그런 거죠. 인공적으로 맛을 만들어 내는 거예요. 어쨌든 현재로서는 맛봉오리라고 하는 분자 구조가 거의 다 밝혀졌어요.

페로몬(pheromone)을 또 보죠. 페로몬은 나방이 3킬로미터나 떨어진 곳에서 서로를 감지해서 추적할 수 있을 정도로 커뮤니케이션을 가능하게 하는 분자입니다. 말이 3킬로미터지 홍대입구 역에서 3킬로미터면 신촌에 있는 연세 대학교도 더 넘어가죠? 그런데 암컷 나방이 기체 상태의 페로몬을 아주 적은 양만 공기 중에 뿌리는데도 그것을 인식해서 수컷 나방이 찾아온다고요. 이것도 마찬가지예요. 페로몬의 분자 구조와 결합할 수 있는 구조를 나방이 몸에 가지고 있는 거예요. 페로몬 분자가 결합을 하면 그것이 신경에 전달돼서 암컷이 있는 쪽으로 가는 거죠. 물론 분자는 결합했다가 떨어져요.

비슷한 예가 식물에도 있어요. 대개 식물은 쐐기벌레 비슷하게 생긴 놈들한테 이파리를 공격당해요. 벌레가 잎을 갉아 먹거든요. 그러면 잎이 뭔가 화학 물질을 만들어서 뿌려요. 뿌리면 그 화학 물질이 페로몬처럼 작용을 해서 말벌을 불러들여요. 쐐기벌레들이 이파리에서 열심히 먹고 있는데 말벌이 페로몬을 맡고 와서 쐐기벌레 몸에 알을 낳아요. 쐐기벌레 몸을 자기 알을 키우는 고깃덩어리로 이용하는 거예요. 어쨌든 말벌의 세포 내에 이 화학 분자를 인식할 수 있는 단백질이 있기 때문에 가능한 거예요.

지금 맛과 냄새, 두 가지 대표적인 예를 봤는데, 분자 수준에서 생명 현상을 설명할 수 있는 것이 많다는 겁니다. 분자 구조를 아는 것은 그래서 중요해요. 분자 차원의 설명이 왜 필요한지 이야기를 좀 더 나가볼게요.


## 내 몸에 가까운 물

**장수철** 세계 곳곳에는 키가 엄청나게 큰 나무가 많이 있습니다. 100미터까지도 자라는 나무들이 꽤 많아요. 미국 서부의 레드우드(redwood) 같은 것들. 평상시에 관심이 별로 없겠지만…… 조금만 생각해 보면, 쭉 나무줄기를 따라서 올라가다가 꼭대기에 있는 이파리는 어떻게 살까, 끝에 있는 이파리들도 싱싱하게 잘 살고 있을까 궁금해 할 수 있거든요. 없나? 하하하. 내가 관심 유도에 실패한 거야.

그런데 실제로 싱싱해요. 100미터 위 꼭대기에 있는 이파리들도 광합성을 하면서 수분을 충분히 잘 사용하고 있어요. 신기하지 않아요?

**이재성** 뭐가 신기해요?

**장수철** 그래? 그러면 물을 저 100미터 위까지 올릴 수 있어요?

**이재성** 왜 못 올려요?

**장수철** 올릴 수야 있는데 식물이 아무런 기계 없이 어떻게 올릴 수 있느냐는 거지.

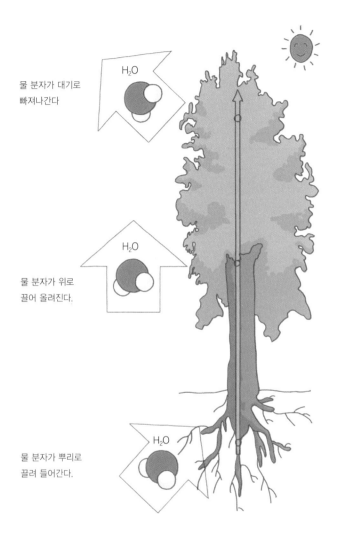

물 분자가 대기로
빠져나간다

H₂O

물 분자가 위로
끌어 올려진다.

H₂O

물 분자가 뿌리로
끌려 들어간다.

H₂O

**그림 2-2 나무는 꼭대기까지 어떻게 물을 끌어올릴 수 있을까?** 물 분자들은 수소 결합으로 연결되어 뿌리부터 꼭대기까지 이어져 있는데, 잎에서 물 분자가 증발할 때마다 인접한 물 분자가 끌어올려진다. 키가 100미터가 넘는 레드우드도 꼭대기까지 이파리가 싱싱하다.

이재성 안에 뭐 있겠지.

장수철 하하. 식물생리학자들이 혹시 펌프 같은 역할을 하는 것이 있나 해서 조사를 했는데, 없어요. 그러면 뿌리가 물을 흡수하는 압력으로 물을 위로 올리나? 그런 것 같긴 한데, 그래봐야 1~2미터예요. 물이 어떻게 100미터 위까지 올라가는가를 설명하기에는 부족해요. 결론은 물 분자끼리 당기는 힘 때문에 위로 올라간다는 거예요. 또 물이 올라갈 때 옆의 벽에 붙을 수 있는 힘이 있어서 벽을 잡고 자기들끼리 당겨서 위로 올라가는 거예요. 대단하지 않아?

이재성 그러면 63빌딩 옆에 물이 있으면 개도 올라가겠네? 벽을 타고.

장수철 하하. 벽이 아니라 관을 타고. 폭이 좁고 긴 관.

이재성 다른 요소들이 더 있어야 할 것 같아요.

장수철 네, 맞아요. '증산 작용(蒸散作用, transpiration)'이라고 하는데, 이파리 표면에서 증발이 일어나요. 잎 뒷면에 구멍이 있어서 거기로 수분이 빠져 나가거든요. 그러면 그 수분을 보충하기 위해서 밑에 물을 당긴단 말이에요. 이 물은 관으로 밑에 뿌리까지 쭉 연결되어 있어요. 나무가 100미터라고 하면 줄기에 100미터짜리 물기둥이 수십 개, 수백 개가 들어 있는 거예요. 물론 아주 가느다래요. 순전히 물만의 성질로 아래에서 위까지 100미터를 이동할 수 있는 거예요.

이재성 위에서 증발하면서 공간이 비기 때문에 기압차가 생겨서 올라가는 거 아닌가요?

장수철 비슷합니다. 원동력은 말씀하신대로 바깥 공기하고 이파리 내부의 물 농도의 차이인 것은 맞아요. 그러나 거기에 차이가 난다고 하더라도 물 분자가 서로 연결되어 있지 않고 중간중간에 끊어져 있으면 뿌리에서부터 계속해서 물이 공급될 수가 없어요.

물은 또 어떤 특성이 있을까요? '내륙보다 해안의 기후가 온순하고 변화가 작다.' 우리가 잘 알고 있는 거죠. 왜 그렇죠?

이재성 해안에 사는 것도 불안한데 기후라도 온순해야지.

**장수철** 하하하하. 물 때문이에요. 물을 끓일 때 물은 다른 액체보다 온도가 천천히 올라가요. 물 분자가 운동을 하려면 물 분자끼리 결합하고 있는 힘을 열을 줘서 끊어 줘야 한다고요. 물은 특히나 열을 많이 줘야지만 분자가 밖으로 튀어 나가요. 그래야 온도가 올라갑니다. 사람들은 별로 그렇게 생각을 안 하지만, 물을 끓이는 것은 에탄올을 끓이는 데 들이는 열의 거의 두 배가 들어요. 똑같이 온도를 올리는 데 물은 훨씬 더 에너지가 많이 든다고요. 그만큼 물은 열을 많이 보존할 수 있는 거예요.

　더운 지역이라도 근처에 물이 많으면 물이 그만큼 열을 흡수해서 그 일대는 바로 뜨거워지지 않아요. 기온이 또 내려가면 물이 가지고 있던 열이 높은 곳에서 낮은 곳으로 이동하니까 겨울에도 덜 추운 거죠. 이런 기후를 해양성 기후라고 하는데 물 분자와 물 분자 사이의 결합 때문에 생기는 거예요.

　우리 몸의 몇 퍼센트가 물이냐 하면 70퍼센트 이상이 물이에요. 식물은 90퍼센트까지 물이라고요. 물로 이루어져 있다는 것의 이점이 뭘까요? 해양성 기후 지역에서는 기온의 변화가 심하다고 해도 기후는 온화하잖아요. 변화가 그렇게 크지 않아요. 마찬가지로 우리 몸의 물이 70퍼센트 이상 차지하고 있기 때문에 바깥 기온이 아무리 변한다고 해도 체온은 쉽게 변하지 않는 거예요.

이재성 그럼 개구리는요?

**장수철** 개구리가 뭐?

이재성 개구리는 변온동물이잖아요. 개구리도 똑같은 생물이기 때문에 물이

70퍼센트 정도 될 것 같은데, 개구리는 주위 온도에 따라서 체온이 바뀌잖아요. 맞죠? 그건 왜 그런 거예요?

**장수철** 아, 정확하게 표현해야 할 것 같네요. '물이 있기 때문에 체온 유지에 유리하다.' 이거지, '물이 체온을 유지해 준다.' 이건 아니에요. 변온동물은 온도 조절에 필요한 에너지를 많이 만들어 내지 않는 쪽으로 진화했어요. 개구리가 살 수 있는 적정 온도는 10~20도 정도예요. 이보다 온도가 높으면 물에 들어가고 겨울에 추워지면 겨울잠에 들어가요. 그래서 선생님이 하신 질문은 물로 이루어지고 아니고의 설명보다도 물 때문에 어느 정도 체온 유지는 똑같이 하는데 체온을 좁은 범위로 유지하느냐 아니면 상대적으로 넓은 범위를 허용하느냐, 이 차이인 것 같아요. 그래서 좀 다른 이야기예요. 됐어요?

**이재성** 그렇다면 인정할 수 있죠.

**장수철** 또 어떤 것을 볼 수가 있느냐 하면, 대개 물질은 액체 상태일 때보다 고체일 때 밀도가 커지거든요. 그러니까 동일한 부피 상태에서 고체가 더 무거워서 가라앉아요. 그런데 물은 알다시피 얼음이 되면 어떻게 되죠? 뜬다고요. 이것은 물만이 가지고 있는 고유한 성질이에요.

물의 액체 상태와 고체 상태에서 특정 부피당 결합 개수를 보면, 고체 상태인 물 분자 사이의 (수소) 결합 개수가 더 적어요. 다시 말하면 얼음 상태에서 단위 부피당 들어가 있는 물의 분자 개수가 더 적어서 뜨는 거예요. 그래서 온도가 계속해서 내려가게 되면 그게 호수든 바다든 표면에서부터 얼죠. 얼음이 얼면 얼음이 위에서부터 오는 차가운 기운을 차단해서 아래쪽은 상대적으로 따뜻해요. 아래쪽은 얼지 않은 상태가 유지가 돼요. 0도보다는 높다는 거죠.

또 물의 밀도는 4도씨에서 가장 높아요. 밑으로 내려갈수록 4도씨에 가장 가깝게 되죠. 그래서 물 아래는 영하보다 약간 높은 상태가 유지되어서 많은 종류의 생물이 살 수 있는 환경이 만들어져요. 이것도 역시 물만이 가지고 있는 독특한 성질입니다.

**이재성** 다른 것들은 얼면 부피가 작아져요?

**장수철** 네.

**이재성** 석유 같은 것도 어나요? 휘발유도?

**장수철** 어느점에서 고체화되겠죠.

**이재성** 영화 〈그날 이후(The day after)〉에서 보면, 빙하기가 와서 헬기가 날아다니다가 추락을 해요. 휘발유의 어는점보다 기온이 더 낮으니까 휘발유가 얼어서 공급이 안 되는 거예요. 영화대로라면 인위적으로 영하 90몇 도까지 낮췄을 때 휘발유가 어는데, 그러면 그때 부피가 줄어드나요? 물처럼 액체 상태로 되어 있는 것은 얼게 되면 다 물과 같을 거라고 생각이 들거든요.

**장수철** 평상시에 사람들이 생각할 때 물의 특성이 너무 익숙해서 다른 물질도 다 그런 줄 알아요. 그런데 그렇지 않아요. 많은 경우에 고체화되면 부피가 줄고 밀도가 증가해서 단위 부피당 더 무거워져요. 휘발유의 경우 어는점이 워낙 낮아 직접 보기는 힘들겠지만 부피가 줄 거예요.

다음으로 물은 굉장히 많은 물질을 녹일 수 있어요. 아주 중요한 점이에요. 소금, 설탕도 녹일 수 있고, 우리 몸에 있는 단백질, DNA도 아주 잘 녹아요. 기름은 아니고.

**이재성** 발포 비타민!

**장수철** 그게 비타민 C죠?

**이재성** 주로 비타민 C를 그렇게 만들더라고요.

**장수철** 비타민에 A, B, C, D, E, K가 있죠? 비타민 A, D, E, K는 기름기가 있는 것들이라 물에 안 녹아요. 반면 비타민 B의 복합체 여덟 개와 비타민 C는 물에 잘 녹아요.

　물은 우리 몸의 70퍼센트 이상을 차지하고 있어서 생명 현상을 담당하고 있는 다양한 분자가 물에 골고루 녹아서 구석구석 들어갈 수 있어요. 여기에서 이런 의문이 들 수 있어요. '도대체 물은 어떻게 생겼기에 이런 특징을 가질까?' 사실 궁금해 했으면 좋겠어요. 흥미 유발에 난 재주가 없으니까. 특히 이재성 선생이 궁금해 하질 않으니까. 하하. 어떻게, 궁금해?

**이재성** 글쎄요. 일단 들어 보죠. 물은 $H_2O$잖아요.

**장수철** 소금은 $NaCl$이에요. $NaCl$을 나트륨 이온($Na^+$)하고 염소 이온($Cl^-$)으로 뜯어낼 수 있어요.

**이재성** 가능해요?

**장수철** $Na^+$와 $Cl^-$처럼 이온끼리의 결합을 분리하는 일은 원래 되게 힘들어요. 그런데 손쉽게 하는 방법이 있어요. 물에다 녹이는 거예요. 왜냐하면 물 분자는 산소 쪽에 부분적으로 음전하, 수소 쪽에 부분적으로 양전하를 띠고 있고, $Na^+$하고 $Cl^-$에는 다른 이온과 결합할 수 있는 부위가 있기 때문이에요. 그래서 $Na^+$는 물의 음전하 쪽에 가서 붙고 $Cl^-$에 수소 양전하 쪽에 붙죠. 물 분자가 각 이온을 둘러싸면서 붙으면 이것을 우리는 '물에 녹았다.'라고 이야기하는 거예요. 이렇게 물 분자랑 결합할 수 있는 부위가 있는 물질을 수용성 물질이라고 해요. 비타민 A, D, E, K는 그게 없어요. 비타민 B1, B2, B3 등등 비타민 B 복합체하고 비타민 C는 이런 부위가 다 있는 거고요. 그래서 물과 결합할 수 있는 겁니다.

**이재성** 싸우는 사람들이 달려들어서 뜯어 놓는 것처럼 생각하면 되겠네요.

**장수철** 상상력이 뛰어나단 말이야. 하하. 그러면 모든 분자가 물 분자와 같이 한 쪽은 음전하, 한 쪽은 양전하를 띠는가. 안 그렇습니다. 이것도 역시 물 분자가 갖는 특성 중에 하나예요.

**이재성** 메탄(CH₄)은 안 그래요?

**장수철** CH₄는 가운데 탄소가 있고 바깥에 수소가 있는데 전혀 그렇지 않아요. 왜 이런 현상이 나타나는지를 알려면 분자 구조를 좀 봐야 하거든요. 지금 졸음이 올 수도 있는데 괜찮나요?

이재성 저 화학 잘해요. 화학 시간에 존 적 한번도 없어요.

**장수철** 다행이네요. 하하. 원자와 원자가 결합해서 생기는 것이 분자입니다. 원자 가운데에는 핵이 있어요. 그리고 핵 바깥에는 전자가 돌아다니는 껍질이 여러 개 있는데 가장 바깥 껍질에서부터 전자를 채우려는 성질이 있어요. 수소처럼 전자가 하나밖에 없으면 가장 바깥을 두 개로 채우려고 하고, 두 개보다 많으면 안쪽에 두 개를 먼저 채우고 그 바깥에 여덟 개를 채우려고 해요. 수소의 경우에는 전자가 하나밖에 없죠. 그러니까 수소 원자 둘이 모이면 '야, 우리 전자를 공유해서 이 궤도에 둘이 돌아다니게 하자.' 해서 수소 분자가 되는 거예요. 왜? 전자 하나만 있으면 불안정해요. 서로 만나서 궤도를 두 개로 다 채우면 안정적인 상태가 되는 거예요. 그래서 분자를 형성하게 됩니다.

다른 원소도 마찬가지예요. 산소는 가장 바깥쪽에 전자가 여섯 개가 있어요. 산소 원자 두 개가 만나서 전자를 두 개씩 공유하면 각각 여덟 개씩으로 궤도를 채울 수 있죠. 안정된 상태가 되는 거예요. 메탄은 어떨까요? 탄소는 가장 바깥쪽에 네 개의 전자가 있는데, 전자가 하나짜리인 수소 네 개와 결합을 하면 수소는 전자를 하나씩 공유하니까 두 개를 채울 수 있고, 탄소는 네 개의 수소로부터 네 개를 받았으니까 여덟 개를 채울 수 있죠. 그래서 안정적인 구조로 결합이 만들어지는 거예요.

그런데 화학자들이 이야기하는 것 중에 하나가 핵이 전자를 당기는 힘이 조금씩 다르다는 거예요. 그림 2-3을 보세요. 수소와 수소가 전자를

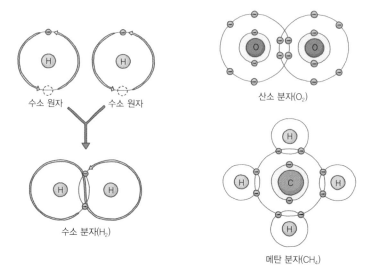

그림 2-3 공유 결합 원자는 가운데에 핵이 있고, 전자가 돌아다니는 껍질을 여러 개 가지고 있다. 안쪽에서 첫 번째 껍질은 전자 두 개, 두 번째 껍질은 전자 여덟 개가 돌아다닌다. 원자는 가장 바깥 껍질에서부터 전자를 채우려는 성질이 있는데, 가장 바깥 껍질에 전자를 채울 때 가장 안정하기 때문이다. 원자는 같은 원자 또는 다른 원자와 전자를 공유해 전자껍질을 채우는데, 이때 생기는 강력한 화학 결합을 공유 결합이라고 한다.

당기는 힘은 서로 똑같아요. 별 문제 없어요. 산소와 산소? 비슷하죠. 똑같은 원소니까. 그렇다면 탄소와 수소는? 이건 한쪽으로 쏠릴 수 있을 것 같아서 봤는데, 탄소와 수소는 서로 당기는 힘이 비슷해요. 그래서 메탄 분자를 보면 비슷한 자리에서 전자가 공유되고 있어요. 왜 이 이야기를 하느냐 하면 그렇지 않은 것이 있어서 그래요. 바로 물 분자예요.

물은 수소 두 개하고 산소 하나가 결합된 거죠. 산소는 바깥에 전자가 여섯 개 있어요. 그럴 때 수소 원자 두 개가 와서 각각 하나씩 전자를 공유하면 전자 여덟 개가 채워지면서 굉장히 안정적인 구조가 만들어집니다. 그런데 물은 독특한 점이 있어요. 물은 다른 분자들과 달리, 공유 결

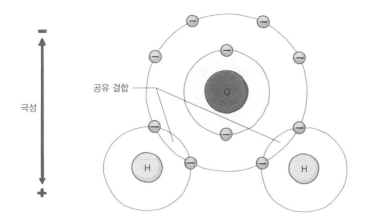

공유 결합

극성

**그림 2-4 물 분자는 자석** 물 분자는 산소 하나, 수소 두 개가 전자를 공유하면서 안정적으로 결합해 있다. 하지만 전자가 동등하게 공유되지는 않는다. 상대적으로 더 큰 양전하를 띠는 산소 원자의 핵이 전자에 강한 힘을 발휘하면서 공유 결합하지 않은 남은 전자 네 개를 더 오래 머물게 한다. 따라서 공유 결합을 이루는 수소 원자가 한쪽으로 몰리면서 물 분자에 자석과 같은 극성이 생긴다. 이런 성질 때문에 물 분자끼리 쉽게 끌어당겨질 수 있다

합을 하고 있는 수소와 산소, 두 원자의 핵이 전자를 당기는 힘에서 차이가 나는 거예요. 산소가 전자를 자기 쪽으로 자꾸 끌어가서 전자가 산소 쪽으로 쏠려요. 따라서 산소 쪽은 음전하를 띠고 수소 쪽은 상대적으로 양전하를 띠는 거예요. 보통 우리가 $Na^+$, $Cl^-$를 얘기하는 것처럼 양전하, 음전하가 센 것은 아니에요. 다만 부분적으로 전기성을 띠는 거예요. 한쪽은 양전하, 한쪽은 음전하니까 물 분자끼리 만나면 자석처럼 자기들끼리 서로 당기겠죠? 이것을 '수소 결합(hydrogen bond)'이라고 해요. 소금쟁이가 물 표면 위에 떠 있을 수 있는 건 물 분자 사이에 수소 결합 때문이에요. 물 분자끼리 어느 정도 힘으로 붙어 있으니까 가벼운 것들은 그 위에 뜰 수 있는 거예요.

어쨌든 물의 여러 가지 특성은 산소 원자와 수소 원자 사이의 결합, 이

**그림 2-5 소금쟁이는 물에 어떻게 떠 있는 걸까** 물 분자는 자석과 같은 성질을 가지고 있어 물 분자끼리 만나면 서로 끌어당기기 때문에 가벼운 것은 표면 위에 떠 있을 수 있다.

로 인해 생기는 전기적 특성 때문에 발생하는 물 분자 사이의 결합으로 설명됩니다. 그래서 물 분자는 전자가 한쪽으로 쏠린 분자들과 결합할 수 있습니다. 몸속에 있는 매우 많은 종류의 이온과 분자가 이런 종류예요. 즉 물은 몸속의 매우 많은 종류의 물질과 결합할 수 있습니다. 녹일 수 있다는 뜻이에요. 물에 녹으면 '친수성(hydrophilic)', 녹지 않으면 '소수성(hydrophobic)'이라 하는데, 이는 생물과 관련된 여러 현상을 이해하는 데에 매우 중요한 판단 근거가 됩니다.

**거대 분자**

**장수철** 다음으로 우리가 살펴볼 것은 덩어리가 큰 분자들이에요. 탄수화

**그림 2-6** 옥수수는 무게 기준에서 전 세계적으로 가장 많이 생산되는 곡물이다. 옥수수는 녹말로 이루어져 있다. 녹말은 포도당 분자 수백 개가 일렬로 연결된 복합 탄수화물로, 주로 식물에 있다. 탄수화물은 우리 몸에서 이용되는 주요한 에너지원이다.

탄수화물(carbonhydrate), 지질(lipid), 단백질(protein), 핵산(nucleic acid)은 우리 몸에서 중요한 역할을 하죠. 이것은 생물체에서만 발견되는 것입니다. 생물체 안에서 만들어지는 겁니다. 이 네 가지가 기본이에요.

지금 그림 2-6을 보고 있죠. 옥수수 안에는 어떤 성분이 들어 있을까요?

이재성 물.

**장수철** 또? 옥수수를 많이 먹었더니 단백질이 늘어나서 근육이 팍팍 늘었다, 그런 이야기 들어 봤어요? 근육 키우는 운동을 할 때 옥수수를 많이 먹으라는 말 들어봤어요?

이재성 다이어트 할 때는 먹어요.

**장수철** 다이어트 할 때 옥수수 먹어요?

**이재성** 뻥튀기, 강냉이. 우리 학교 애들 다이어트 한다고 강냉이 엄청 많이 먹거든요.

**장수철** 배부른 것에 비해서 칼로리가 안 높다고 그런가 보다. 그런데 강냉이의 성분은 녹말(starch)이에요. 녹말은 탄수화물의 일종이죠. 자동차를 운전해서 서울에서 부산까지 간다고 할 때 필수적으로 체크해야 하는 부분이 하나 있어요. 뭐죠?

**이재성** 휘발유가 있는지.

**장수철** 휘발유가 있나 없나. 자동차에 충분히 에너지가 들어가 있는지 없는지 봐야 하죠. 우리도 마찬가지예요. 생물이 생명을 유지하려면 에너지가 있어야 해요. 우리는 에너지를 먹을거리에서 얻죠. 탄수화물은 주요한 에너지원이에요.

　지방은 뭘까요? 지방도 에너지원이에요. 어느 정도는. 하지만 지방은 에너지원이라는 것 외에 더 중요한 역할이 있어요.

**이재성** 축적?

**장수철** 네. 요즘 나도 엄청 많이 축적을 하고 있어요. 큰일 났어요. 아닌 것처럼 하고 있는 사람이 있는데, 내가 생각하기에 이재성 선생이 나보다 훨씬 심해. 하하하하. 운동은 열심히 하는데 너무 열심히 먹어.

**이재성** 사적인 건 이야기하지 맙시다.

**장수철** 그 다음에 단백질이 있어요. 단백질은 에너지원일까요? 단백질을 먹으면 에너지를 얻는다, 그런가요?

**이재성** 고기 먹으면 에너지 생기던데. 밥만 먹으면 헛헛해요. 특히 자랄 때는 고기를 먹어 줘야 해요.

**장수철** 네. 성장기에 단백질을 먹는 건 좋아요. 하지만 에너지를 얻으려면 고기보다 밥을 먹는 게 좋아요. 단백질은 에너지로도 사용되지만 세포와 몸을 구성하는 물질로 많이 쓰입니다.

그 다음에 DNA와 RNA가 있어요. 먹으면 힘이 날까요?

이재성 안 먹어 봐서 몰라요.

장수철 안 먹어 봐서 모른다고? 옥수수 안에도 DNA, RNA가 있어.

이재성 아, 난 따로 파는 건 줄 알았지.

장수철 닭고기에도 있어요.

이재성 닭 싫어해요.

그림 2-7 우리가 먹는 음식에는 탄수화물이 많이 들어 있다. 빵, 마카로니, 시리얼은 물론 밥, 떡, 감자, 고구마의 주요 성분은 탄수화물이다.

장수철 하하하. 소고기에도 있어요. 이제 할 말 없지? DNA, RNA는 유전 정보를 저장하거나 전달하는 일을 합니다.

## 탄수화물 찾기

장수철 옥수수 사진이 나와 있어서 찾아보니까 무게 기준으로 곡물 중에 옥수수가 전 세계적으로 가장 많이 사용되나 봐요.

이재성 많이 사용된다는 것이 무슨 뜻이에요?

장수철 많이 생산된다고. 미국하고 중국이 옥수수 농사를 엄청나게 짓거든요. 쌀이나 밀보다 옥수수가 훨씬 많아요.

**이재성** 다 소가 먹는 것 아니에요?

**장수철** 그런 것도 있고요. 액상 과당 등 엄청나게 가공을 하는 것 같아요. 대체 연료로 에탄올을 만들어 내는 데도 이용되고요.

탄수화물에 뭐가 있는지 먼저 살펴볼게요. 그림 2-7에 보이는 것들이 다 탄수화물이에요. 빵, 베이글.

**이재성** 빵이 상위 개념이에요.

**장수철** 하하하하. 음식에 대해서는 질서 정연하게 정리가 잘 되어 있는 것 같아.

**이재성** 다 빵밖에 없네?

**장수철** 시리얼도 있잖아. 감자랑 고구마, 쌀과 보리도 더할 수 있죠. 전부 다 녹말이에요. 식물에는 탄수화물이 녹말의 형태로 있어요.

녹말이 주로 식물에 있는 탄수화물이라면 글리코겐(glycogen)은 동물성 탄수화물이에요. 글리코겐은 근육이나 간에 쌓일 수 있고, 조금 시간이 지나면 에너지로 다 쓰여서 없어져요.

**이재성** 좋은 거네요, 그럼?

**장수철** 그런데 글리코겐 형태로 저장된 상태에서 안 쓰고 있으면 지방으로 바뀌어요. 글리코겐은 단기간 에너지를 저장할 수 있는 형태예요. 글리코겐 형태일 때 에너지를 훨씬 더 에너지를 빨리 소모할 수 있는 거죠. 그래서 운동선수들이 시합 나가기 전에 탄수화물을 엄청나게 섭취해서 근육에 글리코겐으로 잔뜩 쌓아 둬요. 일단 평상시에 몸에 대충대충 들어가 있는 당을 운동을 해서 쫙 빼요. 그런 다음에 운동을 하나도 안 하고 시합하기 전날까지 파스타니 빵이니 탄수화물을 잔뜩 먹어요. 그러면 근육의 결결마다 글리코겐이 쫙 쌓이는 거예요.

**이재성** 꽃등심처럼?

**장수철** 그건 아니고. 꽃등심은 지방이잖아요.

**이재성** 아니 그러니까 그렇게 끼듯이.

**장수철** 응, 그래요. 그래 가지고 시합 날 그것을 다 쓰는 거예요. 그것을 '당 충전(carbo-loading)'이라고 하는데, 사이클 선수 같이 짧은 시간 동안 운동을 하는 경우에 특히나 이런 전략을 잘 써요

**이재성** 우리 운동할 때 보면 단백질을 사용하지 않으면 지방으로 바뀐다는 이야기가 있거든요. 그것은 잘못된 것이고, 탄수화물이 지방으로 바뀐다는 게 맞는 건가요?

**장수철** 단백질도 바뀌어요.

**이재성** 단백질도 바뀌어요?

**장수철** 저장 형태는 전부 다 지방이에요. 뭘 먹었든지 간에 먹고 나서 충분히 에너지를 써 주면 지방이 덜 쌓이는 거고, 그렇지 않으면 다 지방으로 가요.

**이재성** 단백질도 지방으로 바뀌고, 탄수화물도 지방으로 바뀌고?

**장수철** 네.

**이재성** 그 다음에 또 그런 말 하거든요. '근력 운동을 할 때 탄수화물을 먹고 시작을 해야 한다.' 자동차를 보면 시동을 걸 때는 전기를 쓰고 그 다음에 휘발유를 쓰잖아요. 그런 것처럼 처음에 탄수화물로 시동을 걸어 줘야 한다는 거예요. 그 다음에 그것이 다 소진되고 나면 지방이 타기 시작한다는 거죠. 그래서 운동하기 전에 반드시 파스타 같은 걸 먹고 시작을 해야 한다고 이야기를 하는데, 그럼 그것은 말이 되는 거예요?

**장수철** 뭐 그게, 깊은 뜻은 잘 모르겠으나 처음에 운동을 할 때 소모되기 좋은 형태가 글리코겐인 것은 맞아요.

**이재성** 그래서 그런가? 빨리 소모하기 위해서?

**장수철** 네. 근력 운동은 힘을 써야 하는데, 빨리 쓸 수 있는 에너지원이 글리코겐 형태의 탄수화물이니까 에너지 없이 힘 쓰다가는 쓰러지죠.

**이재성** 그리고 탄수화물이 소모되고 나면 지방이 나중에 탄다고 하잖아요.

**장수철** 네, 맞아요. 지방까지 다 소모시킨다고 하면 그 다음에는 단백질이 근육에서 빠져 나가기 시작해요.

**이재성** 근육이 줄기 시작하죠.

**장수철** 네. 단백질은 가장 나중에 에너지로 소모돼요.

**이재성** 그런데 왜 아까 단백질도 지방으로 바뀐다고 하셨잖아요.

**장수철** 너무 많이 먹으면요.

**이재성** 아, 필요한 정도는 가지고 있다가 나머지는 지방으로 바꾸고, 그 다음에 최후에 단백질이 빠져나간다고요?

**장수철** 운동할 때.

**이재성** 아, 운동할 때!

**장수철** 다음으로 탄수화물에 키틴(chitin)이라고 하는 것도 있어요. 외골격의 성분이 주로 키틴이에요. 바닷가재나 곤충의 껍데기를 '외골격'이라고 해요. 몸의 형태를 유지하는 것을 골격이라고 한다면 사람은 골격이 어디에 있죠?

**이재성** 안에요.

**장수철** 그래서 내골격이라고 해요. 파리는 어때요? 파리를 딱 잡았는데 파리 뼈에 찔렸어, 그런 경우 있어?

**이재성** 그럼 파리는 연체동물이에요?

**장수철** 연체동물이 아니라, 절지동물에 속하죠. 어쨌든 척추가 없어요.

**이재성** 걔는 허리는 안 아프겠구나.

**장수철** 웃을 수도 없고, 참나. 파리가 모양을 유지할 수 있는 것은 몸 껍데기 때문이에요.

**이재성** 그래서 죽어서 마른 걸 형광등에 비춰 보면 껍데기만 보이는구나. 맞죠?

**장수철** 네. 그 껍데기를 '큐티클(cuticle)'이라고 하는데 큐티클을 구성하는 것 중에 키틴이 있고, 키틴은 탄수화물로 이뤄져 있죠. 키틴 성분은 분해도 잘 되고 성질이 나름대로 좀 튼튼하기 때문에 수술용 실로 쓰이기도 하죠.

**이재성** 파리 껍데기를요?

**장수철** 파리 껍데기를 구성하는 것 중 하나의 성분을.

**이재성** 그러면 인간의 뼈에도 그 성분이 들어가 있어요? 키틴이?

**장수철** 인간의 뼈는 달라요. 완전히 달라요.

**이재성** 아니, 내골격, 외골격이라면서요.

**장수철** 그것들은 모양을 유지하는 데 가장 중요한 역할을 한다는 의미로 '골격'이라는 말을 쓴 것이지 성분은 다 달라요. 식물의 경우에는 세포벽(cell wall)을 '물골격', '수골격'이라고 하기도 해요.

자, 그 다음에 살펴볼 탄수화물은 섬유소예요. 셀룰로오스(cellulose)로 이루어져 있죠. 셀룰로오스는 모든 식물세포벽의 주성분이고, 나무에 엄청나게 많아서 지구 상에서 가장 많은 화합물이에요. 야채를 먹을 때 많이 섭취하죠. 하지만 우리가 소화하지는 못해요. 먹어서 유용하게 쓰긴 하지만 우리 몸에 흡수는 안 돼요. 흡수가 안 되기 때문에 다이어트에 좋은 거예요. 영양분은 흡수를 못하고 배만 채우는 거죠. 셀룰로오스의 좋은 점은 배변 활동을 원활하게 하는 거예요. 셀룰로오스가 흡수가 안 된 상태로 덩어리가 져서 대장으로 가면 대장의 벽을 자꾸 치대는 거죠.

**이재성** 식이섬유는 셀룰로오스하고 다른 거예요?

**장수철** 식이섬유를 구성하는 것도 셀룰로오스예요.

**이재성** 셀룰로오스를 분해하는 생물은 없나요?

**장수철** 셀룰로오스를 포도당으로 바꿔 주는 미생물이 있어요. 소나 양과 같이 되새김질을 하는 반추동물은 장내에 이런 미생물이 있어서 포도당을 얻을 수 있는 거죠.

**이재성** 그렇게 했을 때 이점이 뭐예요? 소도 우리랑 똑같은 동물이잖아요. 미생물이 뱃속에 살아서 셀룰로오스를 분해하는 것과 분해하지 않는 것 각각에 장단점이 있는 거 아니에요?

**장수철** 진화론(evolutionary theory)이 설명해 줄 수 있을 것 같은데요. 어떤 생물이 녹말을 먹도록 진화한 다른 생물과 경쟁하다가 '나는 미생물하고 공생하면서 풀이나 뜯어 먹겠다.' 하는 쪽으로 진화한 것일 수 있어요.

대개 소나 양 같은 경우에는 먹이를 한 종류만 먹어요. 풀에 있는 셀룰로오스만 먹으면 에너지가 생겨요. 초식 동물의 이점이죠. 그래도 가끔 단백질을 먹어 줘야 해서 얘네들도 계란 같은 거 있으면 먹어요. 동물성 영양소와 무기 염류를 얻기 위해 뼈나 뼛조각을 핥기도 하고요.

그러나 어쨌든 자기가 먹는 먹이는 딱 정해져 있는데, 셀룰로오스가 아니라 녹말을 먹는 친구들은 다른 곡물을 먹는 쪽으로 진화를 한 거죠. 우리는 몸속에서 녹말을 자르고 흡수할 수 있으니까 미생물과 공생할 필요가 없는 쪽으로 진화를 한 거예요.

---

**무기 염류란?** 생물체를 구성하는 주요 원소인 탄소, 수소, 산소를 제외한 다른 구성 성분. 미네랄(mineral)이라고도 한다.

**그림 2-8 마블링, 그리고 소의 고통** 마블링을 좋게 해 부드러운 육질의 소고기를 얻기 위해 소에게 옥수수 사료를 먹이지만, 소는 원래 풀에 함유된 셀룰로오스를 분해하기에 알맞게 진화한 동물이다. 소의 장에는 셀룰로오스를 분해할 수 있는 미생물이 사는데, 셀룰로오스 대신 녹말을 먹이면 장내 미생물이 줄고 소화 불량에 걸려 소가 고통을 겪는다.

이재성 소도 곡물을 먹지 않아요?

**장수철** 네. 먹이면 먹어요. 다만 녹말을 먹으면 직접 분해하지 못하고 위에 산성 물질이 생겨서 고통스러워해요.

이재성 마블링을 좋게 하려고 옥수수를 사료로 먹이는 문제가 지금 하는 이야기랑 연결되네요. 그것 때문에 여러 가지 문제가 생긴다는 것을 환경 운동하는 사람들이 이야기하잖아요.

**장수철** 네. 그러니까 소는 셀룰로오스를 분해하기에 알맞게 진화를 했는데, 셀룰로오스 대신에 녹말을 먹이면 장 속의 미생물이 설 자리가 없게되고, 이로 인해서 소화 계통에 많은 변화가 생기는 거죠. 녹말을 먹이면 소의 장내 pH 조건이 산성으로 바뀌기 때문에 소의 전반적인 건강 상태가 나빠질 수 있대요. 녹말을 먹어서 마블링을 좋게 한다는 것은 많은 양의 에너지를 공급해서 지방으로 많이 저장시킨다는 의미예요. 소에게 옥수수를 먹이는 것은 인간의 입장에서 보면 맛있는 기름이 잘 들어가 있는 소고기를 얻는 것이겠지만, 소의 입장에서는 고통스러운 일인 거예요. 그밖에 녹말 섭취와 상관없이 환경적인 문제도 있죠. 고기를 먹겠다고 가축을 많이 기르는데 가축의 트림에는 메탄이 포함돼 있거든요. 그래서 생긴 메탄이 강력한 온실 가스로 작용한다는 이야기가 나오는 거예요.

이재성 소도 동물이고 우리도 동물이니까 똑같이 옥수수를 먹을 수 있겠지 했는데 아니네요. 지금 이야기를 들어 보면 소의 소화 과정 자체가 먹는 것을 서로 경쟁하지 않게, 미생물과 공생할 수 있게 진화한 것인데 그것과 어긋나게 되면 문제가 발생할 수 있다는 거네요. 환경 문제를 이야기할 때 꼭 그 문제가 나오는데 그렇게 이해할 수 있겠네요.

장수철 네. 지금까지 탄수화물의 종류를 살펴봤어요. 우리가 본 녹말, 글리코겐, 키틴, 셀룰로오스는 덩어리가 굉장히 커요. 그렇다고 맨 눈으로 볼 수 있을 정도라는 말은 아니고요. 분자 하나하나가 수천 개, 수만 개 쭉 붙어 있다는 것을 말합니다. 이것을 '거대 분자(giant molecule)'라고 해요. 탄수화물, 지방, 단백질, 핵산이 다 거대 분자예요. 이것들은 생물한테만 발견됩니다.


## 탄수화물 자르기

장수철 녹말이든 글리코겐이든 섬유소든, 탄수화물을 다 잘라 놓으면 뭐가 나올까요?

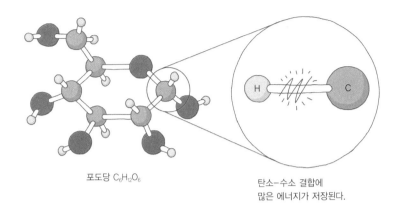

포도당 C₆H₁₂O₆

탄소-수소 결합에
많은 에너지가 저장된다.

**그림 2-9 탄수화물의 구조** 탄수화물은 주로 탄소와 수소, 산소로 이루어져 있다. 탄수화물의 탄소-수소 결합은 많은 에너지를 저장하고 있고 생명체가 쉽게 분해할 수 있기 때문에 탄수화물은 세포의 주 에너지원으로 쓰인다.

이재성 포도당.

**장수철** 맞아요. 탄수화물의 기본 단위는 포도당이에요. 포도당이 쫙 모여서 녹말이 되고, 글리코겐이 되고, 셀룰로오스가 되는 거예요. 키틴은 빼고요. 키틴은 좀 달라요. 그것만 빼고 나머지는 기본적인 구조가 포도당이에요.

포도당은 탄소 6개, 수소 12개, 산소 6개로 이루어져 있는 분자예요. 재미있는 것은, 수소와 탄소 사이에 에너지가 풍부하게 있다는 거예요. 포도당에는 수소하고 탄소 사이의 결합이 6개가 있어요. 여기에 에너지가 풍부한 거예요. 나중에 보겠지만 지방은 탄소, 수소, 탄소, 수소……. 탄소와 수소의 결합이 엄청 많아요. 동일한 무게의 탄수화물과 지방을 준비했을 때, 탄수화물에서 10정도의 에너지가 나온다면 지방은 22정도의 에너지가 나와요. 4:9 정도. 에너지를 저장하는 능력이 큰 거죠. 하지만 어떤 물질이든 각각의 역할이나 기능은 다 달라요. 탄수화물은 지방에 비해 산소가 많이 들어 있는데, 산소가 많으면 에너지를 빨리 만들어 낼 수 있습니다. 왜 그런지는 에너지에 관한 내용에서 다시 이야기할게요.

**이재성** 그러면 지방에다가 산소를 주입하면 되겠네요?

**장수철** 그러면 탄수화물이 되는 거지.

**이재성** 어, 그러면 지방을 뺄 수 있겠네요?

**장수철** 그런 화학 반응을 우리 몸 안에서 시키려고?

**이재성** 아니, 이론상으로는.

**장수철** 산소를 집어넣으면 그대로 숨 쉬는데 사용되고 나올 거예요. 산소가 들어가서 지방과 결합한다? 그러려면 우리 몸에 굉장히 많은 장치를 해야 할 거예요. 유전자 조작이나 주입도 필요할 거고.

**이재성** 아니, 뭐…….

**장수철** 현실성은 거의 없지만 좋은 아이디어예요.

**이재성** 다이어트 사업으로 괜찮을 거 같은데? 산소 다이어트. 산소 방에 집어넣고선 이론을 쫙 설명하는 거야. 그러면 다 넘어갈 것 같은데?

**장수철** 응. 그거 좋아. 해봐 한번. 나한테 배웠단 이야기는 하지 말고.

**이재성** 아니, 아까 왜 그랬잖아요. 소금을 그냥 깨기는 정말 어려운데 물에 넣으면 쫙 찢어지는 것처럼……. 그것도 뭔가 해 가지고 촉진제 맞고 그렇게 되면 이렇게 결합되어 가지고…….

**장수철** 그게, 그렇게 결합시키는 효소(enzyme)가 있어야 할 거고, 그 효소가 우리 몸속에서 작동하도록 해야 할 건데…….

**이재성** 너무 부정적으로 생각하지 마세요!

**장수철** 하하. 네, 긍정적으로 생각하세요.

탄수화물은 분자 크기에 따라 단당류(monosaccharide), 이당류(disaccharide),

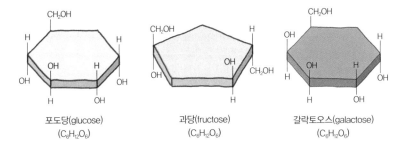

포도당(glucose)
(C₆H₁₂O₆)

과당(fructose)
(C₆H₁₂O₆)

갈락토오스(galactose)
(C₆H₁₂O₆)

**그림 2-10 가장 단순한 탄수화물을 단당류라고 한다** 단당류에는 포도당, 과당, 갈락토오스 등이 있는데, 그중 생명체에게 가장 중요한 단당류는 포도당이다. 녹말과 설탕 등 우리가 먹는 탄수화물 대부분은 소화 기관에서 분해되어 포도당으로 바뀌어 에너지원으로 쓰인다. 과당은 자연에서 얻을 수 있는 가장 단 당으로, 꿀과 과일에 많으며, 갈락토오스는 포도당과 결합하여 우유의 주요 성분인 젖당으로 존재하는 경우가 많다.

다당류(polysaccharide)로 나눌 수 있어요. 단순한 화합물이라는 의미로 단당류와 이당류를 합쳐서 '단순당'이라고 하고, 다당류는 따로 '복합당(또는 복합 탄수화물)'이라고 부르기도 해요. 앞서 봤던 녹말, 글리코겐, 셀룰로오스는 다당류에 속합니다. 단당류는 말 그대로 분자가 하나짜리인 당이에요. 단당류에는 포도당, 과당, 갈락토오스 등이 있어요. 다 아는 이야기지만 달달한 맛은 당 때문이에요. 밥이나 빵을 넣고 한참 씹으면 우리 몸에 있는 '알파아밀라아제(α-amylase)'라는 효소가 녹말을 다 쪼개서 포도당으로 만든단 말이죠. 그래서 단맛이 나요.

이재성 그런데 그림 2-10에서 탄수화물 이름에 '오스(-ose)' 붙어 있는 건 뭐예요?

**장수철** 포도당을 영어로 '글루코오스(glucose)'. 끝에 '-ose'가 들어갔죠? 과당은 '프룩토오스(fructose)'라고 해서 '-ose'가 들어가죠. 그런 식으로 당 이름에 '-ose'를 붙여요.

이재성 아, 저것도네? 갈락토오스(galactose).

**장수철** 네. 갈락토오스는 따로 우리말이 없는 것으로 알고 있어요.

단당류 두 개가 붙어 있으면 이당류예요. 엿당, 설탕, 젖당 등이 있죠. 엿당은 포도당과 포도당, 설탕은 포도당과 과당, 젖당은 포도당과 갈락토오스가 붙어 있는 거예요. 단당류도 당도가 괜찮지만, 단당류 둘을 합쳐 놓으면 더 달거든요? 특히나 포도당하고 과당이 붙어 있는 설탕은 더 달아요.

**이재성** 과일은요? 과일도 달잖아요.

**장수철** 과일에 설탕물이 들어 있는 거예요.

**이재성** 아아.

**장수철** 우유에는 젖당이 들어 있어요. 혹시 우유 마시면 설사하지 않아요? 난 하거든. 지금은 몰라도 좀 더 나이를 먹으면 할 수도 있어요.

**이재성** 그럼 난 아니야. 1리터 정도는 괜찮거든요.

**장수철** 어렸을 때하고 차이가 있지 않나요? 우리는 태어나자마자 모유를 먹죠. 모유에는 젖당이 있단 말이에요. 아이들은 그것을 먹고 분해해서 흡수해요. 모유에서 주는 에너지거든요. 그러니까 어렸을 때는 누구나 젖당 분해 효소를 가지고 있어요. 그런데 이상하게도 아시아 사람은 나이를 먹으면 젖당을 소화하지 못해요. 서양인은 그렇지 않거든요.

**이재성** 왜 그런 거예요?

**장수철** 정확히는 몰라요. 한 가지 설명은, '서양은 목축업이 발달했고 아시아는 농업이 발달해서 우유에 노출되는 기회가 상당히 달랐다. 그것이 진화와 연결이 되었다.' 하는 거예요. 문화와 유전자의 공진화(coevolution)라고 볼 수도 있을 것 같아요.

**이재성** 농업을 한 거하고 진화 속도하고 안 맞을 것 같은데? 진화는 굉장히 천천히 이루어지잖아요.

**장수철** 진화가 천천히 일어난다는 것은 대개 새로운 종의 출현을 기준으로 놓고 봤을 때 그런 거고요. 중세 때 페스트균(pest)이 유럽을 휩쓸고 지나가서 흑사병으로 유럽 인구의 3분의 1일 죽었잖아요. 남아 있는 사람들은 페스트균에 저항력을 가졌을 가능성이 있는 사람들이겠죠?

**이재성** 음……

**장수철** 그럼 그것을 진화가 일어났다고 이야기할 수 있는 거예요. 굉장히 빠른 시간 안에 일어난 거잖아요. 새로운 종의 출현을 놓고 보면 진화는 천천히 일어나는 거지만 그 종을 만들기 위한 중간중간의 사건들은 짧은 시간 내에 일어날 수 있는 거죠. 그것이 쌓이면 나중에 새로운 종이, 호모 사피엔스가 아니라 뭐…… 호모 재성스, 이렇게 새로운 것이 나올지도 모르지.

**이재성** 조만간 다 멸망하겠는데. 다 먹다가.

**장수철** 하하하.


## 에너지 충전은 탄수화물로

**장수철** 음식을 먹으면 쭉 내려가면서 나중에 소장에서 소화가 끝나요. 그 과정에서 탄수화물은 거의 대부분이 포도당으로 잘려요. 물론 지방이나 단백질을 포도당으로 전환시키는 과정도 있어요. 어쨌든 포도당을 흡수해서 무엇을 한다? 우리 몸이 필요로 하는 무엇을 만들어요?

**이재성** 에너지.

**장수철** 네. 나중에 보겠지만 포도당과 산소를 재료로 'ATP(adenosine triphosphate)'라는 형태의 에너지를 만들어요. 우리가 호흡하는 것은 산소

**그림 2-11** 단시간에 에너지를 써야 한다면 과일을, 지구력을 요하는 일을 할 때는 밥을 먹으면 좋다. 단순당과 복합당은 에너지를 내는 방식이 다르다. 과일을 먹었을 때는 빠른 시간 안에 혈당이 급격히 올라갔다가 급격히 떨어지는 반면, 밥을 먹었을 때는 과일을 먹었을 때만큼 혈당이 높이 올라가지는 않지만 일정한 수치가 긴 시간 유지된다.

를 얻어서 ATP를 만들기 위한 거예요. 여기에서는 포도당이 에너지원이라는 것만 기억해 두죠. 우리 몸이 피곤하면 포도당을 만드는 과정, 즉 녹말을 분해하거나 다른 단순한 당을 포도당으로 바꿔 주는 과정이 잘 안 일어나요. 그러면 어떻게 해요? 포도당 주사를 직접 맞으면 돼요.

포도당이 바로 에너지로 사용되지 않을 때에는 단기간 저장해서 사용하기 편한 형태의 글리코겐을 형성해요. 그러니까 글리코겐은 에너지를 사용하고 남은 포도당으로 만들어지는 거죠. 그러고 나서도 글리코겐이 그때그때 제대로 사용되지 않으면 장기 저장 형태인 지방으로 바뀌어요.

단시간 에너지를 써야 한다면 과즙에 들어 있는 과당과 같은 단순한 형태의 당을 섭취하는 게 효과가 있어요. 바로 에너지를 쓸 수 있으니까요. 혈당이 올라가고, 에너지가 많이 생기겠죠. 그런데 단순당을 섭취했을 때는 좀 지나면 올라갔던 혈당이 급격히 떨어지기 때문에 지구력을 요하는 일을 할 때에는 좀 불리해요. 그래서 밥을 먹는 거예요. 복합당을요. 여기에서는 녹말이죠. 녹말을 먹으면 분해하고 흡수하는 과정을 거치므로 일정한 시간 동안 혈당이 높은 수준으로 유지되기 때문에 꽤 오랜 시간 동안 일을 해야 한다면 복합당을 섭취하는 것이 유리해요.

탄수화물에 대한 이야기는 어느 정도 한 것 같아요. 여기에서 질문 있나요? 자, 질문 없으면 탄수화물은 여기에서 끝내겠습니다.


## 수업이 끝난 뒤

이재성 화학 재밌어. 아까 생각해 봤는데 처음 말했던, 맛 있잖아요. 그것을 가지고 맛있다 맛없다를 구분할 수 있을 것 같아요. 단맛, 짠맛, 쓴맛, 신맛, 향긋한 맛의 비율을 이렇게 맞추면 맛있다고 느끼고, 저렇게 맞추면 맛없다고 느낀다고 하는.

장수철 맛이라는 것이 주관적이지 않나?

이재성 집단 조사를 하는 거지. 어떤 공통된 범위가 있지 않을까요?

장수철 흠, 비슷한 얘기가 있기는 해요. 단맛은 당 농도가 점점 높아지면 단맛을 느끼는 정도가 쭉 증가하다가 어느 순간 당 농도가 너무 높으면 감각이 떨어져요. 그런데 고소한 맛은 지방 농도가 증가하는 대로 고소한 맛을 느끼는 정도가 계속 강해져요.

이재성 아, 맛은 다섯 가지만 밝혀졌다고 하지 않으셨나요? 고소한 맛은 뭐죠?

장수철 오, 예리한데? 하하. 매운맛과 마찬가지예요. 매운맛이 사실은 통증인 것처럼 고소한 맛도 사실 혀로 느끼는 '맛'이 아니라 향으로 느끼는 '맛'이에요.

이재성 어쨌든 고소하다고 느끼는 게 지방 때문이라는 거네요? 난 지방은 막 미끄덩거려서 별로던데.

**장수철** 삼겹살.

이재성 고기에는 단백질도 들어 있잖아요.

**장수철** 마블링 끝내주는 소고기, 고소하죠? 단백질 맛도 있지만 사실 지방 맛이 커요. 젊었을 때는 소고기를 맛 때문에 먹지만 소고기에는 지방이 많아서 나이가 들어서는 웬만하면 먹지 말라고 해요. 소고기보다는 돼지고기가 건강에 좋고, 돼지고기보다는 닭고기가 좋고, 닭고기보다는 오리고기가 좋아요. 오리 고기보다는 생선이 좋고.

이재성 역시 극과 극은 통하네. 나는 중간에 다 싫고 소고기하고 생선만 좋아요. 아니면 그래도 되지 않아요? 소고기를 수육으로 먹으면 되잖아. 기름 쫙빼고.

**장수철** 다 안 빠진대요.

이재성 다 안 빠져요?

**장수철** 조금 더 건강할 수는 있겠죠? 하하.

이재성 건강이고 뭐고 먹어 봤으면 좋겠다.

**장수철** 하하하하. 건강이고 나발이고 먹어 봤으면 좋겠어?

**세 번째 수업**

# 오늘의 메뉴

### 내 몸을 이루는 분자 2: 지질, 단백질, 핵산

오늘은 지난 시간 우리 몸을 이루는 큰 분자들 중 탄수화물에 이어서 지질과 단백질, 핵산에 대해 알아볼 겁니다. 이번 시간까지 해서 생명을 이루는 물질들에 대해 알면 생물과 생명 현상을 이해하는 데 도움이 많이 될 거예요. 그럼, 시작해 볼까요?

## 지질의 정체

**장수철** 치킨, 피자, 감자튀김……. 미국에 가면 밥보다 쉽게 접할 수 있어요. 미국에 처음 유학을 갔을 때 미국 음식이 너무 좋아서 3년 있는 동안 한국 음식을 거의 안 먹었어요. 그런데 위장은 그걸 소화하느라 너무 힘들었나 봐요. 좀 지나니까 몸 여기저기가 간지럽기 시작하더니 미국에 있는 내내 그랬어요. 너무 가려워서 막 긁었더니 한국에 들어올 때는 상처 자국 때문에 얼굴이 거의 새카맸어요.

나중에 '음식에 무슨 성분의 차이가 있었을까?' 하고 생각해 봤는데, 기름 때문이었어요. 패스트푸드는 기름 천지예요. 샌드위치는 소스 범벅이고, 계란프라이도 튀긴 거고, 감자튀김이야 뭐 말도 못하죠. 베이컨은 고기 자체가 기름 덩어리고. 빵을 구워 먹을 때 가장 맛있게 먹는 방법 중에 하나가 뭔 줄 아세요? 식빵에다가 버터를 바른 다음에 그것을 토

**그림 3-1** 소시지, 햄의 주요 성분은 지방이다. 닭다리, 감자튀김, 도넛, 과자 등 튀긴 음식은 물론, 치즈에도 지방이 많다. 지방 성분의 고소한 맛은 우리를 강하게 유혹한다. 하지만 기름진 음식을 지나치게 많이 먹으면 건강을 해칠 수 있다.


스트기에 굽는 거예요. 무지 맛있어요. 거의 천상의 맛이라고 할 수 있을 정도예요.

이재성 토스트기 지저분해질 것 같은데요.

**장수철** 그러거나 말거나. 어쨌든 맛은 죽인다고. 하하하.

이재성 하긴 청소는 내가 하는 게 아니니까.

**장수철** 기름 성분을 통틀어서 '지질(lipid)'이라고 해요. 물에 녹지 않고 미끄덩거리는 성질을 가지고 있죠. 우리가 음식으로 쉽게 접하는 지질은 지방(fat)이에요. 우리 삼겹살 구워 먹을 때 어때요? 기름이 많이 나오죠. 그러다 다 먹은 다음에 불판에 불 끄고 나면 어떤 일이 벌어지죠? 불판 위에 기름이 하얗게 굳어 있죠? 전부 포화지방(saturated fat)이에요. 동물성

포화지방

불포화지방

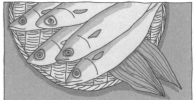

지방산이 일직선으로 정렬되어 빽빽하게 밀집할 수 있다. 실온에서 고체다.

지방산이 비틀어져 빽빽하게 밀집하기 어렵다. 실온에서 액체다.

그림 3-2 포화지방과 불포화지방, '포화'와 '불포화'의 의미는? 포화지방과 불포화지방은 탄소의 양쪽 결합손이 모두 수소 원자로 포화되어 있느냐 아니냐의 차이를 의미한다. 불포화지방에서 탄소의 남는 결합손은 가까이 있는 탄소와 이중결합을 이루면서 모양이 꺾인다. 이런 부분이 한 군데 이상 있어서 불포화지방의 꼬리 부분은 굽은 형태가 된다.

지방에 포화지방이 많아요. 우리 이재성 선생이 좋아하는 닭고기부터 소고기까지 다 포화지방이에요.

포화지방은 '글리세롤(glycerol)'이라는 머리 부분이 있고, 그 밑에 '지방산(fatty acid)'이라는 꼬리 세 개가 가지런히 붙어 있는 모양이에요. 요놈들은 슬슬 옆으로 움직이면서 분자 운동을 할 수 있는데, 가지런하게 뻗은 다리 때문에 차곡차곡 잘 쌓여요. 그래서 온도가 조금만 내려가도 굳어버리는 거예요. 보통 실온에서도 굳어 버리죠.

식물성 기름이나 생선 기름은 불포화지방(unsaturated fat)이에요. 불포화지방은 포화지방과 달리 꼬리 부분이 꺾여 있어요. 꺾여 있으니까 포화지방처럼 가지런하게 배치가 될 수가 없어요. 그래서 온도가 떨어져도 딱딱해지지 않고 액체 상태가 그대로 유지돼요.

이재성 질문. 포화하고 불포화의 의미가 뭐예요? 일반적으로는 포화라는 것은 뭐가 꽉 찼다는 거고, 불포화는 그렇지 않다는 것인데.

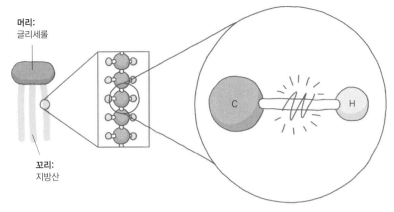

머리:
글리세롤

꼬리:
지방산

C    H

탄소-수소 결합에 많은 에너지가 저장된다.

**그림 3-3 지방의 구조** 탄소-수소 결합은 많은 에너지를 저장하고 있다. 지방은 탄소-수소 결합을 많이 가지고 있는데, 그만큼 저장된 에너지가 많다는 이야기다. 똑같은 그램 수의 탄수화물과 지방을 비교하면, 탄수화물에서 40 정도의 칼로리가 나올 때 지방은 90 정도의 칼로리가 나온다.

**장수철** 꼬리 부분을 구성하고 있는 탄소와 수소의 결합 구조에서 유추할 수 있을 것 같아요. 탄소는 결합손을 네 개 가지고 있는데 그중 두 개는 양쪽으로 다른 탄소와 결합하는 데 쓰잖아요. 그럴 때 나머지 결합손 두 개가 수소와 하나씩 결합되어 있으면 포화지방산, 그렇지 않고 결합손 하나만 수소와 결합하고 다른 하나는 탄소와 결합해 있으면 불포화지방산이라고 이해하면 될 것 같아요. 남은 결합손 두 개가 모두 수소와 결합하고 있느냐 없느냐의 차이인 거죠.

지방의 구조를 좀 더 볼까요? 포도당은 탄소와 수소의 결합이 6개 있었잖아요. 지방은 탄소, 수소가 훨씬 많아요. 탄소하고 수소의 결합이 굉장히 많다는 이야기는 그 결합에 저장된 에너지가 그만큼 많다는 이야기예요. 반면 산소는 가뭄에 콩 나듯이 있어. 지방에 산소 분자는 6개고,

꼬리에는 탄소가 14, 16, 18개가 붙어 있어요. 많은 경우에는 20, 22, 24, 26개까지 가기도 해요. 전부 다 짝수예요. 만일 홀수일 때 하나가 잘리면 이 탄소 하나는 우리 몸에서 제대로 처리를 못해서 독성 물질로 작용해요. 잘못하면 죽어요. 에탄올(ethanol)은 탄소가 두 개고 메탄올(methanol)은 탄소가 하나란 말이야. 메탄올로 만든 술을 마시면 최소 실명이고 목숨을 잃을 수도 있어요. 러시아에서 밀주 만들다가 사람들 죽는 경우가 있잖아요. 기본적인 지식이 없는 사람이 탄소 하나짜리로 술을 만들어서 그래요.

지방에는 우리 몸에서 만들어지지 않는 것도 있어요. 트랜스지방(trans fat)은 생물에게는 없는 지방이에요. 불포화지방에 공업적으로 수소를 집어넣어서 꼬리 부분을 인위적으로 펴서 포화지방처럼 만드는 거예요. 고르게 쭉 펴지지는 않고 약간 꺾인 상태로 펴지는데, 트랜스지방을 섭취하는 것과 포화지방을 섭취하는 것은 별 차이가 없어요.

**이재성** 그럼 어느 것이 더 나쁜 거예요? 우리는 일상적으로 트랜스지방이 더 나쁜 것이라고 생각하는데.

**장수철** 똑같아요. 별 차이 없어요. 단지 트랜스지방은 우리 몸에 없는 물질이기 때문에 더 좋지 않다고 얘기하는 사람이 있을 뿐이에요.

**이재성** 인위적으로 만든 것이기 때문에?

---

**트랜스지방은 누가 만들었을까?** 1873년 프랑스의 화학자 이폴리트 메주무리스(Hippolyte Mge Mouris)가 수소를 첨가하여 액체 유지를 고체로 만들 수 있는 방법을 고안하였으며, 1950년대에 들어와서 대량으로 생산하기 시작했다.

---

**장수철** 네. '인위적으로 만든 것이기 때문에 우리 몸에서 처리할 수 있는 능력이 포화지방보다는 아무래도 떨어지지 않을까?' 그런 이야기는 해요. 그런데도 음식에 트랜스지방을 입히는 이유는 식감이 끝내주기 때문이에요.

**이재성** 포화지방보다?

**장수철** 네. 과자의 바삭바삭한 식감이 트랜스지방에서 나오는 거예요. 초콜릿칩 쿠키 같은 식감도 그렇고요. 과자를 만드는 과정에서 옆에서 수소를 확 뿌려 주면 트랜스지방이 입혀져요. 그러면 과자가 눅눅해지지도 않고 맛있는 상태가 오랜 시간 유지가 되죠.

**이재성** 트랜스지방을 누가 만들었어요?

**장수철** 나도 잘 모르겠어요.

  과자 포장을 보세요. 포장지에 성분이 적혀 있어요. 난 이걸 보면 이재성 선생이 생각나요. 영양 성분 항목이 나와 있죠? 열량 몇 칼로리, 탄수화물 4퍼센트. 여기에서 4퍼센트란 이야기는 하루에 허용된 양이 100퍼센트일 때 이 과자에 4퍼센트가 포함되어 있다는 뜻이에요. 단백질은 7퍼센트, 포화지방은 8퍼센트라고 나와 있네요. 이 과자 1회 제공량을 다 먹으면 그날 섭취해도 되는 포화지방산의 8퍼센트를 먹는다는 뜻이에요. 만약에 이 과자를 12개 먹고 나서 그날 포화지방을 다른 데에서 섭취하면 포화지방이 몸에 부정적인 영향을 끼칠 수 있는 거예요.

**이재성** 그럼 과자를 오늘 많이 먹고 내일 안 먹으면 되지 않아요?

**장수철** 그렇지 않아요. 당일에 허용되는 수치가 있어요. 그 다음날 적게 먹는다고 해서 오늘 안 좋은 것이 경감되거나 하지는 않아요.

**이재성** 그렇다면 과자도 약 먹듯이 하루에 100이면은 10씩 시간에 나눠서 먹어야지 한 번에 100먹고 쭉 안 먹으면 마찬가지로 더 나쁘다는 건가요?

**장수철** 네. 한꺼번에 먹으면 더 나빠요. 그 다음에 트랜스지방이 0그램이라고 되어 있는데, 이게 재미있어요. 1회 제공량이 낱개 한 봉지란 말이에요. 그런데 상자에 총 5회 제공량이 들어 있어요. 다섯 봉지란 뜻이죠. 그런데 한 봉지 내의 트랜스지방이 0그램이라는 것은 전혀 들어있지 않다는 뜻이 아니에요. 반올림을 해서 0그램이라는 뜻이기 때문에 0.5그램 미만이 들어 있을 수도 있는 거예요. 여기에는 안 나와 있지만 낱개에 트랜스지방이 0.4그램이라면, 0.4 곱하기 5하면 얼마예요?

**이재성** 2.0

**장수철** 네. 2.0그램이에요. 사실 꽤 있는 거죠. 그러니까 숫자 놀음에 우리가 넘어가면 안 돼요.

**이재성** 그래서 내 생각이 많이 났구나.

**장수철** 네. 선생님 생각이 많이 났죠. 나도 사실은 못 참고 많이 먹어요.
　사람들이 지방의 맛을 정말 좋아하기 때문에 맛은 지방 맛인데 칼로리는 거의 없는 '올레스트라(olestra)'라는 가짜 지방도 개발했어요.

**이재성** 그거 정말 좋은 거다.

**장수철** 음식을 만들 때 올레스트라를 넣으면 고소한 맛은 느끼면서 칼로리를 적게 섭취할 수 있죠. 하지만 가끔 소화 기관에 탈이 나는 부작용이 있기도 해요.

**이재성** 올레스트라로 만든 음식에 뭐가 있어요?

**장수철** 우리나라에는 별로 소개가 안 된 것 같은데, 미국 쪽에는 꽤 있는 모양이에요. 개발해서 쓴다고 하더라고요.
　건강 검진 아직 안 받았죠? 받았어요?

**이재성** 아니요. 아직요.

**장수철** 건강 검진 결과를 받으면 중성지방(neutral fat) 항목이 있어요. 포화지

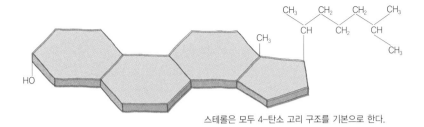

스테롤은 모두 4-탄소 고리 구조를 기본으로 한다.

**그림 3-4 콜레스테롤의 구조** 콜레스테롤은 탄소 원자 고리 네 개로 이루어져 있는 구조에 탄소와 수소, 산소가 붙어 있는 구조다. 콜레스테롤은 HDL 콜레스테롤과 LDL 콜레스테롤, 두 종류로 나눌 수 있다. HDL은 체내에서 분해되지만 LDL은 혈관에 쌓여 종종 건강에 문제를 일으킨다. LDL은 직접 섭취하는 것보다 포화지방이 전환돼서 생기는 경우가 대부분이기 때문에 포화지방 섭취를 조절하는 것이 좋다.

방과 불포화지방이 중성지방에 속해요. 혈액 검사를 했을 때, 중성지방이 기준치 안에 들어간다, 안 들어간다 하는 걸 가지고 건강 상태를 많이 따져요. 요즘 우리나라 사람들은 중성지방이 증가하는 추세에 있어요.

**이재성** 어? 그런데 포화지방은 나쁜 거, 불포화지방은 좋은 거, 이렇게 얘기하잖아요. 그러면 포화지방이 아니라 몸에 좋은 불포화지방을 많이 섭취해도 기준치 바깥으로 나가서 건강에 안 좋다고 나올 거 아니에요.

**장수철** 포화지방이 잔류하는 게 좀 더 많아서 그래요. 포화지방의 경우 많이 섭취하면 콜레스테롤(cholesterol)로 많이 전환이 돼요. 중성지방이 많다는 것은 그만큼 콜레스테롤로 전환될 지방이 꽤 있다는 것으로 해석하는 거예요. 그래서 중성지방을 체크하고요, 추가로 콜레스테롤을 측정합니다.

콜레스테롤이 나쁘기만 한 것은 아니에요. 콜레스테롤은 우리 몸에 필요해요. 나중에 살펴보겠지만, 세포막(cell membrane)에 콜레스테롤이 일정 정도 박혀 있어요. 콜레스테롤이 없으면 세포막이 딱딱해지고, 많으면 너무 부드러워져요. 이놈들이 어느 정도 있음으로 해서 세포를 둘러싼 세포막이 유동성을 유지할 수 있어요. 좋아요. 좋은데, 많으면 골치 아파요.

콜레스테롤은 탄소 원자 고리 네 개를 기본으로 하고, 여기에 탄소와 수소, 산소가 붙어 있는 구조예요. 콜레스테롤은 HDL 콜레스테롤과 LDL 콜레스테롤, 두 종류로 나눌 수 있어요. 의료 보험에 가입한 사람은 2년마다 건강 검진을 받잖아요? 거기에서 나오는 콜레스테롤 수치가 바로 이거예요. 고밀도 지질단백질인 HDL은 체내에서 어느 정도 대사시켜요. 대사한다는 것은 분해해서 필요한 물질을 합성하는 데 쓴다는 뜻이에요. 그리고 HDL은 혈관 벽에 쌓인 콜레스테롤을 제거해요. 그런데 저밀도 지질단백질인 LDL은 대사되기도 하지만 많으면 혈관에 쌓여요. LDL을 잔뜩 가지고 있으면 지방 덩어리가 약간의 단백질과 결합된 상태로 있다가 혈관 같은 곳에 붙는 거예요. 그러면 혈관 벽이 두터워져서 혈액이 통과할 수 있는 구멍의 크기가 점점 줄어드는 거죠. 그러다가 혈관 질환과 심장 질환이 생기는 거예요. 콜레스테롤을 직접 섭취하는 것보다 포화지방을 많이 섭취하게 되면 LDL이 잔뜩 늘어나고, 그렇게 되면 건강에 안 좋을 수 있어요.

---

**HDL과 LDL** HDL은 'high density lipoprotein'의 준말이고, LDL은 'low density lipoprotein'의 준말이다. 우리말로는 각각 고밀도 지질단백질, 저밀도 지질단백질이라고 한다. 뒤에 지질단백질(lipoprotein)이라는 것은 지방(lipo-)하고 단백질(protein)이 붙어 있다는 것을 의미하며, 고밀도, 저밀도는 단백질의 비중이 상대적으로 높고, 낮다는 것을 의미한다.

다음으로, 콜레스테롤과 비슷한 모양인 것이 스테로이드 호르몬(steroid hormone)입니다. 테스토스테론(testosterone)과 에스트로겐(estrogen)이 여기에 속해요. 흔히 테스토스테론은 남성 호르몬, 에스트로겐은 여성 호르몬이라고 하죠. '아나볼릭 스테로이드(anabolic steroid)'라고 들어봤나요? 테스토스테론과 비슷한 구조를 인공적으로 합성한 거예요. 영화 〈록키(Rocky)〉의 주연 실베스터 스텔론(Sylvester Stallone)이 이것을 주사한다고 하더라고요. 나이가 많으면 근육이 발달하는 데 좀 불리하거든요. 아나볼릭 스테로이드를 쓰면 똑같이 운동을 하더라도 이것을 쓰지 않는 사람보다 근육이 훨씬 더 발달해요. 남성성을 더 발달시키죠.

테스토스테론과 에스트로겐은 남녀 모두에게 있어요. 남성의 경우 젊을 때가 테스토스테론이 많죠. 그러다가 나이가 들어서 40대 중반에서 50대 초반이 되면 테스토스테론의 비율이 조금 줄어들어요. 상대적으로 에스트로겐의 비율이 높아지는 거죠. 그래서 젊어서는 안 그랬던 남성들이 슬픈 드라마를 보고 막 울기도 해요.

이재성 아. 남자가 나이가 들면 좀 여성적으로 된다는 것이 여성 호르몬이 늘어나는 게 아니라, 남성 호르몬의 비중이 줄어드는 거구나.

**장수철** 네.

이재성 그러면 아줌마는요? 나이가 들면서 남자는 점점 여성화되고, 여자는 점점 남성화된다는 이야기를 하는데, 지금 남자는 테스토스테론이 줄어든다고 했고, 그럼 여자는 여성 호르몬이 줄어들어서 그런 건가요?

**장수철** 호르몬의 균형이 바뀐다는 이야기를 들었어요. 여성은 폐경 이후 에스트로겐이 급격히 줄고 테스토스테론은 천천히 적게 줄어서 비율이 바뀌는 거죠.

이재성 여자도 테스토스테론이 있다고 하셨잖아요. 그런데 여자들은 근육이 안 생기잖아요.

**장수철** 근육이 안 생기긴, 남자 같은 근육이 안 생기는 것뿐이지.

**이재성** 근육 양이 적어서 그런 건가요?

**장수철** 네, 남자보다 적어요. 또 여성의 근육과 남성의 근육 모양이 조금 달라요. 그래서 여성은 운동을 하더라도 근육이 두꺼워지는 쪽으로 발달하는 것이 남성보다 좀 덜해요.

**이재성** 맞아요. 그런데 여자 보디빌더 있잖아요.

**장수철** 뭐, 평균적으로 그렇다는 거지 예외는 언제나 있죠. 여성 중에도 남성들보다 키 큰 사람도 있잖아요. 여성 보디빌더가 나나 선생님보다 훨씬 더 근육이 발달 되어 있을 거예요.

**이재성** 맞아요.

**장수철** 그 다음에 인지질(phospholipid)을 보죠. 지방이 물에 들어가면 어떻게 되죠? 섞여요?

**이재성** 떠요.

**장수철** 뜨죠. 물에 녹지 않는다는 거예요. 물에 녹지 않는다는 건 물 분자하고 지방 분자는 결합하는 면이 없다는 거예요. 이탈리아 레스토랑 가면 처음에 빵 찍어 먹으라고 비니거에다가 까만 거, 올리브 오일 뿌린 거 주잖아요. 얘네들이 안 섞여 있죠? 빵을 찍어 먹다 보면 올리브 오일이 다 없어져서 더 달라고 하고. 지방은 물에 안 녹아요. 지방에는 어디에도 물과 친한 구조가 없어요. 그런데 인지질은 조금 달라요.

인지질은 중성지방과 다르게 꼬리가 두 개예요. 머리 부분에는 음전하를 띠고 있는 인산이 붙어 있어서 머리는 물에 녹아요. 꼬리는 물에 안 녹고요. 인지질을 물에 강제로 집어넣으면 머리는 물에 접하는 바깥쪽을 향하고 꼬리는 안쪽으로 들어가서 공 모양이 돼요. 이것을 다시 잘 펴면,

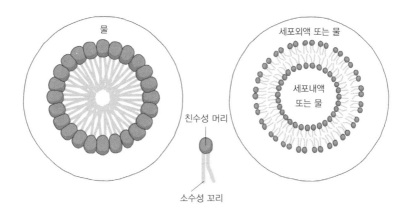

**그림 3-5 인지질의 구조와 물속의 인지질** 중성지방과 달리 꼬리가 두 개다. 머리 부분에 붙어 있는 인산과 결합 부위가 전하를 띠고 있어 머리 부분은 물에 잘 녹는다. 반면 꼬리 부분은 물에 녹지 않는 다. 인지질을 물에 강제로 집어넣으면 머리는 물에 접하는 바깥쪽을 꼬리는 물을 피하는 안쪽을 향해 공 모양이 만들어진다. 이것을 머리는 바깥을 향하고 꼬리는 안을 향하도록 이중층을 만들어서 이것 을 다시 공 모양으로 만들어 주면 세포막이 된다.

머리 바깥쪽은 물과 접하고 꼬리 안쪽은 물과 접하지 않는 형태로 두 개의 층을 만들 수 있어요. 이것을 다시 잘 공처럼 만들어 주면 안쪽에 물이 있고 바깥쪽에도 물이 있게 되죠. 공의 표면처럼 둘러싸는 두 개의 층을 보면 머리는 바깥쪽, 꼬리는 안쪽을 향한 모양인 거예요. 그게 바로 세포막이에요. 안쪽에 물 대신에 세포질(cytoplasm)을 집어넣으면 세포가 되는 거죠. 인지질은 세포를 둘러싸고 있는 막 구조물이에요.

마지막으로, 왁스(wax)는 굉장히 강한 소수성이에요. 물과 결합할 수 있는 부분이 전혀 없어요. 왁스는 새의 깃털, 곤충의 표피 같은 곳에 있어요. 새가 날다가 물속에 먹잇감을 발견하면 잽싸게 들어갔다가 다시 나오죠? 그때 깃털이 물에 젖지 않아요. 물과 접할 수 있는 결합 부위가 없기 때문에 물에 젖지 않고 금방 올라올 수가 있어요. 물 환경에 비교적 자유

**그림 3-6 지방이 필요해** 바다표범의 표피는 지방으로 이루어져 있다. 지방이 많은 두꺼운 표피는 찬 공기를 막아 추운 곳에서도 바다표범의 체온을 일정하게 유지해 준다.

로운 곤충도 마찬가지예요.

비만 인구가 늘면서 지방에 대한 이미지가 좋지 않지만, 지방은 생물에게 꼭 필요한 구성 성분입니다. 남극에 사는 바다표범은 기온이 엄청 낮은데도 체온이 35~40도 사이에서 유지돼요. 바깥의 낮은 온도를 어떻게 견딜까요? 표피는 거의 다 지방이에요. 지방으로 이루어진 두터운 표피층이 바깥의 찬 공기를 차단해 주는 거죠. 고래도 마찬가지. 물속에 사는 포유류의 경우 표피의 지방층이 아주 잘 발달해 있어요.

사람의 경우에는 내장과 근육 사이에 어느 정도 기름이 끼어 있어요. 이걸 '내장지방'이라고 하는데, 외부에서 물리적인 충격이 왔을 때 바로 이 기름 덩어리 때문에 한 번 걸러져서 내장이 보호되는 거예요. 완충 역할을 하는 거죠.

이재성 여자가 남자보다 지방이 많다고 그러던데?

장수철 내장지방과 피하지방을 통틀어 체지방이라고 하는데, 개인차가 크지만 보통 남자의 체지방률은 15~20퍼센트, 여성의 체지방률은 20~25퍼센트라고 하더라고요.

혹시 지질에 대해서 더 질문 있어요?

이재성 탄수화물을 많이 섭취하면 탄수화물이 지방으로 바뀔 수 있다고 하셨잖아요. 그러면 탄수화물이 지방으로 어떻게 바뀌어요? 탄수화물의 화학 구조가 지방의 화학 구조로 어떻게 바뀌는지가 궁금해요.

장수철 아, 그거는 한두 단계로 벌어지는 과정은 아니에요. 일단 탄수화물을 다 분해해요. 녹말이면 수천 개의 포도당이 생길 것 아니에요? 포도당 각각이 분해되고 다른 분자로 전환되어 지방 합성의 재료가 돼요. 즉 탄소, 수소, 산소를 재구성하면 지방이 되는 거죠.

이재성 아, 재조합을 한다는 거네요?

장수철 그렇죠.


## 단백질의 구조와 활동 조건


장수철 단백질은 아미노산으로 구성되는데, 아미노산 종류가 20가지예요. 20가지 아미노산이 단백질을 만드는 데 골고루 쓰이거든요. 그런데 이 중에 '필수 아미노산'이라고 해서 몸에서 자체적으로 만들지 못하기 때문에 꼭 음식으로 먹어 줘야 하는 아미노산이 있어요. 그것을 섭취하지 못하면 그게 '영양실조'예요. '영양부족'이 아니에요. 제대로 된 단백질이

**그림 3-7 파마의 원리** 머리카락은 단백질로 이루어져 있다. 파마 약은 단백질 3차 구조에 있는 황과 황 사이의 공유 결합을 다 깬 다음 원하는 모양으로 다시 결합시키는 역할을 한다. 그래서 우리는 머리 모양을 마음대로 만들 수 있다.

우리 몸에서 안 만들어지는 거예요.

전통적인 식단을 보면 대개 옥수수가 되었든 쌀이 되었든 밀가루가 되었든 곡물류로 식사를 준비하죠. 그런데 꼭 콩과 식물과 같이 먹는 경우가 많아요. 곡물류에 없는 단백질을 콩류가 공급해 주기 때문에 그래요. 곡물류와 콩류, 이 두 가지를 섭취하는 건 채식주의자에게 거의 철칙이에요. 이재성 선생이나 나는 고기로 단백질을 섭취하지만, 채식주의자들은 콩으로 단백질을 섭취해요. 단백질은 그만큼 중요하게 취급되는 영양소예요.

머리카락을 살펴보면서 단백질의 구조를 볼까요? 머리카락에는 세포가 없어요. 완전히 단백질이에요. 머리카락을 뜯어내면 아프죠? 끝에 딸

려 나오는 모낭에 세포가 있어서 그
래요. 반면 머리카락 자체는 잘라도
아프지 않죠. 세포가 아니라 완전히
단백질이어서 그래요. 미용실에서 파
마를 해서 생머리를 만들 수도 있고,
웨이브 머리를 만들 수도 있어요. 단
백질의 성질을 이용해서 그렇게 하는
거예요.

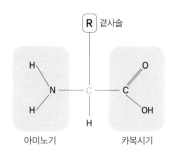

그림 3-8 아미노산의 구조 가운데에 탄
소가 있고, 탄소의 결합손 네 개에는 아미
노기, 카복시기, 수소, 곁사슬이 붙어 있
다. 곁사슬 부위에 무엇이 들어가느냐에
따라서 20가지 아미노산이 결정된다. 다
른 아미노산끼리 카복시기와 아미노기가
결합해 연결돼 만들어지는 것이 단백질인
데, 곁사슬에 친수성이 많이 들어가 있으
면 물에 잘 녹고, 소수성이 많이 들어가
있으면 물에 잘 녹지 않는 단백질이 된다.

단백질은 아미노산이 쭉 연결돼서
만들어지는 구조물이에요. 아미노산
의 구조를 보면 우선 가운데에 탄소
가 있어요. 탄소는 결합손이 네 개죠.
한쪽에는 아미노기(NH₃⁺), 또 한쪽에

는 카복시기(carboxyl group, COO-)가 결합해 있어요. 다른 하나에는 수소,
나머지 하나에는 곁사슬(residue)이 붙어 있어요. 모든 아미노산은 기본적
으로 가운데 탄소가 있고 아미노기, 카복시기, 수소가 있어요. 그리고 곁
사슬 부위에 무엇이 들어가느냐에 따라서 20가지 아미노산이 결정돼요.
여기에는 물과 친하지 않은 것이 들어갈 수도 있고 물과 친한 것이 들어
갈 수도 있어요. 결국 단백질의 성질은 이것에 의해서 결정되는 거예요.
아미노산이 쭉 연결되어 있는데 친수성 곁사슬이 많으면 이 단백질은 물
에 잘 녹는 단백질인 거고, 소수성 곁사슬이 많으면 물에 잘 녹지 않는
단백질인 거예요.

아미노산이 구슬 꿰듯이 연결되어 있는 것은 단백질의 1차 구조예요.
이 1차 구조물이 접히고 구부러지면 더 다양한 구조물이 만들어집니다.

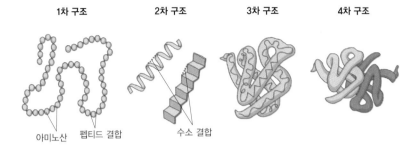

**그림 3-9 단백질의 구조** 단백질은 아미노산이 펩티드 결합으로 연결되어 만들어지는데, 인접한 아미노산 사이에 결합이 일어나 사슬이 굽히고 접히면서 복잡한 구조가 생긴다. 1차 구조는 일정한 순서로 아미노산 여러 개가 펩티드 결합으로 연결된 선형 구조를, 2차 구조는 폴리펩티드 사슬의 아미노산 사이에 수소 결합을 이루면서 나선 형태 또는 주름진 접힘 형태를 띤다. 3차 구조는 2차 구조를 가진 단백질이 다시 꼬이고 구부러져서 생긴 입체 구조를, 4차 구조는 3차 구조 단백질이 둘 이상 모여 집합체를 이룬 구조를 말한다.

2차 구조는 나선 모양과 병풍 모양으로, 같은 구조가 계속 반복되는 모양을 하고 있는데, 1차 구조에서 아미노산 사이에 수소 결합으로 만들어져요. 수소 결합은 물 분자들끼리 생기는 결합과 비슷해요. 그래서 물을 집어넣으면 기존의 결합이 다 깨지고 다른 결합이 생기거든요? 머리가 젖어 있을 때 드라이를 해서 머리 모양을 다시 잡는 것은 깨진 수소 결합을 다시 만들어 주는 거예요.

　파마는 좀 더 강해요. 3차 구조는 공유 결합, 이온 결합, 수소 결합, 소수성 결합(hydrophobic bond) 등이 관여해서 입체 구조로 만들어지는데, 파마를 할 때는 황과 황 사이의 공유 결합이 매우 중요한 역할을 해요. 공유 결합은 굉장히 강한 결합인데, 파마 약을 집어넣으면 이 공유 결합이 깨져요. 단백질 내에 황과 황의 결합이 얼마나 많겠어요? 파마 약이 그 결합을 다 깨는 거죠. 그러면 머리카락이 힘이 없어져요. 그럴 때 다른 모양으로 다시 황 결합을 하도록 약을 쓰는 거예요. 그래서 머리 모양을 마음대로 만들 수가 있는 거예요. 단백질의 성질을 잘 활용한 거죠.

제가 수업시간에 학생들에게 그렇게 이야기를 해요. "너희는 이제 이 수업을 들었으니까 앞으로 파마하러 미장원 갈 때 '야, 우리 황과 황 사이에 공유 결합을 바꾸러 갈까?' 꼭 이렇게 이야기하고 가야 한다." 하고요. 하하. 재미없어?

**이재성** 전 파마 안 해요. 반곱슬이라서 파마할 필요가 없어요. 그런데 반곱슬은 왜 반곱슬이에요?

**장수철** 머리카락의 3차 구조가 곱슬을 만드는 경우와 그렇지 않은 경우가 있어서 그래요. 곱슬이 잘 생기는 아미노산의 순서가 있고 그렇지 않은 경우가 있어요. 그런데 선생님은 그게 적절하게 섞여 있는 거예요.

**이재성** 좋은 거죠?

**장수철** 좋다는 말이 듣고 싶은 거예요? 하하. 생물에는 좋고 나쁜 게 없어요. 마지막으로, 4차 구조는 3차 구조가 둘 이상 붙어 있는 구조를 말합니다.

단백질이 제대로 기능하기 위해서는 몇 가지 필요한 사항이 있어요. 단백질을 구성하는 아미노산 배열이 제대로 되어 있어야 해요. 아미노산 배열이 제대로 되어 있으면 철자가 맞는 단백질이고, 아미노산 배열이 잘못 되어 있으면 철자가 잘못된 단백질이라고 흔히 이야기하는데, 철자가 틀린 단백질은 제 기능을 못해요. 아미노산이 하나만 잘못되어도 3차 구조가 달라져요.

전에 얘기했다시피 나는 우유를 소화 못 해요. 나는 나이를 먹어서 젖당 분해 효소가 안 만들어지는 경우인데, 젖당 분해 효소 결핍증은 유전적으로 잘못된 분해 효소를 만드는 경우예요. 젖당과 효소가 딱 맞는 구조가 되어야 하는데 효소가 잘못 만들어지니까 젖당을 분해하지 못하는 거예요. 효소를 못 만드는 것이랑 결과적으로는 비슷하죠. 분해되지 못한 젖당은 나중에 대장에서 대장균(Escherichia coli)이 분해하는데 그 과정에서 부산물로 이산화탄소 가스가 생겨요. 그래서 설사를 하는 거예요.

**이재성** 가스가 생기면 방귀가 나오는 거 아닌가?

**장수철** 음, 방귀로 처리해 주는 정도 이상으로 생길 거예요.

다음으로 단백질이 기능하는 온도가 맞아야 해요. 달군 프라이팬에 달걀을 깨서 얹으면 익죠? 열 때문에 달걀에 있는 단백질의 성질이 완전히 바뀌어서 그래요. 열을 제거한다고 해도 원상복귀가 안 돼요. 우리 몸의 단백질은 어떨 때 열을 받죠?

**이재성** 스트레스 받을 때.

**장수철** 네……. 그렇기도 한데, 그 정도로는 단백질에 영향을 주진 못하고요, 독감에 걸렸을 때 체온이 올라가죠. 열이 펄펄 나서 38도, 39도, 40도만 되어도 위험하다고 하잖아요. 체온이 올라가면 우리 몸에 있는 단백질 구조가 다 망가지기 때문에 그래요. 달걀에 열을 가하면 성질이 완전히 변하는 것처럼 우리 몸 안의 단백질들이 변하는 거예요. 고열에 시달리다가 어느 정도 시간이 지나면 열이 가라앉잖아요. 그러니까 우리가 살 수 있는 거지, 만약에 고열에 시달리는 기간이 길면 사람이 죽어요. 내 몸 안에 있는 단백질은 무지무지 많은 일을 하는데, 그 단백질이 아무 일도 못하기 때문이에요.

그 다음에 pH도 맞아야 해요. pH는 $H^+$의 농도를 말해 주는 수치예요. $H^+$가 많을수록 산성, 적을수록 알칼리성인 거죠. pH가 변하면 단백질의 3차 구조가 변해요. $H^+$는 음전하만 있으면 가서 붙으려고 하잖아요. 그래서 3차 구조가 완전히 바뀌게 되고 단백질이 제 기능을 못하는 거예요.

콜라는 pH3으로, 굉장히 강한 산성이에요. 그런데 콜라를 마시더라도 내 체액은 산성이 되지 않아요. $H^+$가 많으면 산성이라고 했잖아요. 우리 몸에는 $H^+$를 잡아 주는 분자들이 있어서 체액이 산성으로 떨어지는 것을 막아줘요. '완충액(buffer solution)'이라고 하는데, $H^+$가 너무 없으면 $H^+$를 다시 만들어 주고요. 그래서 우리가 콜라를 마시더라도 체액의 pH는 어느 정도 일정하게 유지가 돼요.

**이재성** 정말 신기하다.

**장수철** 또 질문 안 해요? '콜라를 한 10리터 마시면 어떻게 됩니까?' 하고.

**이재성** 아니 그것을 자동으로 조절해 준다면서요. 정말 신기하지 않아요?

**장수철** 신기해요.

**이재성** 하느님이 아니면 도저히 이렇게 만들 수 있을 것 같지 않은데?

**장수철** 음, 이런 완충액을 만들지 못하는 생물들은 몸속에 있는 단백질들이 다 망가졌을 거예요. 그러니까 생존 못 했겠죠. 자손도 번식하지 못하고.

**이재성** 그것도 진화로 설명할 수 있다?

**장수철** 그렇죠. 생존과 번식에서 유리한 것들이 선택된다는 설명이 하느님 설명보다는 더 논리적이죠.

**이재성** 아무튼!

**장수철** 친한 친구 아버님이 몇 달 전 돌아가셨어요. 아버님이 편찮으셔서 병원에 계셨는데 돌아가시기 전날 내과에서 불렀다고 하더라고요. 아버지의 신장 기능이 더 이상 유지되지 않을 것 같다, 그래서 전해질 농도가 바뀌어서 몸의 기능이 엉망이 돼서 24~48시간 내에 돌아가실 것 같다고 하더래요. 거의 정확하게 24시간 정도 지나고 돌아가셨어요. 그런데 그것을 가지고 내가 생각해 본 것이 뭐냐 하면, 우리 몸의 염분이 일정한 농도가 유지되어야 하거든요. 짠 것을 먹어서 염도가 높아지면 주변에서 물을 흡수해서 염도를 낮춰줘요. 신장이 어느 정도 염분을 걸러 주고 바깥으로 보내고 하면서 체액의 염도를 일정하게 유지해 줘야 하는데 염분이 너무 없거나 너무 많으면 어떤 일이 벌어질까? 맹물과 소금물에 각각 친수성 단백질을 녹인다고 생각해 봐요. 맹물에다가 친수성 단백질 100개를 넣으면 잘 녹아요. 그런데 농도가 높은 소금물에 친수성 단백질을 넣으면 어때요?

이재성 안 녹아요.

**장수철** 왜?

이재성 소금이 물이랑 결합하고 있으니까.

**장수철** 네. 소금이 물을 보유하고 있으니까 안 녹겠죠. 3차 구조는 물과 결합할 수 있는 아미노산 부위가 바깥에 쭉 포진해서 생기는데, 물을 못 만나잖아요? 단백질이 뒤집어져요. 단백질 표면에 물과 만나는 부위가 있는데 바깥에 물이 없으면, 단백질이 뒤집어져서 안쪽에 있는 부위가 바깥으로 나온다는 말이에요. 3차 구조가 완전히 바뀌는 거예요. 단백질은 구조가 바뀌면 기능을 완전히 못해요. 단백질은 자기 구조랑 딱 맞아 떨어지는 분자를 만나면서 일을 하는 거거든요.

이재성 되게 까다롭네.

**장수철** 그래서 신장 기능이 망가지면 염도 조절이 안 되고, 따라서 우리 몸 안에 있는 단백질들이 다 깨지는 거예요. 그럼 죽는 거예요.

이재성 그럼 반대의 경우는요? 소금이 아예 없다고 하면 단백질이 잘 녹을 거 아네요?

**장수철** 단백질의 성질이 친수성하고 소수성, 딱 두 가지로 나뉘는 것이 아니라 친수성 정도가 조금씩 달라요. 20개의 아미노산 중에서 11개가 친수성이고 9가지가 소수성인데, 단백질 표면의 친수성 아미노산이 몇 퍼센트냐 하는 것에 따라서 친수성 정도가 조금씩 달라요. 그래서 염분이

어느 정도 유지가 되는 조건에서 3차 구조가 유지되는 단백질도 있어요. 맹물이라는 극단적인 예를 들었지만 염분이 너무 없어도 3차 구조가 약간 변형 될 수도 있어요.

**이재성** 단백질 구조가 변형되지 않는 딱 맞는 조건이 있나요?

**장수철** 범위가 있어요. 단백질이 제 기능을 하는 열이나 pH, 염도의 범위가 있어요. 열의 경우에는 우리의 체온이 36도에서 37도 조금 높은 정도에서 허용이 될 텐데, 그 이상이 넘어가면 위험해요.


## 단백질이 하는 일

**장수철** 그런데 단백질이 무슨 기능을 하기에 자꾸 제 기능 제 기능 이야기를 할까요? 머리카락, 손톱, 연골, 힘줄 다 단백질이에요. 우리한테 없지만 깃털도 단백질이고, 뿔도 단백질이에요. 근육도 단백질이죠. 팔 근육, 다리 근육, 심장 근육, 다 단백질이에요. 재성 선생이 빵을 먹고 있는데 빵이 쭉 식도를 타고서 위장까지 가겠죠? 식도에서 자꾸 위장으로 밀어넣는 것도 근육 때문이에요. 산소를 운반하는 헤모글로빈 역시 단백질입니다. 우리 몸을 구성하고 있는 것에 단백질이 많습니다. 단백질은 우리 몸을 구성하는 주요 성분이기 때문에 한창 성장할 때 단백질을 잘 먹는 것이 좋아요. 또 단백질은 상처가 났을 때 조직을 대체하는 과정에서 아주 핵심적인 역할을 합니다.

**이재성** 나이 먹으니까 상처가 잘 안 낫던데요?

**장수철** 노화되면서 복구 능력이 떨어져서 그래요. 유전자로부터 단백질이 만들어지는 일련의 과정이 자꾸 느려지는 거죠.

이재성 단백질을 안 먹으면 성장이나 조직 대체가 안 되는 거예요?

**장수철** 네, 그렇죠.

이재성 그럼 채식주의자들은 상처가 잘 안 낫겠네?

**장수철** 아니죠. 콩류를 먹어서 단백질을 섭취할 수 있죠.

이재성 그럼 나쁘겠다. 포도 다이어트에서 포도만 먹는다거나 하는 한 가지만 먹는 다이어트.

**장수철** 저는 개인적으로 그거 위험하다고 생각해요. 아무리 다이어트라도 꼭 먹어야 할 영양소를 섭취하면서 해야 해요.

이재성 그렇다고 해요. 그래야 요요가 안 온다고 하더라고요.

**장수철** 네. 대개 탄수화물 위주로 먹는 사람들은 아마 다이어트에 성공하기가 힘들 거예요. 단백질을 충분히 섭취하는 사람들의 경우는 그나마 좀 나은 것 같아요. 어느 정도 단백질로 배를 채우면 탄수화물로 배를 덜 채울 수 있고, 영양적으로도 좋으니까.

이재성 아아, 그리고 아까 음식을 위장으로 밀어 넣는 거예요? 음식물이 쑥 떨어지는 것이 아니라?

**장수철** 네. 물구나무서서 먹더라도 넘어가요.

이재성 잘 안 넘어가던데?

**장수철** 일단 넘기면 연동 운동을 해서 위장 쪽으로 가요.

이재성 이동해요?

**장수철** 옆으로 누워도 들어가잖아요.

이재성 아니. 기도로 들어가던데?

**장수철** 아니, 일단 식도로 넘어간 다음에……. 누가 그렇게 먹으래.

이재성 어제 그렇게 먹다가 사레 들어가지고…….

**장수철** 기도에 들어가면 켁켁거리면서 바깥으로 내보내잖아요. 그때 바깥으로 내보내게 하는 털 구조가 있는데 그것도 단백질이에요. 그 다음에 항원(antigen), 항체(antibody) 이야기 많이 들어 봤죠? 외부에서 세균이나 바이러스가 들어오면 그것에 대항해서 항체가 싸운단 말이에요. 항체가 바로 단백질이에요. 만약에 단백질이 부족하면 어떻게 되겠어요? 허구한 날 병에 걸리겠죠. 호르몬도 단백질입니다. 예를 들면 인슐린. 인슐린은 혈액 속 포도당의 양을 일정하게 유지해 주는 역할을 하는데, 인슐린이 제 기능을 못하면 혈당이 올라가서 당뇨에 걸리죠.

항체나 호르몬 등 생명을 유지하는 데 중요한 일을 대부분 맡고 있습니다. 물론 탄수화물이나 지질도 중요하지만, 그것들과 비교할 수 없을 정도로 단백질은 굉장히 다양한 생명 현상을 담당하고 있습니다.

**이재성** 그런데 왜 이름이 단백질이에요?

**장수철** 그게 아마 일본에서 들어온 용어죠?

**이재성** 영어로는 프로틴(protein)?

**장수철** 네. 프로틴.

**이재성** 왜 프로틴이죠?

**장수철** 응?

---

**'단백질(protein)'의 어원은?** 1838년 네덜란드의 화학자 헤라르뒤스 밀더르(Gerardus Mulder)가 모든 동식물에 다량으로 존재하는, 생명 유지에 꼭 필요한 질소 화합물을 protein이라 명명한 데서 유래한다. 밀더르는 단백질의 중요성을 정확히 예견하고 이 물질을 '으뜸' 또는 '우선'이라는 의미를 지닌 그리스어의 프로테이오스(proteios)를 인용하여 명명하였다.

**이재성** 어원이 어떻게 되나 해서요.

**장수철** 그건 생각을 안 해봤는데? 잘 모르겠어요. 이재성 선생이 찾아보고 알려주세요! 하하.


## 핵산이란

**장수철** 네 번째는 핵산이에요. 핵산은 '뉴클레오타이드(nucleotide)'라는 기본 단위체로 이루어진 물질을 말합니다. 뉴클레오타이드는 '리보스 (ribose)'라는 5탄당에 인산기와 염기가 붙어 있는 분자예요. 염기에는 아데닌(adenine), 구아닌(guanine), 시토신(cytosine), 티민(thymine) 네 종류가 있는데, 염기의 순서에 따라 DNA의 정보가 달라져요. 일종의 암호죠. RNA도 마찬가지로 당, 인산기, 염기로 구성된 뉴클레오타이드로 구성 돼 있어요. 다만 5탄당 구조가 다르고, 염기에 티민 대신 우라실(urasil)이 들어간다는 점이 다르죠. 또 DNA는 이중 나선이고, RNA는 한 가닥이에요. 사람의 DNA에는 30억 개의 뉴클레오타이드가 있어요. 그래서 뉴클레오타이드로 만들어질 수 있는 유전자(유전체) 종류의 수는? 산술적으로 보면 4의 30억 제곱이죠. 반면 RNA는 훨씬 짧아요. 커 봤자 수천 개예요. 조그만 조각들이라고 생각하면 돼요.

　DNA와 RNA는 무슨 일을 할까요? DNA와 RNA는 정보를 담고 있는 분자예요. DNA는 두 가지 일을 해요. 하나는 유전 정보를 자손에게 전달해요. 나는 어머니, 아버지에게서 DNA를 물려받았죠. 나는 또 자손에게 DNA를 물려줄 거예요. 또 하나는 내 생명을 유지하기 위한 설계도로 작용해요. DNA는 '아미노산을 어떤 순서로 해서 어떤 단백질을 만

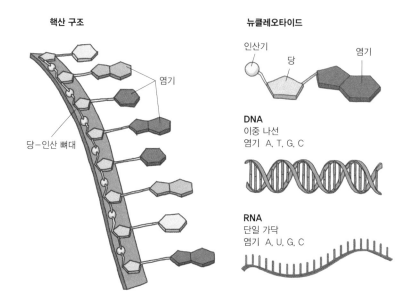

핵산 구조

염기

당-인산 뼈대

뉴클레오타이드

인산기

당

염기

DNA
이중 나선
염기 A, T, G, C

RNA
단일 가닥
염기 A, U, G, C

**그림 3-10 핵산의 구조** 핵산은 정보를 담고 있는 거대한 분자로, DNA와 RNA가 있다. DNA는 이중 나선, RNA는 단일 가닥을 이룬다. 핵산은 '뉴클레오타이드'라는 단위체로 구성돼 있는데, 뉴클레오타이드는 5탄당에 인산과 염기가 붙어 있는 구조를 말한다. 염기에는 A, T, G, C 네 종류가 있는데 염기 서열에 따라 DNA의 정보가 달라진다. 일종의 암호다. RNA에는 T 대신 U가 있다.

들어라.' 하는 명령어를 담고 있어요. 칼에 손가락을 베었을 때를 생각해 보세요. 몇 시간 지나면 상처가 아물죠? 상처를 잽싸게 수선해서 원래 상태로 복구할 수 있는 건 DNA의 명령 때문이에요. 그렇다면 RNA는 뭘까요? RNA는 DNA가 가지고 있는 정보 중에 필요한 일부분을 읽어 내 전달하는 역할을 합니다. 이 이야기는 DNA에서 RNA가 만들어지고 단백질이 만들어지는 과정을 볼 때 또 나올 겁니다.

여기에서는 'DNA와 RNA는 구조도 다르고 하는 일도 다르다. 얘네들은 유전 정보를 저장하고 전달하는 역할을 한다.' 요 정도만 알면 될 것 같아요. 자, 오늘 여기까지 하죠.

## 수업이 끝난 뒤

이재성 질문 있어요. '유전자'라고 이야기할 때, A, T, G, C 하나하나를 유전자라고 하는 건가요? 비만 유전자라든가, 그런 식으로 얘기할 때는 좀 더 정보가 모아진 것을 얘기하는 것 같거든요. 그리고 유전자가 사람에게 2만 1000개 정도가 있다고 들었는데, 이때의 유전자는 어떤 기준을 두고 말하는 거예요? 유전자라는 말이 여기저기서 다른 의미로 쓰이는 것 같다는 생각이 들어요.

장수철 네, 맞아요. 어려운 이야기예요. DNA의 뉴클레오타이드가 30억 쌍이라고 얘기했잖아요. 이 중에 1.5퍼센트, 약 4500만 개만 단백질을 만드는 데 써요. 나머지는 안 써요. 안 쓰는 것이 어떤 기능을 하는지는 아직 잘 몰라요. 기능이 하나둘씩 요즘에 밝혀지고 있는데 어쨌든, DNA가 기다랗게 있는데 '여기부터 여기까지가 단백질 하나를 만드는 부위다.' 그러면 이게 유전자예요. 이게 아주 기본적인 거예요.

이재성 단백질을 기준으로 해서요?

장수철 네. 그리고 RNA가 DNA의 정보를 옮겨서 단백질을 만들어야 하는데 더 이상 단백질을 만들지 않고 RNA 스스로 3차 구조를 만들어서 돌아다니면서 일을 하는 경우가 가끔 있어요. 그래서 RNA가 최종 산물인 경우에도 그 DNA 부위를 유전자라고 해요. 정리하면, '단백질 또는 RNA를 만드는 DNA 부위를 유전자라고 하자.' 이것이 첫 번째 명확한 정의예요.

두 번째는 유전자 범위가 좀 더 넓어요. 단백질을 만드는 유전자 부위가 있는데, 단백질을 만들지 말지는 얘네들이 결정을 안 해요. 그 앞에 있는 부위가 해요. 그래서 그것까지 유전자로 포함시키자고 주장하는 사람들도 있어요. 그런데 이 유전자가 활동을 할지말지, 더 활동을 하게 되면 얼마나 많이 할지, 짧은 시간 내에 할지, 긴 시간 내에 할지, 그것을 결정해 주는 것이 또 DNA 저 위쪽에 있어요. '그럼 그것까지 유전자로 하자.' 하는 의견도 있어요.

그래서 어떤 것을 유전자로 할지에 대해서 이야기를 할 때 최종 산물이 단백질 또는 RNA를 만드는 DNA 부위라는 것을 기본으로 하고, 이것의 생산을 조절하는 부위까지 포함을 할지말지는 논문을 쓸 때나 교과서를 쓸 때, 그때그때 달라질 수 있어요.

# 세포로 들어가는 관문

## 세포막

오늘은 생물의 특징을 지난 시간보다 수준을 높여서 볼 거예요. 지난 시간에는 화학 수준에서 봤었죠? 이번 시간에는 세포 수준을 들여다보죠.

## 세포의 발견

이재성 세포하고 체세포는 어떻게 달라요?

장수철 좋은 질문이에요. 세포에는 크게 두 가지가 있는데, 하나는 체세포, 하나는 생식세포예요. 선생님 몸을 이루고 있는 모든 세포는 다 체세포고, 정자와 정자가 만들어지는 과정에 있는 세포만 체세포가 아니에요. 여자의 경우는 난자겠죠?

　모든 생물은 세포로 이루어져 있어요. 세포는 생명체를 이루는 가장 작은 단위의 구조물이에요. 대사나 번식이 일어나려면 최소한 세포 정도는 되어야 해요. 세포가 깨지면 더 이상 생명 현상이 안 일어납니다. 벼룩, 버섯, 코끼리는 굉장히 다르게 보이잖아요. 그런데 얘네들 세포를 보면, 세포 구조는 그렇게 큰 차이가 없어요. 기본적으로 세포 안에 들어 있는 요소가 동일하다고 볼 수 있다는 거죠.

　일반적으로 세포가 눈에 보이는 크기는 아니에요. 그래서 현미경이 발

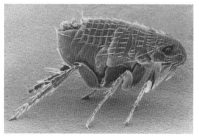
벼룩

버섯

코끼리

**그림 4-1 벼룩과 버섯, 코끼리의 공통점은?** 벼룩과 버섯, 코끼리는 크기와 생김새가 매우 다르지만 세포의 구조와 안에 들어 있는 내용물은 기본적으로 동일하다. 모든 생물은 세포로 이루어져 있다.

명되기 전에는 세포의 존재를 누구도 확신할 수 없었죠. 영국 로열소사이어티(왕립학회라고도 한다.)의 회원이었던 로버트 훅(Robert Hooke)이 자기가 만든 현미경으로 발견한 다음에 '셀(cell)'이라는 이름을 붙였어요. 우리말로 '세포'죠. 어원이 뭐더라? 셀이라는 것이?

이재성 팔자.

**장수철** 응?

이재성 s.e.l.l.

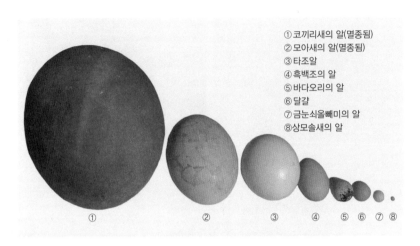

①코끼리새의 알(멸종됨)
②모아새의 알(멸종됨)
③타조알
④흑백조의 알
⑤바다오리의 알
⑥달걀
⑦금눈쇠올빼미의 알
⑧상모솔새의 알

① ② ③ ④ ⑤ ⑥ ⑦ ⑧

**그림 4-2 알이 세포 하나라고?** 수정되지 않은 달걀 하나는 곧 세포 하나다. 화석으로 발견된 코끼리새의 알은 부피가 7.5리터에 달하는가 하면 참새와 크기가 비슷한 상모솔새의 알은 0.8g에 불과하다.

**장수철** sell. 셀. 아 정말, 셀(cell)은 방이라는 의미예요. 당시에 수도원에 사제들이 기거하던 독방을 '셀'이라고 했어요. 셀은 '작은 방'이라는 뜻의 라틴어예요.

알은 세포 하나짜리예요. 벌새의 알이 0.6그램으로 제일 작아요. 그리고 멸종된 코끼리새의 알은 화석으로 발견된 건데 부피가 7.5리터예요. 달걀도 타조 알도 세포 하나예요.

**이재성** 알이 세포라고요?

**장수철** 아까 그랬잖아요. 정자, 난자가 세포라고요. 알이 난자예요. 거기에 정자가 들어가면 세포 분열이 엄청나게 일어나죠.

**이재성** 정자랑 난자랑 만나서 생기는 것이 알 아니에요?

**장수철** 그러니까 암컷 뱃속에서 수컷의 정자가 들어간 상태로 알이 나오는 경우가 있고, 그렇지 않은 상태에서 나오는 경우가 있어요. 수정되기 전에는 둘 다 각각이 세포 하나인 거예요.

**이재성** 흰자도 있고 노른자도 있고 그런데?

**장수철** 알 전체가 세포 하나예요.

**이재성** 그럼 교미하지 않아도 닭은 알을 낳는 거예요?

**장수철** 네.

**이재성** 아, 뭔가 껍질이 단단하니까 난자라는 생각이 안 들어요. 무정란이 그런 거예요?

**장수철** 네. 우리가 흔히 먹는 계란이 다 무정란이에요. 수정하지 않은 거.

**이재성** 그럼 세포 하나를 먹는 거야?

**장수철** 네.

**이재성** 그럼 노른자가 핵이에요?

**장수철** 노른자가 핵은 아니에요.

**이재성** 우와, 정말 신기하다.

**장수철** 보통의 세포는 크기가 작아서 맨눈으로 볼 수 없지만 세포의 자국은 볼 수 있어요. 매일 볼 수 있어요.

**이재성** 때.

**장수철** 그렇죠. 그거 다 세포예요. 피부세포예요.

**이재성** 어제 많이 배출했는데……

**장수철** 어제 목욕 가서 쫙쫙 밀었어요? 하하. 그거 수만, 수십만 개 세포를 자기 몸에서 버리고 있는 거예요. 물론 대부분의 경우에는 죽은 세포예요. 각질이 떨어져 나가면서 피부 안쪽에서는 계속해서 피부세포가 자라나와요. 그래서 때도 계속 생기죠. 집에서 천장이 아무리 깨끗해도 먼지가 바닥에 꼭 보이죠? 그거 다 자기 몸에서 떨어진 거예요.

**이재성** 그런 거예요?

**장수철** 네. 최첨단 공장에서 전자칩을 만들 때 보면, 사람들이 우주복 같은 거 뒤집어쓰고 들어가잖아. 그 이유 중에 하나가 몸에서 세포가 떨어지기 때문이에요. 눈에 띨까말까한 정도지만 우리는 사실 돌아다니면서 세포를 여기저기 흘리고 다녀요.

모든 살아 있는 생명체는 하나 이상의 세포로 이루어져 있습니다. 세포 하나짜리 생명체도 꽤 많고요. 지금에야 다세포 생물이 많지만 지구상에 처음 출현한 생명은 세포 하나짜리였어요. '모든 생명체는 어디서 갑자기 뿅 하고 나타나는 것이 아니라 기존에 있었던 세포에서부터 분열을 해서 새롭게 생긴다.' 이것이 세포설(cell theory)이에요.


## 세포막에선 무슨 일이 벌어지고 있을까

**장수철** 어디서부터 어디까지가 세포일까요? 세포의 경계를 짓는 지질막을 세포막이라고 해요. 세포막은 인지질이라는 지질로 되어 있어요. 인지질이 두 개의 층을 이루고 있고, 막의 두께는 굉장히 얇아요. 인지질로 아주 얇게 둘러싸인 안쪽에 여러 가지 세포 성분이 들어가 있어요.

세포를 둘러싸고 있는 지질막 사이에는 중간중간에 단백질이 박혀 있어서 모자이크 같은 모습으로 보여요. 세포는 필요에 따라서 안에 있는 DNA를 수선하고 단백질을 만들어요. 그럼 그 재료들을 얻어야겠죠? 우리가 섭취한 음식이 영양분으로 바뀌어서 세포에 전달이 될 텐데, 세포막에 있는 단백질이 하는 가장 중요한 역할이 물질을 출입시키는 거예요. 뭐랄까? 공항의 출입국 관리소에 해당해요. 단 따로 문이 없어요.

낭성 섬유증(cystic fibrosis)이라는 유전병은 세포가 염소 이온을 바깥으

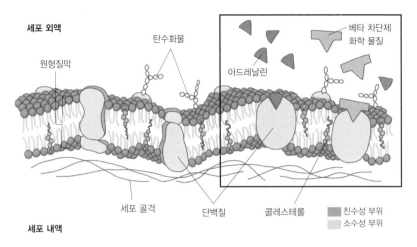

세포 외액

탄수화물

베타 차단제
화학 물질

원형질막

아드레날린

세포 골격

단백질

콜레스테롤

친수성 부위
소수성 부위

세포 내액

**그림 4-3 세포막은 출입국 관리소** 세포막은 단순히 세포를 둘러싸는 경계가 아니다. 내부와 외부 물질이 출입하며 환경과 끊임없이 상호작용하는 길목에서 문지기 역할을 한다. 세포막은 인지질이 이중으로 둘러싸고 있는 지질막에 다양한 종류의 단백질, 탄수화물, 지질이 묻혀 있는 모양이다. 세포막에 있는 단백질은 주로 세포 안팎의 물질들이 이동하는 통로가 되며, 탄수화물은 세포에 지문과 같은 역할을 해 다른 세포가 어떤 세포인지 인식할 수 있게 한다. 콜레스테롤은 막의 유동성을 일정하게 유지시켜 준다. 굵게 표시된 상자 안은 베타 차단제가 세포막에 작용하는 기제를 보여 준다.

로 퍼내지 못해서 생기는 병이에요. 세포 안쪽에 염소 이온이 축적되면 몇 가지 과정을 거치는 동안 끈적끈적한 점액이 허파 근처나 소화 기관에 생겨요. 환자를 엎어 놓고서 등을 쳐 주면 폐에 있는 점액이 바깥으로 나온다고. 끈적끈적한 액체가 몸에서 제거되면 몸 안에서 세균이 덜 자라요. 또는 특수 재킷을 입고 기계에 연결을 해서 재킷을 막 흔들어 주기도 해요. 그래서 허파나 다른 장기에 붙어 있는 점액이 떨어져 나갈 수 있게 해 줍니다. 그러고 나서 뱉어 내면 되죠. 이 유전병에 걸리면 세균한테 엄청 괴롭힘을 당해요.

세포막의 물질 출입과 관련된 다른 예로, '베타 차단제($\beta$-blocker)'를 들 수 있어요. 여러 사람 앞에서 발표할 때 긴장되는 경우 있죠? 사람이 긴장하거나 신경이 날카로워지면 세포 바깥으로 신경전달물질인 아드레날린(adrenalin)이 확 분비가 되거든요? 그때 신경전달물질이 세포막에 박혀 있는 단백질과 결합해서 세포 안으로 전달되면서 근육이 경직되거나 가슴이 뛰거나 하는 일이 벌어지는 거예요. 그런데 베타 차단제를 먹으면 신경전달물질 대신에 다른 화학 물질이 가서 붙어요. 신경전달물질이 세포막에 붙는 것을 베타 차단제가 원천적으로 막아 주는 거예요. 그래서 덜덜 떨지 않고 차분한 마음을 유지할 수 있죠.

**이재성** 우황청심환 같은 게 그런 거구나.

**장수철** 우황청심환은 한방에서 쓰는 건데, 원리가 뭔지는 잘 모르겠네.

세포막에 있는 단백질에 대해서 계속 이야기할게요. 간이식을 받을 수 있다 없다 이런 이야기를 하는데, 우리 몸에 있는 면역세포 때문이죠. 면역세포는 굉장히 중요해요. 외부에서 바이러스나 세균이 들어오면 우리 몸에서 면역세포들이 그것을 먹어서 세포 내에서 분해를 시켜요.

**이재성** 소화하는 거죠?

**장수철** 네, 일종의 소화죠. 분해하고 나서는 그 일부를 잡아서 세포막 바깥에 노출시켜요. 표시를 해 두는 거예요. 그러면 면역세포가 지나가다가 만져 보죠. 만져 보는데, '어? 이 놈 봐라? 딴 놈들은 이게 두 개씩만 있는데 이거는 뭐가 다른 것이 있네?' 하고 딱 잡아가지고 무기를 꺼내서 찔러요. 그렇게 해서 감염된 세포를 죽이는 거예요.

세포막에 있는 여러 단백질은 이 세포가 내 것이다 아니다 하는 것(자기self와 비자기non-self의 구분)을 알려 주는 역할을 해요. 사람마다 세포에 자기만의 이름표가 다 있어요. 단백질을 만드는 유전자는 다양해서 수없이 많은 조합을 만들기 때문에 사람들이 가지고 있는, 세포막에 노출된 단백질의 구조도 다 달라요. 나의 피부를 이재성 선생한테 이식한다? 서로 세포막에 있는 단백질 이름표가 똑같은지를 봐야 해요. 이것을 '조직 적합성'이라고 하죠. 둘이 조직 적합성이 비슷하면 이식해도 돼요. 그런데 그렇지 않으면 면역세포가 와서 '이것은 내가 아니구나.' 하고 죽이는 거예요. 그래서 면역 거부 현상이 일어나게 되죠. 이런 현상이 일어나는 것은 세포막에 박혀 있는 단백질들이 인식표, 이름표 역할을 하기 때문이에요.

이재성 그럼 조직 적합성이 맞을 확률이 어느 정도 되나요?

장수철 친인척 관계가 없는 일반인의 경우 최대 4,000분의 1. 그러니까 4,000명을 모아 봐야 자기랑 맞는 사람이 하나 있을까 말까 하는 거야. 조직 적합성에 관련된 유전자가 몇 개가 있어서 그 확률을 계산하는 방법이 있어요. 그런데 유전자가 조합되는 방식이 딱딱 떨어지지 않고 중간에 잘못 찢어져서 조합되는 방식도 있어서 실제 확률은 4,000분의 1보다 작아요. 정 맞는 사람을 못 찾으면 면역 기능을 떨어뜨린 다음에 이식을 해요.

이재성 그러면 공격을 안 하겠구나.

장수철 대신 계속 그 상태를 유지해야 해서 골치 아프죠. 다른 병원균이 공격해 들어올 때 방어를 못하는 문제도 있고요.

이재성 완전 그거네. 불법 소프트웨어 깔 때, 백신 프로그램을 죽인 다음에 깔아야 하는 것과 똑같네.

장수철 동일한 원리죠. 일란성 쌍둥이의 경우에는 유전자가 똑같아서 이식이 충분히 가능해요. 가족일수록 이식할 수 있는 가능성이 크고요. 가족이 아닐 때 똑같은 경우는 거의 없는데, 예외적으로 치타의 경우에는 어떤 놈을 잡아다가 가죽을 벗겨서 다른 쪽에 이식을 시켜도 다 돼요.

이재성 왜요?

장수철 사람들이 유전자 비교를 해서 추적을 했더니, 치타가 1만 년 전에 다 죽고 열 마리만 남았다는 거예요. 그 열 마리가 가족이었던 거죠. 현재 치타가 수천 마리 있는데, 1만 년 전에서부터 수천 마리가 될 때까지 그 가족의 자손만 살아남은 거예요. 그래서 애들의 유전자가 굉장히 비슷한 거죠. 조직 적합성에 관해서는 거의 완벽하게 동일해요.

**이재성** 근친상간이네?

**장수철** 그렇게 볼 수 있겠네요.

HIV 감염은 면역 체계가 망가지는 예예요. 상처가 나면 그곳으로 출동하는 면역세포 중에 보조T세포(Helper T cell)라는 게 있어요.

**이재성** 치료하러 가는?

**장수철** 네. 보조T세포는 면역계에 있어서 대장이에요. 보조T세포가 오면 HIV가 옳다구나 하고 보조T세포에 딱 달라붙어요. 달라붙을 수 있게끔 생긴 단백질이 막에 박혀서 바깥으로 노출되어 있어요. HIV가 '어, 이게 내가 들어갈 만한 세포인가?' 하고 인식하는 것도 역시 세포막에 노출된 단백질 표식 때문이에요.

**이재성** 일종의 후크 같은 거구나?

**장수철** 네, 후크 같은 거예요. 사람들이 HIV 양성인 사람과 악수를 하면 안 된다느니 껴안으면 안 된다느니 이야기를 하는데, 전혀 그렇지 않아

---

**HIV와 에이즈는 같은 말?** HIV는 'human immunodeficiency virus'의 약자로, 에이즈 (Acquired Immune Deficiency Syndrome), 즉 후천성 면역 결핍증을 일으키는 바이러스를 말한다. 이 바이러스에 감염된 상태를 일컬을 때, 'HIV 양성'이라고 한다. HIV에 감염됐다고 해서 에이즈인 것은 아니다. 에이즈는 HIV에 감염돼 면역 결핍 증상이 나타난 상태를 말한다.

요. 보조T세포가 있는 내 혈액이나 체액이 노출될 때에만 상대방의 HIV가 내 몸에 들어올 수 있어요. HIV 양성인 사람 또는 에이즈 환자랑 악수해도 되고 껴안아도 돼요. 뺨을 비벼도 되고요. 상처만 없으면 감염될 위험이 전혀 없어요. 생물학을 모르는 사람들이 껴안기만 해도 HIV가 옮는 것으로 잘못 생각하는 거죠.

낯선 남성이나 낯선 여성하고 성행위를 할 때는 주의해야 해요. 콘돔을 쓰는 것은 굉장히 중요한 일이에요. 나는 가끔 종교계에서 중요한 역할을 하는 사람들이 상식적이지 않은 말을 할 때에는 어이가 없습니다. 아프리카에서 콘돔을 쓰지 않기 때문에 에이즈 감염률이 굉장히 높거든요. 그런데 성행위를 자식을 얻기 위한 신성한 행위라고 해서 피임을 막는 거야. 콘돔 못 쓰게 한다고. 그래서 HIV가 더욱더 퍼져 나간다고요. 그것은 종교계가 진짜 잘못하는 거예요.

그건 그렇고, 또 하나 재미있는 것은, 면역세포가 바깥으로 노출된 단백질 두 개로 HIV를 인식하는 건데 유럽 사람들의 열 명 중 한 사람은 이것이 고장 나 있어요. 돌연변이가 일어나는 거예요. 그래서 HIV가 들어오더라도 인식을 못해요. 서로 들어맞지를 않으니까 서로 반응 자체를 할 수 없는 거예요. 그래서 그 사람들은 HIV에 노출이 돼도 HIV가 증폭

**콘돔 사용과 종교** 교황 베네딕토 16세는 2009년 3월 아프리카 방문에 나서면서 콘돔은 아프리카의 에이즈 문제를 해결하지 못하고 오히려 악화시킨다고 말해 유럽 정부와 국제기구 그리고 과학자들이 비난을 받았다. 당시 프랑스, 독일, UN은 교황의 발언을 무책임하고 위험한 것이라고 비판했다.

이 안 돼요. 다만 몸속에 아주 낮은 수준으로 있죠. 이 사람들은 면역 결핍증으로 갈 확률이 아주 낮아요. 하지만 남한테 전염은 시킬 수 있죠. 동양 사람들의 경우도 조사를 했던 모양인데 거기에 대한 이야기는 잘 정리가 안 된 것 같아요.

자, 어쨌든 이런 것들이 뭐예요? 막에 박혀 있는 단백질 때문에 생기는 일들입니다. 세포막은 기본적으로 인지질로 된 지질막이고, 그 사이에 단백질이 있어요. 여러분이 별로 안 좋아하는 콜레스테롤도 중간중간 박혀 있어요. 그리고 바깥에 탄수화물이 나와 있는데, 단백질뿐만 아니라 탄수화물도 각각의 세포가 가지고 있는 이름표 비슷하게 작용을 합니다.

## 에너지를 쓰지 않고 세포막을 통과하는 법

**장수철** 그 다음에 우리가 세포막에서 가장 중요하게 생각해야 하는 것이 분자가 이동할 수 있다는 겁니다. 세포막 사이로 물질이 이동하는 데는 에너지를 사용하지 않는 경우와 에너지를 사용하는 경우가 있습니다. 에너지를 사용하지 않고 농도가 평형을 이루려는 방향으로 물질이 자연스럽게 이동하는 것을 '수동 수송(passive transport)'이라고 하고, 에너지를 사용해 농도 차이가 벌어지는 방향으로 물질을 이동시키는 것을 '능동 수송(active transport)'이라고 합니다.

수동 수송에는 확산(diffusion)과 삼투(osmosis) 현상이 있습니다. 세포막은 굉장히 많은 인지질이 두 개의 층으로 있잖아요. 산소는 이것을 뚫고 들어가는 데 아무런 저항이 없어요. 내가 숨을 들이마시면 우리 몸 안에 있는 세포 안으로 산소가 다 잘 전달돼요. 왜 그럴까요?

**이재성** 산소니까.

**장수철** 세포막을 이루고 있는 이중층에서 꼬리가 차지하는 부분이 크죠. 꼬리는 물에 잘 녹는 부위가 아니라 물과 친하지 않은 부위예요. 여기에 기름 성분이 오면 쑥쑥 잘 들어가요.

그럼 산소가 기름 성질이냐. 여기에서 말하는 기름 성질은 극성이 없는 분자 상태를 말해요. 내가 숨을 쉴 때 들어가는 것은 산소 원자가 아니라 산소 분자예요. 산소 분자는 산소 원자 사이에 전자를 공유해서 생기는 거예요. 산소 분자는 똑같은 산소 원자 두 개가 전자를 공유했기 때문에 물 분자와 다르게 양쪽에서 전자를 끄는 힘이 똑같아요. 전자가 한쪽으로 치우치지 않는다는 거죠. 한쪽으로 치우치는 극성이 없다고 해서 '비극성 결합(nonpolar bond)' 또는 '무극성 결합'이라고 얘기해요. 이것이 기름 성질인 거예요.

우리 두 번째 시간에 다 했던 얘기가 이어지는 거예요. 지방은 탄소하고 수소가 쭉 연결된 꼬리 부위를 가지고 있었죠. 탄소와 수소 사이에서는 전자를 당기는데 한쪽으로 치우치지 않아요. 지방의 특징이에요. 산소 분자는 그런 기름의 특징과 비슷하기 때문에 인지질층을 자유롭게 왔다 갔다 하는 거예요.

그러면 물은? 물 분자는 극성이잖아요. 그래서 못 들어갈 것 같은데, 얘네들도 잘 들어가요. 산소처럼 빨리 들어가지는 못하지만 워낙 크기가 작아서 인지질 사이로 쑥 들어갈 수가 있어요.

그다음 삼투 현상을 볼 텐데요. 우리 몸의 구성 성분을 보면 70퍼센트 이상이 물이잖아요. 그러니까 세포하고 물의 관계를 우리가 알아 두는 것이 좋을 텐데, 자 한번 보죠. 동물세포를 아주 짠 소금물에 넣었어요. 어떤 일이 벌어질까요?

이재성 쪼그라들어요.

장수철 왜?

이재성 안에 있는 물이 빠져서.

장수철 왜 빠져 나가죠?

이재성 삼투.

장수철 자, 삼투가 뭔지 보면, 세포막이 있잖아요. 막이 있는데, 한쪽에는 소금물 다른 한쪽에는 맹물이란 말이에요. 그런데 소금이 물에 녹으면 $Na^+$와 $Cl^-$가 되죠. 그렇죠? 양전하 이온은 엄청난 친수성이거든요. 그래서 인지질을 통과 못 해요. $Cl^-$ 어? 이것도 전기를 띄고 있네? 통과 못해요. 물은 통과할 수 있어요. 막을 사이에 두고 $Na^+$, $Cl^-$는 이동할 수 없지만 물은 이동할 수 있죠.

만약에 중간에 세포막과 같은 장애물이 없으면 $Na^+$, $Cl^-$가 옮겨 가서 농도를 맞춰 주겠죠. 만약 그렇다면 확산이겠죠. 그런데 장애물이 딱 생긴 거야. 막이란 말이야. 막은 $Na^+$, $Cl^-$를 통과 안 시켜요. 그러면 농도를 맞추는 방법은 뭐예요? 물이 이동하는 거겠죠. NaCl 농도가 낮은 데에서 높은 데로 물이 가는 거예요. 상대적으로 물의 비율이 높은 데에서 낮은 곳으로 이동하는 거죠. 이것을 삼투라고 해요. '물의 확산'이라고 하면 이해가 쉬울지도 몰라요.

이재성 짠 것을 먹으면 물을 먹고 싶잖아요. 그런 것처럼 이쪽이 짜니까 이쪽 물이 거기에 가서 희석시켜 주기 위해서 넘어간다고 이해를 해도 되겠죠?

장수철 네, 그것은 본인이 이해를 잘 한 거예요.

이재성 잠깐! 세포 안에도 NaCl이 있어요?

장수철 네, 그럼요. 당연히.

삼투압 실험을 할 때는 적혈구 세포를 가지고 해요.

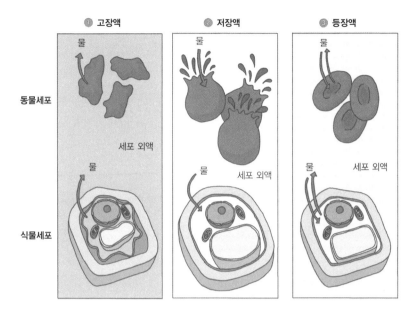

**그림 4-4 삼투 현상** 세포막을 사이에 두고 용질의 농도에 차이가 있을 경우, 물은 항상 저농도에서 고농도로 이동하는데, 이를 삼투 현상이라고 한다. 물이 확산한다고도 생각할 수 있다. 농도의 평형을 이루려는 성질 때문에 에너지를 사용하지 않고 물이 이동할 수 있다. ① 고장액: 용질의 농도가 세포 외액이 더 높아, 물이 세포 밖으로 확산한다. ② 저장액: 용질의 농도가 세포 외액이 더 낮아, 물이 세포 안으로 확산한다. 단, 식물세포는 동물세포와 달리 단단한 세포벽이 있어 저장액에서도 터지지 않는다. ③ 등장액: 용질의 농도가 평형을 이뤄, 물의 이동도 평형을 이룬다.

이재성 쪼그라들겠다. 적혈구가.

장수철 네. 소금물에 넣은 적혈구를 현미경으로 보면 쪼그라들어 있어요. 그 다음에 맹물이나 소금을 아주 조금 집어넣은 데에다가 적혈구를 집어넣는 거예요. 그러면 어떤 일이 일어날까? 적혈구를 둘러싸고 있는 세포막이 있고, 바깥쪽은 거의 소금이 없고 안쪽은 많다고 생각하면 물의 상대적 농도는 바깥쪽이 안쪽보다 높은 거죠. 그렇죠? 물은 물의 농도가 높은 곳에서 낮은 쪽으로 가겠죠. 그래서 물이 안으로 들어 가는데 농도 차이가 커서 계속 들어가면 어떻게 된다? 세포가 터진다.

세포 안팎의 농도가 같으면 어떨까요? 불어나지도 않고, 쪼그라들지도 않고 적혈구가 원반 모양을 그대로 유지를 하거든요. 그러니까 혈액이 일정한 수준의 염분을 유지를 해야 하는 거죠. 너무 짜게 먹으면 신장이 제때제때 처리해 주겠지만, 계속해서 짜게 먹으면 혈액의 조성이 이상해지는 거죠.

**이재성** 그럼 계속 싱겁게 먹으면 적혈구가 터지는 거예요?

**장수철** 그런데 적혈구가 터지는 상황이 실제로 나타나기는 어려워요. 밥 안에도 웬만큼 당이 들어가 있으니까. 아무리 내가 싱겁게 먹는다고 해도 음식에는 소금처럼 물에 녹는 물질이 들어가 있어요.

**이재성** 그러면 물만 마시면 안 되겠네?

**장수철** 운동 열심히 해서 땀을 매우 많이 빼잖아요? 그럴 때 갑자기 맹물을 몇 리터 이상 벌컥 벌컥 먹으면 위험할 수 있어요.

**이재성** 그럼 천천히 먹으면요?

**장수철** 천천히 먹으면 몸에서 어느 정도 대비를 할 수 있는 시간적 여유를 갖게 해 주죠. 땀 속에는 소금 성분이 많이 있거든요. 땀으로 소금 성분이 빠져나왔는데, 몇 리터나 되는 많은 양의 물을 너무 목이 마르니까 못 참고 먹잖아요. 큰일 나요.

**이재성** 소금을 타 먹어야겠다.

**장수철** 그렇죠.

**이재성** 아! 땀을 다시 먹으면 되겠네.

**장수철** 응? 뭘 먹어? 땀이 맛있겠냐?

**이재성** 포카리스웨트!

**장수철** 그렇지. 그런 건 괜찮아. 이온 음료.

**그림 4-5** 운동을 열심히 해서 땀을 많이 흘렸을 때 맹물을 갑자기 많이 들이키는 것은 위험할 수 있다. 땀으로 소금 성분이 빠져나온 상태에서 체액의 농도가 갑자기 낮아져 체내 세포들이 손상되어 몸에 무리가 올 수 있기 때문이다. 땀을 많이 흘렸을 때에는 이온 음료를 마시거나 물을 천천히 마시는 것이 좋다.

**이재성** 그게 땀이잖아. 스웨트.

**장수철** 하아……. 이제 와서 학생을 바꿀 수도 없고…….

또 생각해 볼 수 있는 것이 생물이 염분을 조절하는 방법이에요. 연못에 사는 세포 하나짜리 동물들, 유글레나, 아메바, 짚신벌레 들어 봤죠? 그런데 연못물에는 소금이나 기타 물질이 물에 녹아 있는 농도가 상당히 낮아요. 재미있는 것은, 그러면 연못에 사는 놈들은 몸이 터져야 하는데 안 그렇거든요. 애네들은 물이 안으로 들어오면 물을 모아서 바깥으로 짜 주는 역할을 하는 구조물이 있어요. 수축포(contractile vacuole)예요. '물이 들어온다, 물을 모은다, 바깥으로 짜서 내보낸다.' 그래서 안 터져 죽는 거예요.

그 다음에 바다에 사는 물고기. 개네들이 가지고 있는 세포의 염도와 바다의 염도를 비교해 보면, 세포의 염도가 낮아요. 그러면 어떤 일이 일어날까? 원래는 세포에서 물이 빠져 나가서 생선이 쭈글쭈글해야 하잖아요. 그런데 쭈글쭈글한 고등어 본 적 없죠? 갈치도 본 적 없고. 왜 멀쩡할까요? 바닷물을 얘네들이 받아들이고 그것을 아가미에서 염분만 바깥으로 내보내요. 몸속 염분을 일정하게 유지하는 메커니즘이 발달한 거예요.

그런데 그런 물고기가 아닌 애들, 예를 들면 문어나 조개 같은 애들은 몸 안에 있는 염분의 농도와 바닷물 안에 있는 염분의 농도가 같아요. 그러니까 생물마다 적응 메커니즘이 달라요.

이재성 그러면 고등어 아가미를 이용해서 담수 시설을 만들면 되겠네요.

장수철 그거 괜찮네.

이재성 사우디아라비아나 이런 데에. 그 원리를 이용하면 되는 거 아니에요? 비린내가 나려나?

장수철 식물세포에서는 어떤 일이 일어나는지 살펴볼까요? 식물세포는 바깥에 세포벽이 있어요. 그래서 식물은 뼈가 없어도 세포벽으로 자기 모양을 유지할 수 있어요. 자, 식물세포에 똑같은 일을 벌였어요. 식물을 소금이 많은 곳에다가 놔두면 물이 빠져나가겠죠. 그런데 세포막은 쪼그라드는데 세포벽은 그대로니까 안에 있는 세포가 세포벽으로부터 분리되는 현상이 벌어져요. 이것을 '원형질 분리(plasmolysis)'라고 해요.

물이 막 들어오는 환경에서는 어떻게 될까요? 외부에 물이 많거나 식물 안의 염도가 굉장히 낮은 상태면 물이 들어오겠죠? 그런데 세포벽이라고 하는 견고한 조직이 있으니까 세포가 안 터져요. 그러면 평상시에 식물은 어떤 상태일까요? 팽팽한 상태. 이것이 식물이 건강한 상태예요. 식물이 뿌리를 통해서 충분한 양의 물을 흡수하면 세포 바깥에 물이 많기 때문에 상대적으로 염분의 농도가 떨어져요. 그래서 물이 안으로 들어오는 경향을 유지하는 거죠.

물이 부족하면 식물은 시들어요. 그러다가 물이 더 부족하게 되면 죽는 거죠. 어떤 예가 있을까요? 바닷물을 빼서 간척지를 만든 상태에서 벼나 보리를 심는 경우 있죠. 그러면 개네들 세포가 말라죽어요.

그림 4-6 김치를 만들 때 배추를 소금에 절여 두면 삼투압 때문에 배추의 수분이 빠져나와 축 늘어져 부드럽게 된다.

먹을거리를 준비하는 과정에서도 삼투 현상을 볼 수 있어요. 야채를 맹물에다 놔두면 물이 안쪽으로 들어가서 팽팽해져요. 반면에 양념하느라고 소금이나 여러 가지 간을 하게 되면, 야채가 부드러워지고 축 늘어져요. 이 상태에서 먹는 것이 편하죠. 또 변비에도 이용될 수 있어요. 변비는 물이 부족해서 대장에 있는 변 성분이 딱딱해지는 것이거든요. 그것 때문에 화장실에서 힘든 것인데, 마그네슘염을 섭취하면 삼투 현상으

**변비약과 삼투** 변비약에는 삼투 현상을 이용해 장으로 수분을 끌어들이는 방법 외에 변의 부피를 늘리는 방법, 장에 자극을 주는 방법 등이 있다.

로 창자에서 물이 흡수돼서 변이 부드러워지는 거예요.

**이재성** 불리는 거구나.

**장수철** 네. 불리는 거예요.

**이재성** 아락실이 마그네슘염인가?

**장수철** 그건 잘 모르겠어요. 변비약에 따라 약 성분이 다르거든요.


## 세포의 섭취 능력

**장수철** 자, 지금까지 봤던 것들은 농도가 평형을 이루려는 방향으로 물질이 이동하는 것이었잖아요. 하지만 우리 몸이 필요로 한다면 농도에 역행해서도 뭔가를 이동시켜야 하겠죠? 그러면 어쩔 수 없이 에너지를 이용할 수밖에 없어요. 에너지를 써서 세포 안이나 바깥에서 필요로 하는 것들을 이동시키는 것이 능동 수송입니다. 우리 몸에서 쓸 수 있는 에너지는 ATP인데, 이것은 나중에 자세히 볼 거예요.

 ATP를 사용하는 경우는, 예를 들면 이런 거예요. 위 안에 음식물이 들어갔어요. 위에서는 위산이 음식물을 기다리고 있을 거 아니에요. 위벽이 있으면 음식물이 있는 공간에는 위산이 많아 위벽 세포들의 바깥쪽은 위산 농도가 높고 안쪽은 위산 농도가 낮은 상태란 말이에요. 그런데 세포는 안에서 위산을 만들어서 계속 바깥으로 내보내요. 그렇게 해야지만 들어오는 음식을 산을 이용해서 분해하죠. 어쩔 수 없이 농도가 낮은 데에서 높은 데로 위산을 옮겨 줘야 해요. 그럴 때에는 에너지를 쓸 수밖에 없어요.

 이자세포에는 다른 종류의 수송이 활발해요. 이자에서 여러 가지 종류의 소화 효소가 만들어져요. 소화 효소를 만들면 세포 내에서 만들 거 아니에요? 그런데 사용은 세포 바깥에서 하거든요. 세포 안에서 만든 것을, 준비해서 세포 바깥으로 보내요. 그래서 이자세포가 소화 효소를 쭉 만들어서 소장으로 보내면 소장에서 소화 작용이 일어나는 거예요. 세포 내 물질을 막 바깥으로 내보내는 것을 '세포 외 배출(exocytosis)'이라고 해요.

자, 막을 통한 수송에 크기가 제법 큰 분자를 이동시키는 것이 있어요. 이것은 가히 세포가 침입자를 먹는다고 이야기할 수 있을 정도라고 해서 '식세포 작용(phagocytosis)'이라고 해요. 세포가 먹이나 침입자를 세포 안으로 끌고 들어가서 소화하거나 분해하는 거죠. 세포막의 일부분이 쭉 빠져 나가는데, 세포 안에 있는 단백질들이 작동해서 그런 거예요.

아메바는 돌아다니다가 자기 크기의 10분의 1 정도 되는 세균을 보면 그 주위를 둘러싸서 세포 안으로 가지고 들어와요. 그리고 그것을 분해해서 세균이 가지고 있는 단백질, 탄수화물, 지방을 다 섭취하는 거죠. 식사를 한 거예요.

우리 몸에서는 대식세포(macrophage)가 세균을 잡아먹는 것이 여기에 해당해요. 세균이 혈관을 뚫고 들어왔어요. 실핏줄을 통해서 쭉 정맥을 통해서 돌아다니다가 어디선가 림프관(lymphatic duct)하고 만나요. 림프관을 만나서 쭉 가면 림프절이라고 해서 림프관들끼리 모여 있는 구조가 있어요. 거기 가잖아요. 대식세포가 기다리고 있어요.

**이재성** 완전 음주 단속이랑 똑같네.

**장수철** 상처가 난 곳에도 많이 가요. 거기에서 세균을 확 잡아서 안으로 가지고 들어가요. 그리고 아까 얘기했던 대로 일부를 세포막 단백질에 노출을 시키죠. '이런 놈이 들어왔다. 그러니까 이런 놈을 보면 작살을 내라.'

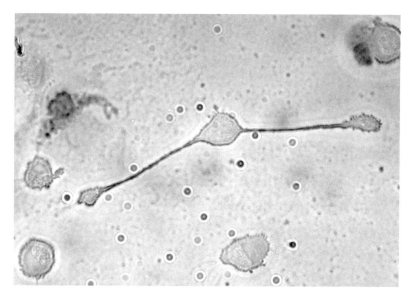

**그림 4-7 생쥐(mouse)의 대식세포** 대식세포가 양쪽으로 길게 '팔'을 뻗어 침입자로 보이는 두 입자를 세포 안으로 포획하고 있다. 이 작용은 세포가 '먹이를 먹는' 식세포 작용이다.

음세포 작용(pinocytosis)이라고 또 있어요. 식세포 작용이 막의 일부분이 뻗어나가는 과정을 포함하는 거라면 음세포 작용은 막의 일부분이 함입이 되면서 액체 상태의 먹이를 가지고 들어가는 거예요. 실제로 세포가 마시는 것과 비슷합니다.

또 하나는 수용체 매개 세포 내 섭취(receptor-mediated endocytosis)가 있어요. 말이 굉장히 복잡하죠? 뭘 생각할 수 있느냐 하면……. 지방을 많이 먹어서 몸 안에 LDL 콜레스테롤이 생겼어요. 혈관을 이루고 있는 세포가 LDL을 잡아서 혈관 세포 안으로 가지고 들어와서 처리하면 상당 부분 제거가 돼요. 그럴 때 이 LDL의 생김새에 딱 맞아서 결합할 수 있는 단백질이 세포막에 박혀 있어서 LDL을 잡아서 안으로 끌어들이는 거예요. 수용체가 매개해서 세포 내로 섭취한다는 거죠.

유전적으로 LDL 콜레스테롤 수용체가 없는 사람도 있어요. 이 사람은 LDL이 생기면 생기는 족족 쌓이는 거예요. 그래서 고콜레스테롤증이 되면 혈관 질환이 굉장히 잘 생기는데, 심장 혈관 질환도 생겨요. 동맥이 좁아지는 거죠. 아예 막히는 경우도 있고요. 이럴 때는 혈관을 잘라서 우회해 줘야 해요.


## 세포 커뮤니케이션

**장수철** 다음으로, 세포와 세포는 어떻게 연결돼 있을까? 소장 벽을 구성하는 세포들은 아주 단단하게 세포를 묶어 주는 단백질에 의해서 쫙 연결되어 있어요. 밀착 연접(tight junction)이라고 해서 아주 단단하게 연결되어 있기 때문에 물질이 새서 소장 벽 안쪽으로 들어가는 것이 불가능해요. 세균이 들어갈 수 있다? 아주 강하게 연결이 되어 있어서 안 돼요.

또 비슷한 기능을 하는 것들끼리 얽혀 놓은 것도 있어요. 찍찍이 있죠? 애들 운동화 같은 데 뗐다 붙였다 하는 거. 벨크로라고도 하는데, 그것처럼 세포막 안쪽의 튼튼한 판으로 결합을 시킵니다. 이런 구조를 데스모솜(desmosome)이라고 해요.

또 간극 연접(gap junction)이라고 해서 세포막을 관통해 세포와 세포 사이를 연결하는 단백질이 박혀 있는 경우가 있어요. 그러면 구멍으로 이쪽의 이온과 저쪽의 이온이 서로 왔다 갔다 할 수 있죠. 이것이 왜 중요하느냐 하면 이것 자체가 신호로 작용할 수 있기 때문이에요. 유전적으로 잘못되어서 간극 연접을 통해서 세포 사이에 소통이 안 되면 한쪽이

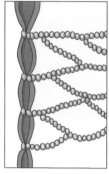

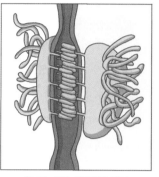

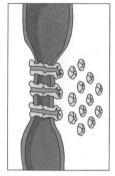

세포 사이로 액체가 흐르지 못 한다.

벨크로, 일명 찍찍이와 같이 작용해 세포를 고정한다.

비밀 통로와 같이 작용하여 세포에서 세포로 물질이 지나갈 수 있게 한다.

**그림 4-8 세포와 세포 사이는 어떻게 연결돼 있을까?** 수많은 세포가 모여 하나의 개체를 이루려면 세포가 서로 연결되어 있어야 한다. 세포막 사이의 단백질들은 세포를 고정시키기도 하고 세포끼리 연락할 수 있는 통로를 만들기도 한다.

비정상적인 성장을 한다고 해도 그것을 제어하지 못해요. 간극 연접을 통해 '그러지 말아라.' 하고 신호를 보낼 수 없는 거예요. 그러면 암이 생길 수가 있어요.

세포질 연락사(plasmodesmata)는 식물세포에서 주로 발견돼요. 식물세포에는 세포벽이 있죠. 벽과 벽이 만났으니까 세포끼리 커뮤니케이션이 안 될 것 같은데 벽 중간중간에 구멍이 있어서 이쪽의 세포막과 저쪽의 세포막이 연결되어 있어요. 그것을 '세포질 연락사'라고 해요. 그런데 참 웃기는 것이 벌레가 와서 식물을 갉아 먹잖아요. 세포가 깨지죠. 벌레 이빨에 바이러스가 묻어 있으면, 세포 안으로 바이러스가 들어가겠죠. 물론 동물들도 마찬가지겠지만, 식물 한 부위가 바이러스에 노출이 되면 온몸에 퍼지는 것이 너무 빨라요. 왜 그럴까요? 바로 세포질 연락사가 있어서 그렇습니다. 식물은 바이러스성 질환에 취약합니다.

자, 그래서 오늘은 세포 안과 바깥의 경계를 만드는 세포막에 대해서 이야기했습니다. 세포막을 구성하고 있는 인지질이 기름 성분이다, 그렇기 때문에 기름 성분과 비슷하게 극성을 띄고 있지 않은 분자는 잘 통과하고 그렇지 않은 것은 통과하기 어렵다 하는 이야기를 했고요. 그 다음에 세포막에 박혀 있는 여러 가지 단백질 때문에 어떠한 일들이 벌어지는지를 봤어요. 다음번에는 세포 안으로 들어가서 여러 소기관이 무슨 일을 하는지를 알아보겠습니다. 오늘은 경계까지만 할게요.


## 수업이 끝난 뒤


이재성 아, 신기해요. 면역이나 약을 개발하는 원리가 되게 간단하다는 게. 그런데 요즘 항생제다 뭐다 개발을 해도 약이 잘 안 듣는다고 하잖아요. 그건 무슨 이야기예요?

장수철 병원균이 약 성분에 적응을 하죠. 처음엔 효과가 좋았던 약도 계속 쓰다 보면 병원균도 거기에 대응해서 점점 강한 놈들이 생기는 거예요. 원래는 약을 상용화할 때 약이 잘 듣는지 안 듣는지, 부작용은 없는지 생쥐(mouse)를 가지고 먼저 테스트를 해요.

이재성 흰 쥐.

장수철 네, 흰색 털을 지닌 생쥐로 테스트를 하고요. 약을 개발하면 영장류 테스트를 해요. 원숭이나. 요즘에 침팬지는 잘 안하고. 그래서 괜찮으면 중환자를 대상으로 먼저 하고, 그래도 괜찮으면 일반인한테 해요. 우리 몸의 복잡한 체계를 우리가 완벽하게 이해하는 것이 아니기 때문에 꼭 비슷한 체계를 가지고 있는 다른 동물로 테스트를 해야 해요. 세균이나 바이러스가 약에 내성을 갖는 건 그 다음에 생기는 문제죠.

이재성 그런데 요즘에 동물 실험에 반대하는 사람들이 있잖아요. '동물 실험 자체를 아예 하지 말자.'라고 주장하는 사람들의 논리가 그런 거 아니에요? 인간과 전혀 다른 동물로 실험하는 것이 도움이 되지 않는다는.

장수철 그렇지는 않아요. 포유류 중에서 영장류와 가장 가까운 것이 설치류예요. 설치류와 영장류의 공통 조상이 다른 포유류의 공통 조상보다 가까이에 있어요. 갈라진 지 얼마 안 되었다는 뜻이죠. 설치류 중에서도 생쥐는 우리가 손쉽게 다룰 수 있어서 쓰는 거고, 영장류는 워낙 우리랑 가까우니까 쓰는 거고.

동물 실험을 반대하는 사람들을 이해할 수는 있어요. 우리에게 인권이 있듯이 요즘에는 동물권을 존중하려고 노력하고 있죠. 하지만 필요한 실험을 하는 과정에서 해를 가하는 것은 어쩔 수 없어요. 동물 실험이랑 일제 강점기 때 731부대가 마루타 실험을 한 거랑 어떤 것을 피하고 싶냐고 하면 답은 나오는 거 아닌가 싶어요. 인간은 결국 따지고 들어가면 어쩔 수 없이 이기적일 수밖에 없어요. 그래서 어느 정도 동물권을 존중해서 해야 한다는 것에는 동의할 수 있지만 아예 동물로 실험을 해서는 안 된다는 것은 무리한 주장이죠. 그러면 우리를 가지고 실험을 해야 하는 거죠.

이재성 마루타 실험은 극단적인 얘기고요, 불치병 의약품의 경우 동물 실험을 거치지 않고 더 이상 치료법이 없어서 환자들에게 신청을 받아서 투여하는 거죠. 물론 그전에 동물 실험이 아닌 방식으로 검증을 거쳐야 하고요. 그리고 동물 실험을 해서 문제없다고 한 의약품이 있었는데, 그것을 산모들에게 투약을 해서 문제가 생긴 경우 있었잖아요.

**장수철** 네, 그런 경우도 있어요. 탈리도마이드(Thalidomide) 사건인데요.

**이재성** 맞아. 그거. 입덧을 제거해 주는 약.

**장수철** 입덧 치유제인데, 그것을 먹었더니 아이들이 팔, 다리가 안 생기는 부작용이 나타난 거죠. 손이나 발이 짧게 달려 있기도 하고. 다 동물 실험을 통해 검증을 했는데도 그런 결과가 나왔어요. 그런 경우는 운이 없는 경우라고도 할 수 있겠죠. 그렇다고 해서 약을 개발 안 하는 것도 문제가 되잖아.

**이재성** 그러니까 사람을 가지고 실험을 해야 하는 건가? 최종적으로는?

**장수철** 동물 실험을 충분히 한 다음에 신청자를 받아서 하죠.

**이재성** 그러면 실험 대상 생물을 만드는 거야.

**장수철** 만들어 낸 것도 똑같이 생물 아닌가요?

**이재성** 그런가?

---

**탈리도마이드 사건** 탈리도마이드는 1953년 과거 서독의 '그뤼넨탈'이라는 제약사가 개발한 입덧 치료제다. 이 약은 광범위한 동물 실험에서 부작용이 발견되지 않았으며 1957년 판매를 시작한 이후 독일을 비롯해 유럽과 미국 등 500여 국가에서 사용됐다. 그러나 1960년에서 1961년 사이, 이 약을 복용한 임산부 1만 명 이상이 팔다리가 없는 기형아를 출산했으며, 이로 인해 1962년 판매가 중단되었다.

# 단세포 남자, 다세포 여자?

## 세포의 종류와 구조

생물은 다양하지만 생물을 구성하고 있는 세포는 기본적으로 크게 다르지 않아요. 그러니까 지금까지는 생물을 구성하고 있는 세포는 거의 동일하다는 것을 알게 모르게 전제하고 이야기했던 거예요. 하지만 세포는 크게 두 가지 종류가 있어요. 세포에 핵이 없는 원핵세포, 사람의 세포를 포함해서 세포에 핵이 있는 진핵세포예요.

## 원핵세포는 단순해

**장수철** 원핵세포에 속하는 것이 세균이에요. 우리 몸에 있는 대장균 그리고 유산균류 같은 것들.

**이재성** 헬리코박터(Helicobacter)!

**장수철** 헬리코박터균. 또? 가끔 식중독을 일으키는 살모넬라균(Salmonella) 같은 것들. 그리고 아주 뜨거운 온천 같은 데에도 세균이 살아요. 유황천에 가면 물이나 바위가 노란색을 띠죠. 염분의 농도가 굉장히 높은, 분홍색 빛을 띠는 호수 또는 바다도 있어요. 다 거기에 사는 세균 때문에 그런 색을 띠는 거예요. 걔네들은 우리가 흔히 보는 세균과는 달라서 고세균이라고 하거든요? 고세균이든 우리가 흔히 볼 수 있는 세균이든 생김새는 원핵세포입니다.

**그림 5-1 뜨거운 온천에도 생물이 산다** 미국 옐로스톤 국립공원의 매머스 온천은 유황을 함유하고 있는데, 고세균과의 상호작용으로 온천이 노란색을 띤다. 고세균은 주로 뜨거운 곳이나 염분이 높은 곳 등 주로 극한 환경에서 발견된다.

그럼 원핵세포와 진핵세포는 뭐가 다를까요? 원핵세포는 우리가 흔히 생각하는 세포와 달리 핵막이 없습니다. 우리 세포 내에서 핵은 DNA를 모아 놓는 곳이거든요. 그런데 세균에는 핵이 없어요. DNA가 대충 세포 안에 떠 있어요. 원핵세포의 크기는 길이 비율로 진핵세포의 10분의 1 또는 100분의 1 정도입니다. 거의 1마이크로미터나 그보다 작다고 생각하시면 돼요. 우리가 흔히 볼 수 있는 현미경으로 간신히 보입니다. 1,000배로 배율을 맞추면 어느 정도는 볼 수 있어요. 원핵세포는 또 진핵세포에 비해 구조가 단순합니다. 원핵세포의 구조를 한번 보죠. 그림 5-2를 보세요. 단순합니까, 복잡합니까? 어때요?

이재성 캡슐 약 같아.

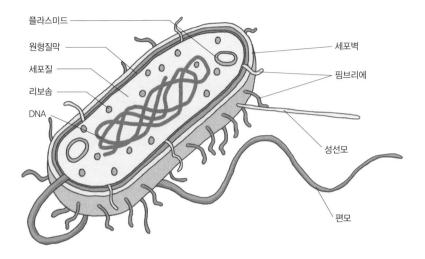

플라스미드

원형질막

세포질

리보솜

DNA

세포벽

핌브리에

성선모

편모

**그림 5-2 원핵세포의 구조** 원핵세포는 '핵이 생기기 이전의 세포'라는 뜻으로, 진핵세포와 달리 핵막이 뚜렷하지 않고 세포 소기관이 발달하지 않아 비교적 단순한 구조를 띤다. 고리 모양의 DNA를 가지고 있으며 '플라스미드'라는 여분의 DNA도 있다. 특히 플라스미드는 세균끼리 교환하기 쉽고 유전자 조작이 비교적 단순해 유전 공학에 많이 이용된다. 원핵세포를 가진 원핵생물은 주로 세포 자체가 곧 개체인 단세포생물이며, 편모 같은 털 구조를 가지고 있어 운동성을 띠는 것들도 있다.

**장수철** 그리고 보니 캡슐 비슷하네. 구조를 보면요, 가운데 길게 원형으로 꼬여 있는 것이 DNA예요. 세균의 유전 정보는 여기에 다 있다고 보면 돼요. 그런데 '플라스미드(plasmid)'라고 하는 여분의 DNA가 또 있어요. 작은 고리 모양이에요. 플라스미드, 얘네들이 아주 골치 아픈 놈들인데, 세균끼리 서로 교환이 잘 돼서 문제예요. 예를 들어 항생제 내성이 생긴 세균이 다른 세균과 플라스미드를 교환하면 내 몸 안에 다른 세균들도 항생제 내성을 가질 수가 있습니다.

폐결핵에 걸리면 병원에서 약을 한 봉다리 처방해 줘요. 그리고 6개월에서 1년을 먹게끔 하거든요. 처음에 먹으면 웬만한 세균은 다 죽어요.

폐결핵 증상도 싹 없어지고. 그러면 환자가 남아 있는 약을 끝까지 안 먹는데, 그럴 때 조금 살아남았던 세균에게 항생제에 내성을 가지고 있는 놈들이 자기의 유전자를 줘요. 그래서 내 몸 안에 폐결핵 내성균이 확 늘어나는 거예요. 그때는 손쓰기가 굉장히 힘들어요. 그래서 의사가 처방한대로 끝까지 약을 다 먹어야 해요. 그렇지 않으면 죽을 수도 있습니다. 이게 다 플라스미드라는 여분의 DNA 때문입니다.

나중에 보겠지만 플라스미드를 좋게 이용할 수도 있어요. 세균이 빨리 증식하는 걸 이용해서 인슐린이나 성장 호르몬을 대량 생산할 수 있어요. 플라스미드를 꺼내다가 우리가 원하는 유전자로 조작해서 세균에 집어넣는 거예요.

원핵세포 안에 들어 있는 구조를 보면 DNA와 리보솜, 이 두 가지 밖에 없어요. 그래서 단순하다고 이야기하는 겁니다. 그러면 리보솜은 뭘까요? 그 전에 질문 하나 할게요. 지구 상에 있는 모든 생명체는 DNA가 있다, 맞아요, 틀려요?

이재성 맞아요.

장수철 맞습니다. 그런데 DNA가 가지고 있는 유전 정보만 가지고는 아무 소용이 없어요. 지구 상에 있는 모든 생명체는 단백질을 만들어야지만 생명 현상을 나타낼 수가 있어요. 그러니까 DNA의 정보를 단백질로 바꿔 주는 구조물이 있어야 해요. 리보솜이 바로 그런 역할을 하는 구조물이에요. 그래서 어떤 생명체든 리보솜을 다 가지고 있습니다.

원핵세포는 DNA와 리보솜, 필수적인 것만 딱 가지고 있어요. 나름대로 필요한 뭐가 있을 수도 있는데 그것은 공통적이진 않아요. 기본적으로 이 정도만 있으면 세균은 살아가는 데 별 지장이 없어요. 이것이 원핵세포입니다.

자, 세포라고 하면 세포를 둘러싸고 있는 막이 있어야 하죠. 얇게 세포질을 둘러싸고 있는 막이 하나가 있습니다. '원형질막(plasma membrane)'이라고 하죠. 그런데 세균은 세포 하나가 곧 개체예요. 우리는 60조 개 이상의 세포가 모여 이뤄져 있지만 애네들은 그런 것이 없어요. 그렇기 때문에 원형질막으로 세포가 싸여진 것만으로는 애네들이 험악한 세상을 살아가기에는 부족합니다. 그래서 원형질막 바깥쪽에 세포벽이 있어요. 세균에 따라서 두 개의 층으로 이루어진 것이 있는가 하면, 어떤 것은 두터운 한 개의 층으로 이루어진 것이 있어요. 세포벽은 세균이 생명을 유지하는 데 굉장히 중요해요. 세포벽을 분해하면 세균은 굉장히 취약해집니다. 그래서 우리 몸에서 세균을 공격하는 방법 중에 하나가 세포벽을 분해하는 거예요. 우리 몸에는 세균의 세포벽을 분해하는 효소가 곳곳에 있어요. 눈물에도 있고, 땀에도 있고, 우리 몸을 돌아다니는 림프액에도 있고, 체액에도 있어요.

또 원핵세포에는 세포 부착에 관여하는 구조물인 핌브리에(fimbriae)가 있습니다. 간혹 '선모'라고 번역돼 있는 것들이 있는데, '핌브리에'가 정확한 표현이에요. 선모(pilus)는 유전자 교환 기능을 하는 구조물을 말하는데, 선모는 핌브리에보다 더 길고 수가 많지 않습니다. 정확하게는 '성선모(sex pilus)'라고 부릅니다.

---

**원형질막과 세포막** 원형질막은 말 그대로 원래의 형태와 모양을 만드는 막을 일컫는다. 인지질로 이루어져 있으며, 핵막을 비롯해 다른 막 구조물을 둘러싸는 막과 기본적인 구조가 비슷하다. 세포막은 세포의 경계를 짓는 막으로, 원형질막에 속한다.

성행위의 정의를 유전자의 교환이라고 본다면, 성선모가 그런 일을 합니다. 성선모가 가까이에 있는 다른 세균에 붙어서 다리를 만들면 연결된 선모를 통해서 복제된 플라스미드가 다른 세균에 전달되는 거예요. 이런 식으로 자기들끼리 DNA를 주고받을 수 있어요.

그런데 거기에서 더 나아가요. 세균끼리는 종이 다른 놈끼리도 유전자를 서로 주고받을 수 있어요. 그래서 무서운 거예요. 내성을 가진 폐결핵균이 분열하는 것도 무섭지만 얘네들이 내성을 가지고 있는 DNA를 다른 세균에게 줄 수 있다는 것도 무서운 일이에요. 다행히 내성을 가지고 있는 DNA를 받은 세균이 우리 몸에 도움이 되는 세균이라면 모를까 그렇지 않으면 큰일 나는 거예요. 종이 다른 세균인데 약이 안 듣는 거죠.

자, 바깥에 핌브리에, 성선모 이야기했고요. 편모(flagellum)가 있습니다. 구불구불한 모양의 긴 털 구조물인데, 이것이 뱅글뱅글 돌아가면 한쪽 방향으로 나아갑니다. 마치 자동차의 바퀴 축이 돌아서 바퀴가 윙 돌아가는 구조하고 비슷해요. 섬모(cilium)가 움직이는 것도 마찬가지예요.

그래서 사람들 사이에서 그런 이야기가 나왔어요. 생물들이 진화를 하는데, 왜 걷는 것이나 뛰는 것에 적합한 육상 생물의 구조만 나왔을까? 무슨 이야기냐 하면 '왜 바퀴를 진화시키지 않고 다리를 진화시켰을까?' 하는 거예요. 아무리 찾아봐도 바퀴 같은 구조를 가진 생물은 없잖아요. 왜 없을까요?

이재성 도로가 없어서.

장수철 맞아요. 도로가 있었다면 아마 그런 생물이 진화를 했을지도 몰라요. 내가 언제 한번 이야기하지 않았어?

이재성 안 했어요.

장수철 안 했어? 그럼 굉장히 똑똑한 건데?

**이재성** 나 굉장히 창의적이야.

**장수철** 그런데 왜 지금 바퀴 이야기가 나왔느냐 하면, 편모의 구조가 베어링에 차축이 윙 도는 것 같은 구조이기 때문이에요. 우리가 농담 비슷하게 이야기를 했지만, 바퀴와 같은 구조도 진화할 수 있지 않았겠는가 하고 생각해 볼 수 있죠. 어쨌든 편모는 세균의 운동 기관으로, 세균이 빠르게 움직이게 해 줍니다.

그런데 이 '편모'라고 하는 말이 나중에 우리가 또 나올 텐데, 원핵세포의 편모와 동물 등 진핵생물의 편모는 구조가 완전히 다릅니다. 영어로나 우리말로나 똑같은 말을 쓰지만 구조는 완전히 달라요. 그 안에 들어가 있는 성분, 구조, 움직이는 메커니즘이 완전히 달라요.

## 진핵세포 관찰

**장수철** 원핵세포와 비교했을 때 진핵세포의 가장 큰 특징은 DNA를 둘러싸고 있는 핵막(nuclear membrane)이 있다는 것, 핵 주위에 막 구조물로 된 소기관이 있다는 겁니다. 원핵세포의 경우에는 세포 안에 DNA와 리보솜이 있는 거 말고는 별로 없었어요. 하지만 진핵세포 안은 상당히 복잡해요. 핵막이 있고, 세포 중간중간에 구불구불한 막 구조물이 있어요. 그리고 작은 점들이 엄청나게 많은데, 막에 붙어 있는 점도 있고 둥둥 떠있는 점도 있죠. 다 리보솜이에요.

자, 우선 핵부터 볼게요. 겉모습부터 볼까요? 핵은 이중막으로 둘러싸여 있어요. 인지질층으로 보면 네 층이 되는 거예요. 그리고 겉에 구멍이 숭숭 뚫려 있는 모습입니다.

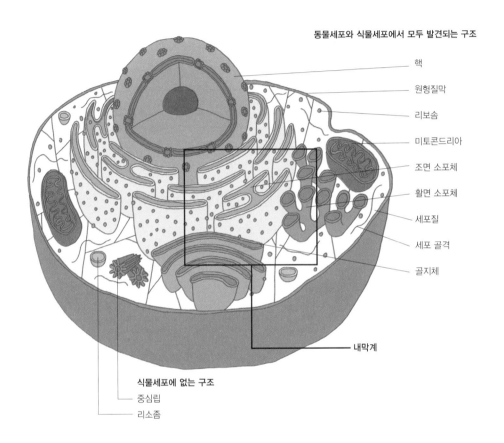

**동물세포와 식물세포에서 모두 발견되는 구조**

핵
원형질막
리보솜
미토콘드리아
조면 소포체
활면 소포체
세포질
세포 골격
골지체

내막계

**식물세포에 없는 구조**
중심립
리소좀

**그림 5-3 동물세포** 진핵세포는 DNA가 핵막 안에 둘러싸여 있는 세포를 말하며, 다양한 세포 소기관을 가지고 있다. 원핵세포는 구획이 나뉘어 있지 않기 때문에 어떤 반응이 일어날 경우 세포 전체에 영향을 미치지만, 진핵세포는 소기관 각각에서 다른 화학 반응이 동시에 일어날 수 있기 때문에 보다 많은 일을 할 수 있다. 동물세포와 식물세포는 공통 조상에서 유래하기 때문에 같은 점이 많다. 두 세포 모두 핵, 리보솜, 미토콘드리아, 소포체, 골지체, 세포 골격, 리소좀을 가지고 있다.

핵 안에는 DNA가 잔뜩 들어가 있어요. 그런데 그 모양이 깔끔하지 않아요. 평소에는 DNA가 대충 얼기설기 흩어져 있다가 애네들이 자극을 받아서 세포 분열을 할 때 잠시 나름의 모양으로 뭉쳐요. 흩어져 있는 것을 '염색질(chromatin)', 뭉쳐 있는 것을 '염색체(chromosome)'라고 해요. 그리고 '인(nucleolus)'이라고 하는 물질이 있는데 인은 리보솜을 만들어요.

핵막에는 구멍이 나 있어요. 구멍을 통해 물질이 들락날락할 수 있어요. 인이 만든 리보솜도 나가고요. '아, 이번에 이런 DNA의 유전 정보를 바깥에 보내야겠어.' 하면 RNA가 만들어지는데, 핵 안에서 만들어진 RNA가 핵막의 구멍을 통해 바깥으로 나가요. 그러면 핵 바깥에 있는 리보솜이 RNA에 붙고, 리보솜에서 단백질이 만들어지는 거예요. 반대로 '어? 핵 안에서 이런 단백질이 필요해.' 하면 바깥에서 단백질을 만들어서 이 구멍으로 들여오기도 해요.

다음으로 세포질과 세포 골격(cytoskeleton) 이야기를 해 보죠. 우리가 세포막을 뚫고 안으로 들어왔다고 생각해 봅시다. 3차원 공간이니까 주위가 전부 세포막으로 둘러싸인 걸 볼 수 있을 것 같죠? 하지만 세포막이 안 보인다고 생각하셔야 해요. 왜 그럴까? 세포 안쪽에 철근 같은 것들이 엉켜 있다고 생각하면 돼요. 여기저기 사선으로도 있고, 횡으로도 있고, 종으로도 있고. 그래서 저쪽이 안 보여요. 물속이니까 떠 있겠죠? 그러니까 세포 안이 투명한 것이 아니에요. 단백질로 된 이러한 구조물을 세포 골격이라고 합니다. 세포 골격은 세포의 모양을 유지시켜 주는 역할을 해요.

세포 골격은 레일처럼 작동해서 세포 내 소기관들을 움직이게 하는 역할도 합니다. 그리고 동물세포는 가만히 있지 않아요. 굉장히 많이 움직여요. 적혈구나 백혈구는 혈관이나 림프관을 통과하면서 움직이잖아요.

동물세포에서는 세포 골격이 나름대로 모양을 유지하면서 움직거릴 수 있도록 하는 역할을 해 줍니다. 반면 식물세포는 움직일 수가 없어요. 식물세포는 옆에 있는 세포와 세포벽으로 고정되어 있기 때문에 세포가 빠져나올 수가 없죠.

세포의 움직임을 살펴보죠. 편모와 섬모가 세포 골격으로 이루어져 있죠. 세포 바깥으로 나온 털 모양의 구조물은 정자의 편모가 되기도 하고 기도에 있는 털, 즉 섬모가 되기도 해요. 잘못해서 물이 기도로 넘어가면 켁켁 해서 물을 밖으로 내보내려고 하죠? 털 모양의 구조 때문이에요.

그래서 '세포 내부에는 투명한 액체가 들어 있는 것이 아니라 골격을 이루고 있는 단백질 구조물이 들어가 있다. 세포 골격은 세포의 모양을 유지하고, 세포를 움직이게 하는 역할을 한다.' 하는 것을 살펴봤습니다.

그 다음에는 '리소좀(lysosome)'이라는 것이 있습니다. 세포는 그때그때 필요한 물질을 만들지만 남은 것을 버리기도 합니다. 리소좀은 우리 몸이 대사하는 과정에서 생긴 부산물 또는 쓰레기를 처리해 줍니다. 중요한 일이죠. 면역세포에 잡아먹힌 세균을 분해하는 일도 하고요. 리소좀 안에는 단백질 분해 효소, 지방 분해 효소, 탄수화물 분해 효소, 핵산 분해 효소, 다 있어요. 그래서 우리 몸을 구성하고 있는 분자를 다 깰 수 있고, 세균도 완전히 분해시킬 수 있는 거예요.

처리하는 물질은 단백질일 수도 있고, 탄수화물일 수도 있고, 지방일 수도 있어요. 그것들을 다 분해하면 어떻게 될까요? 지방을 다 분해하면 지방을 이루고 있었던 조그만 덩어리로 깨져요. 단백질을 분해하면 아미노산이 나오겠죠. 탄수화물 분해하면 단당류가 나오고요.

미토콘드리아는 수명이 10일 정도 되는데요, 리소좀은 수명을 다 한 미토콘드리아를 잡아서 분해를 합니다. 미토콘드리아를 구성하고 있던

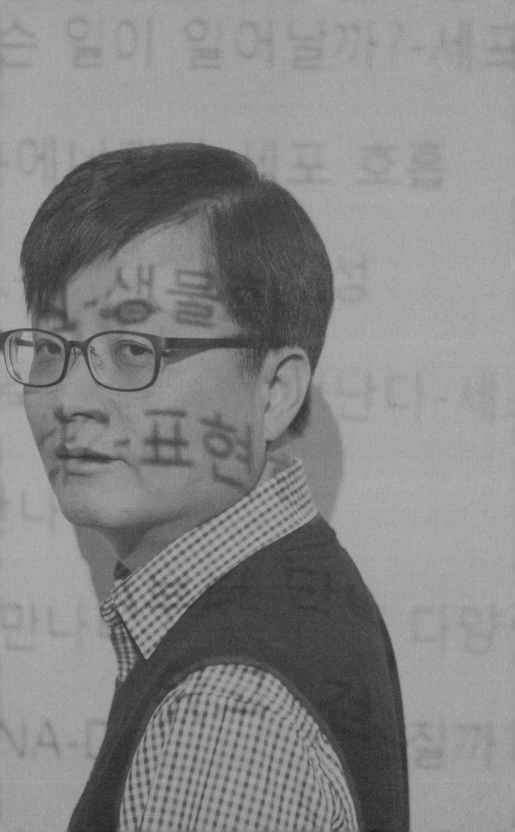

단백질이 전부 다 아미노산으로 깨지는 거죠. 그 아미노산은 세포의 다른 것들을 만드는 재료로 쓰입니다. 예를 들면 세포 골격을 만드는 재료로 쓸 수 있어요. 재활용하는 거예요. 리소좀은 세포 내에서 다 쓴 것들을 분해하고 재활용해서 새로운 것을 만드는 역할을 합니다.

테이색스 병(Tay-Sachs disease)은 리소좀에 있는 효소들을 만들어 내는 유전자가 잘못되어서 생기는 유전병이에요. 환경미화원이 파업하는 것과 비슷한 효과라고 이야기를 하죠. 테이색스 병에 걸리면 뇌에 기름 덩어리가 생겨서 뇌세포를 누르게 돼요. 뇌세포가 눌리면 어떻게 되죠?

**이재성** 아파요.

**장수철** 팔 다리가 말을 안 들어요. 골격에 붙어 있는 근육은 우리 마음대로 하는 것인데, 그게 안 되면 얼마나 답답하겠어요. 거기서 그치지 않죠. 신경 쓰지 않아도 작동하는 내장도 하나둘씩 점점 느려지는 거예요. 정말 너무나 고통스러운 병이 진행이 되는 겁니다.


## 막 구조물이 하는 일


**장수철** 이제 살펴볼 것은 내막계(endomembrane system)인데요. 핵막, 소포체막, 골지체막을 다 합친 것을 말해요.

소포체는 핵막에 연결되어 있는 막을 말해요. 소포체막에 리보솜이 붙어 있으면, 여기에서 단백질 합성이 일어나는 겁니다. 만질 수 있다면 어떻겠어요? 우둘투둘 하겠죠. 그래서 이것을 러프(rough)한 소포체, 우리말로 '조면 소포체(rough endoplasmic reticulum)'라고 합니다. 그것에 반해서 조면 소포체에 연결된 튜브 모양을 한 것들에는 리보솜이 안 붙어 있어요. 만져 볼 수 있다면 어떻겠어요? 매끈하겠죠. 그래서 매끄러운(smooth) 소포체, 우리말로는 '활면 소포체(smooth endoplasmic reticulum)'라고 이름을 붙였어요.

조면 소포체와 활면 소포체는 각각 하는 일이 다릅니다. 조면 소포체는 단백질을 합성하는 일을 합니다. DNA에서 RNA가 만들어지고 RNA가 핵에서 나와 조면 소포체의 리보솜에 닿으면 단백질 합성이 시작되는 거죠. 그리고 나서 합성된 단백질에다가 설탕을 붙여요. 탄수화물을 붙이는 거죠. 그런 다음에 골지체(Golgi body)에 줘요. 그러면 골지체는 이렇게 저렇게 가공을 해서 완성된 단백질을 세포 바깥으로 보내요. 세포 안에서 만들어진 것이 세포 바깥으로 나가는 거죠. 어떤 것이 만들어질까요? 앞에서 살펴본 것처럼 이자세포들이 소화 효소를 만들어서 바깥으로 보내요. 이 효소는 쭉 이동을 해서 소장까지 가요. 소장에서는 탄수화물, 단백질, 지방, 핵산, 다 분해가 되죠. 그밖에 세포막에 필요한 재료도 조면 소포체에서 만들어져요.

활면 소포체는 조면 소포체처럼 단백질을 만들지는 않고, 우리 몸에서 다양한 기능을 합니다. 얘들이 어디에 많이 있는지 봤더니 근육에 많아요. 근육이 수축하려면 근육 세포질 안의 칼슘 농도가 확 늘어나야 해요. 다시 이완하려면 칼슘 농도는 줄어들어야 하고요. 바로 활면 소포체가 칼슘을 저장하고 있어요. 활면 소포체에서 칼슘이 확 빠져나갔다 들어오고 하는 거죠.

간에도 많아요. 간은 해로운 분자를 해독하는 중요한 기관이죠. 술을 마시면 바로 이 활면 소포체가 알코올을 처리해 줍니다. 알코올을 처리하는 과정은 두 단계인데, 알코올 분해 효소가 작동을 해서 알데하이드(aldehyde)를 만들고, 이걸 알데하이드 분해 효소가 분해합니다. 주량은 아마 알코올 분해 효소와 상관이 있는 것 같아요. 알코올 분해 효소는 알코올을 많이 먹으면 먹을수록 많이 생깁니다. 알코올 분해 효소를 담고 있는 활면 소포체가 늘어나는 거죠. 주량이 늘어난다는 이야기는 알코올 분해 효소가 많아진다는 거예요. 주량을 늘린 사람의 간을 보면 활면 소포체가 잔뜩 늘어난 것을 볼 수 있어요.

약도 마찬가지예요. 수면제 성분은 우리 몸에서 만들어지지 않는 물질이에요. 그래서 일단 먹고난 다음에 그걸 잘 처리해서 몸 밖으로 내보내야 하는데, 그 처리를 누가 해 주는가. 바로 활면 소포체 내에 있는 효소가 처리해 줍니다. 하지만 수면제는 반드시 의사의 처방대로 먹어야 해요. 약을 계속 먹으면 간 세포에 활면 소포체도 많아져요. 약에 대한 내성이 생기는 거죠. 그러다 보면 수면제를 먹는 양이 자꾸 늘어나요. 수면제를 먹는데 처음에는 반 알 정도만 먹어도 아주 기분 좋게 자요. 그런데 수면제에 대한 처리 능력이 늘어나니까 어느 순간부터는 반 알 가지고는 턱도 없는 거죠. 수면제를 한 알 먹다가, 두 알 먹어야 되고, 네 알 먹어야 되고. 그래야 겨우 잠을 잘 수 있는 거죠. 간이 해로운 분자를 해독한다는 이야기가 바로 이런 이야기입니다.

또 약물을 장기적으로 복용하다가 전에 사용한 적이 없는 약물을 먹었을 때, 효과가 잘 안 나타나는 경우가 있어요. 왜 그럴까? 화학적으로 비슷한 것에 대해서 내성이 생겼기 때문이에요. 분명히 두 가지 약은 완전히 다르지는 않을 겁니다. 어느 정도 화학적인 면에서 관계가 있을 건데, 내 몸에서 약 성분과 관련된 활면 소포체가 많이 만들어진 거예요. 그 안에 비슷한 약을 처리할 수 있는 효소가 많이 준비가 된 거죠.

그 다음에 골지체를 볼까요? 골지체는 '골지 장치(Golgi apparatus)'라고도 해요. 카밀로 골지(Camillo Golgi)라는 사람이 발견했기 때문이에요. 골지체는 소포체에서 만들어진 것을 전달 받는 세포 소기관이에요. 소포체에서 뭔가를 만들었잖아요? 그것을 전달해 줄 때, 막의 일부분이 뽕 떨어져 나가요. 떨어져 나온 것이 골지체로 온단 말이에요. 올 때 어떻게 올까요? 아까 우리 봤던 세포 골격이 마치 기차가 지나다니는 레일 역할을 해서 수송 소포가 골지체로 건너와요. 그러면 골지체는 건너온 물질을 안에서 가공해서 자꾸자꾸 바깥쪽으로 내보냅니다. 바깥쪽에 있는 막 일부분은 원형질막과 융합을 해요. 그러면서 안에서 만들어진 단백질이 세포 밖에 노출돼요. 그렇게 해서 이자의 소화 효소처럼 바깥으로 빠져나가게 됩니다. 즉 '세포 외 배출'이 일어난 거죠. 들어오는 세포막 구조와 나가는 세포막 구조 사이에서 교통이 활발하게 일어나는 거예요. 그래서 이것을 '트랜스골지네트워크(trans-Golgi network)'라고도 해요. 정리하면, 골지체는 소포체에서 만들어진 분자를 받아서 최종 가공한 다음 세포 바깥으로 보내는 중간 다리 역할을 합니다.

내막계는 단백질을 만들고 가공해서 수송하는 일련의 일을 담당하고 있습니다.


## 에너지 발전소, 미토콘드리아

**장수철** 그리고 미토콘드리아라는 것이 있습니다. 좀 전에 이재성 선생이 과자를 먹었는데 그 과자를 이재성 선생이 쓸 수 있는 에너지로 바꿔 주는 것이 바로 미토콘드리아예요. 미토콘드리아는 산소를 이용해서 에너지를 만드는 역할을 합니다. 미토콘드리아가 없거나 작동하지 않으면 그 즉시 목숨을 잃습니다. 엄청나게 중요한 겁니다.

미토콘드리아는 다른 세포 구조물과 달리 좀 특별해요. 미토콘드리아는 세균에서 유래하는 소기관입니다. 옛날에 세균이었던 것이 우리의 조상 세포와 공생을 하면서 합쳐지게 된 거라는 거죠. 실제 현재 있는 세균들 중에서 미토콘드리아와 굉장히 비슷한 세균들이 있어요. 그렇다면 미토콘드리아가 세균에서 기원한다고 간주되는 근거는 뭘까요?

심장이 뛰거나 근육을 쓰는 데는 ATP, 즉 에너지가 굉장히 많이 소모돼요. 다른 내장은 그것에 비해서 에너지를 많이 쓰지 않죠. 심장이나 근육처럼 활발하게 움직이는 세포를 보면 그 안에 미토콘드리아가 굉장히 많이 들어 있어요. 그렇지 않은 세포는 미토콘드리아의 수가 상대적으로 적어요. 이게 어떤 의미일까요? 자기들이 필요에 따라서 세포 내에서 증식할 수도 있고 안 할 수도 있다는 이야기예요. 아주 활발하게 에너지를 쓰는 세포는 자체적으로 안에서 미토콘드리아가 증식을 해요. 에너지를 많이 쓰지 않는 세포에서는 자체적으로 미토콘드리아가 증식을 안 해요. 미토콘드리아는 자기만의 DNA와 자기만의 리보솜을 가지고 있어요. 세포 분열과는 별개로 자기 나름의 증식 시스템이 있는 거죠.

미토콘드리아 안에 DNA 구조를 보면 동글동글해요. 세균에서 본 여분의 DNA와 비슷해요. 얘네들이 가지고 있는 리보솜의 구조도 세균이 가지고 있는 리보솜의 구조와 비슷해요. 그래서 항생제를 너무 많이 쓰게 되면 미토콘드리아의 리보솜도 고장 나는 수가 있어요. '항생제를 썼는데 내가 좀 힘을 못 쓰겠다.' 하면 미토콘드리아가 제대로 작동하지 못해서 에너지 대사가 안 되는 부분이 있다는 이야기예요.

그렇다고 해서 얘를 따로 떨어뜨려서 키우면 자라느냐? 그렇지는 못해요. 지난 세월이 수십억 년이기 때문에 얘가 가지고 있던 많은 DNA가 핵에 있는 DNA로 넘겨진 것 같아요. 핵에 있는 DNA를 검사하면 미토

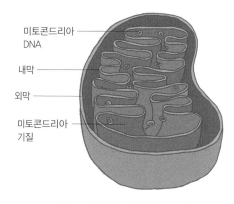

미토콘드리아
DNA

내막

외막

미토콘드리아
기질

**그림 5-4 미토콘드리아** 미토콘드리아 DNA
는 세균의 플라스미드와 비슷한 고리 모양
이다. 미토콘드리아는 세포의 DNA와 별개
로 자기만의 DNA를 따로 가지고 있고 세포
분열과 별개로 필요에 따라 증식할 수 있다.
심장이나 근육처럼 에너지를 많이 쓰는 곳
의 세포를 보면 미토콘드리아의 수가 많은
것을 볼 수 있다.

콘드리아의 조상에 해당하는 세균
들과 비슷한 유전자들이 많이 발견
이 돼요.

또 미토콘드리아의 막에서도 미
토콘드리아가 세균에서 유래한다는
근거를 볼 수 있습니다. 미토콘드리
아는 내막과 외막 두 층이 있어요.
내막은 쭈글쭈글한 모양이고 외막
은 바깥쪽을 덮고 있는 모양이죠. 왜
막이 두 개 있을까? 세균이 우리 조
상 세포를 뚫고 들어올 때 우리 조
상 세포의 바깥쪽에 있는 막을 뒤집
어쓰고 들어왔다고 많이 설명을 해

요. 그러니까 자기의 막과 뒤집어쓰고 온 막, 두 층이 된 거죠.

정리하면, 미토콘드리아의 유래를 '산소를 이용하는 세균이 수십억 년
전에 우리의 조상 세포 안으로 들어와서 공생을 통해서 생존을 모색하게
되었고 그것이 현재까지 이르러 완전히 세포의 구성물이 되었다.'라고 설
명하고 있고, 이것을 '내생 공생설(endosymbiotic theory)' 또는 '내부 공생설'
이라고 합니다.

그럼 미토콘드리아는 우리 몸에서 얼마나 될까요? 이재성 선생이 몸
무게 몇 킬로그램?

이재성 비밀이에요.

**장수철** 한 90킬로그램이다 하면…….

이재성 그거 아니에요.

**장수철** 그거 아니야? 95야?

**이재성** 84…….

**장수철** 하하하. 결국 이야기 할 것을 뭘. 그럼 8.4킬로그램은 미토콘드리아라고 생각하면 돼요.

**이재성** 그러면 다이어트 하면 그 비율만큼 빠지는 거예요? 똑같이?

**장수철** 그건 잘 모르겠어요. 하하하. 몸에서 기름을 뺀 무게의 10분의 1 정도예요. 그럼 8.4가 아닐 수도 있겠다. 지방세포를 다 빼면 몸무게가 70 정도 되지 않을까? 그러면 미토콘드리아는 7킬로그램일 거예요.

미토콘드리아에 관해서 여러 가지 재미있는 질문을 해 볼 수 있어요. '미토콘드리아가 진핵세포 내로 들어오기 전에는 에너지를 만들 수 없었을까?', 이런 생각을 해 볼 수 있어요. 물론 미토콘드리아 없이도 우리는 에너지를 만들 수 있습니다. 산소 없이 에너지를 만드는 거죠. 그것을 '발효(fermentation)'라고 해요. 하지만 발효로 만들어지는 에너지의 양은 너무너무 적어요. 미토콘드리아가 산소를 이용해서 만들어 내는 에너지는 발효에 의해서 만들어지는 에너지의 16배예요. 상대가 안 돼요. 미토콘드리아가 세포에 들어왔기 때문에 우리는 그야말로 풍부한 양의 ATP를 생산할 수 있게 된 거예요.

그러면 모든 진핵생물이 미토콘드리아를 다 가지고 있을까요? 당연히 생물학자가 여기에 관심을 가지고 봤겠죠. 아닌 진핵생물이 있나 하고 봤는데, 어? 미토콘드리아 없는 진핵세포가 나왔던 거죠. 원생생물에서 발견된 거예요. 그 세포의 DNA를 조사를 해 봤어요. 그랬더니 미토콘드리아에 있어야 하는 유전자가 발견이 된 거야. 생물학자들은 '미토콘드리아가 들어왔다가 나간 것 같다.'라고 정리를 했어요. '진핵생물은 미토콘드리아가 들어와서 공생하면서 생긴 거고 그 이후 미토콘드리아가 나가는 일이 생겼다. 그래서 미토콘드리아를 계속 가지고 있는 대다수의 진핵세포와 그렇지 않은 약간의 진핵세포로 나뉘었다.'라고 설명하는 거죠.

또 이런 질문을 할 수 있어요. '난자와 정자가 수정될 때 미토콘드리아 DNA는 부모 가운데 어느 쪽에서 물려받을까?' 난자가 있고 정자가 와서 수정이 되죠. 난자 안에 있는 미토콘드리아는 수백 개예요. 정자를 움직이게끔 하는 미토콘드리아는 몇 개 정도고요. 정자의 미토콘드리아는 수정될 때 난자에 들어오면 다 죽어요. 죽는 메커니즘은 아직 잘 몰라요. 우리가 가지고 있는 미토콘드리아는 100퍼센트 어머니로부터 온 거예요. 그래서 미토콘드리아를 쭉 추적하다 보면 최초의 인류를 낳았던 어머니가 나옵니다. 그것을 '미토콘드리아 이브(Mitochondria Eve)'라고 하죠.


## 동물세포에는 없고 식물세포에만 있는 것은?

**장수철** 식물세포에만 있는 소기관들에 대해 알아보죠. 엽록체는 식물세포에만 있죠. 엽록체는 빛에너지를 이용해서 이산화탄소와 물을 재료로 해서 우리가 먹을 수 있는 물질을 만들어 냅니다. 그런 작용이 광합성이에요. 우리 몸에서 이산화탄소는 호흡한 뒤 바깥으로 나가는 쓰레기잖아요. 식물은 그것을 모아다가 설탕으로 만들어요. 재미있죠. 이산화탄소는 에너지가 별로 없는 반면에 설탕은 에너지가 많아요. 설탕을 먹으면 내 몸에서 에너지가 생겨. 이산화탄소는 에너지가 하나도 없는데, 설탕은 왜 에너지가 많을까요? 이산화탄소에 없던 에너지가 설탕에 생긴 이유, 이 에너지의 원천이 뭐예요?

**이재성** 빛.

**장수철** 맞아요, 빛이에요. 엽록체는 미 토콘드리아처럼 내생 공생을 했어 요. 애네들은 현존하는 광합성 세균 (photosynthetic bacteria)하고 비슷해요. 엽록체에 자체적인 DNA가 있거든 요. 이것의 염기 서열을 비교해 보면

그림 5-5 **엽록체** 엽록체는 내막과 외막. 이 중막으로 둘러싸여 있고, 엽록체 안에도 호 떡을 얹어 놓은 것 같은 막 구조물이 많다.

현재 광합성을 하는 세균과 비슷해요. 그리고 미토콘드리아처럼 자체적 으로 분열을 합니다.

엽록체 막은 내막과 외막이 있어요. 엽록체 안에 보면 호떡을 몇 개 얹 어 놓은 것 같은 막 구조물이 있어요. 이렇게 막이 많은 이유가 뭘까? 막 이 굳이 바깥에 또 있을 이유가 없거든요. 아주 오랜 옛날에 숙주에 해당 하는 생물의 세포막을 뒤집어쓰고 안으로 들어와서 그렇게 된 것이죠.

광합성 세균의 종류는 굉장히 많아요. 바다에 사는 플랑크톤(plankton) 만 봐도 종류가 굉장히 많은데, 그중 많은 종류가 광합성을 해요. 유전적 인 구조가 식물의 엽록체와 비슷한 것들이 꽤 많아요. 그래서 광합성 세 균은 내생 공생설의 대상이 됩니다.

엽록체는 중요해요. '식물 엽록체가 작동해서 우리가 먹을 수 있는 영 양분이 생겼다.' 이렇게 생각해도 틀리지 않습니다. 누구라고 밝히진 않 겠지만 먹는 걸 좋아하는 사람은 엽록체에 고마워할 줄 알아야 해요.

**이재성** 녹색이 좋아요.

**장수철** 그래요? 하하. 엽록체에서 광합성을 하게 되면 산소가 나옵니다. 사실 광합성을 하는 엽록체 입장에서 산소는 쓰레기나 마찬가지예요. 반 면에 우리는 산소 때문에 살아가죠. 46억 년 전 지구가 탄생한 이후 산소

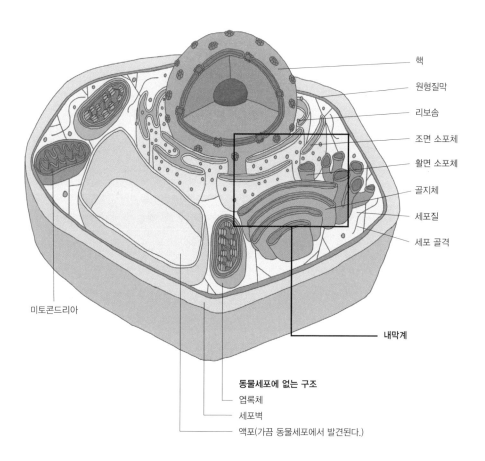

핵

원형질막

리보솜

조면 소포체

활면 소포체

골지체

세포질

세포 골격

미토콘드리아

내막계

**동물세포에 없는 구조**
엽록체
세포벽
액포(가끔 동물세포에서 발견된다.)

**그림 5-6 식물세포** 동물세포와 식물세포의 가장 큰 차이점은 식물세포가 세포벽과 엽록체, 액포를 가지고 있다는 점이다. 세포벽은 식물의 '골격' 역할을 하며, 엽록체에서는 빛을 이용해 양분을 만드는 반응이 일어난다. 액포는 독성 물질과 색소 등 세포에 필요한 물질을 저장하고 세포의 성장에도 관여하는 등 다양한 일을 한다.

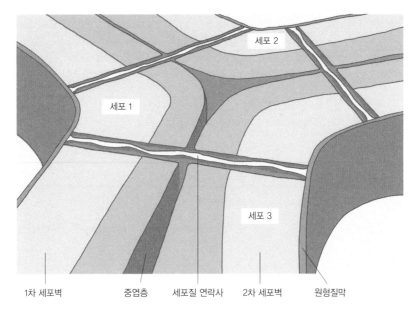

| 1차 세포벽 | 중엽층 | 세포질 연락사 | 2차 세포벽 | 원형질막 |

**그림 5-7 식물의 세포벽과 세포벽 사이** 세포벽은 식물세포에서 골격으로 기능하며 세포를 보호하는 역할도 한다. 세포벽 사이에는 얇은 탄수화물 층이 있어 접착제처럼 작용한다. 또한 식물세포에는 '세포질 연락사'라는 연결 통로가 있어 두꺼운 세포벽을 가로질러 물질이 이동할 수 있다.

의 농도가 오늘날처럼 21퍼센트가 될 때까지는 엽록체의 조상에 해당하는 광합성 세균이 하는 역할이 굉장히 컸습니다. 수십억 년에 걸쳐 산소의 농도가 0.1퍼센트에서 1퍼센트, 10퍼센트로 늘면서 오늘날 21퍼센트가 되었어요. 다 광합성 세균 덕분이에요. 지구의 대기 환경은 바로 엽록체의 조상에 해당하는 세균들에 의해서 형성된 거예요. 엄청난 거죠.

이재성 산소가 21퍼센트보다 많아지면 어떻게 돼요?

장수철 많은 적이 있었어요. 산소가 많아지면 에너지를 쉽게쉽게 만들어서 공급할 수 있으니까 동물이 커질 수 있죠. 고생대 때 산소의 농도가 35퍼센트였는데, 그때 잠자리가 1미터 정도였다고 해요.

**이재성** 우와!

**장수철** 자, 진핵세포에는 동물세포와 식물세포가 있습니다. 엽록체는 식물세포에만 있다고 말했죠? 세포벽과 액포(vacuole)도 식물세포에만 있습니다. 동물세포에는 세포벽은 없고 세포막만 있죠.

세균의 세포벽과 식물의 세포벽을 비교해 볼 수 있어요. 세균의 세포벽은 단백질과 지방으로 이루어진 층이 있어요. 그런데 식물의 세포벽은 탄수화물이 가장 많이 있고 중간중간에 단백질이 들어 있는 구조예요. 세균의 세포벽하고는 성분과 생김새, 구조가 다 다르죠.

식물세포의 세포벽은 동물로 치면 골격과 같은 역할을 해요. 처음에 1차 세포벽이 생기고 그러다가 더 이상 세포가 분열할 필요도 없고 자랄 필요도 없다면 안쪽에 두터운 세포벽이 또 생겨요. 그래서 세포가 늙을수록 세포벽이 두꺼워져요. 식물이 자기 모양을 유지할 수 있는 이유입니다. 물리적인 지지 역할을 해 주는 거죠.

세포벽은 서로 연결되어 있어요. 세포벽과 세포벽 사이에 얇은 층(중엽층, middle lamella)에 탄수화물이 들어가 있는데 이것이 잼의 성분이에요. 접착제 역할을 하는 거죠. 그리고 세포 사이가 세포질 연락사로 연결되어 있는 걸 볼 수 있어요. 세포질 연락사는 세포를 3차원으로 떠올려 보면 굉장히 많아요. 세포와 세포 사이의 연락사는 많으면 수십 개가 될 수도 있어요. 세포 두 개가 엄청나게 소통을 잘 한다고 보면 돼요.

액포는 식물세포에만 있는 건 아니지만, 세포 안에서 세포액을 가득 채우고 있는 주머니 모양의 구조물입니다. 식물세포 내에서 액포의 비율이 굉장히 커요. 하지만 분열해서 막 나타난 식물세포에서 액포는 잘 보이지도 않아요. 젊은 세포일수록 액포의 비율이 작죠. 세포가 나이를 먹으면 먹을수록 작은 액포끼리 자꾸자꾸 만나면서 커지는 거예요.

액포는 다양한 일을 해요. 영양 성분을 저장하고, 노폐물을 분해해서 다시 쓸 수 있게끔 하고, 독성 물질을 축적해서 곤충이나 동물이 공격을 못하게 해요. 색소를 함유해서 고유의 색을 나타내고, 세포가 성장하는 데 일부분 역할을 하기도 합니다.

여기에서 독성 물질 이야기가 재미있는데요, 벌레들이 와서 식물을 갉아먹었을 때 소화가 안 되게 하는 물질이 들어 있어요. 단백질 분해를 못하게 하는 독성 물질이 들어 있는 거예요. 벌레들이 식물을 한번 잘못 갉아먹으면 무엇을 먹어도 단백질을 소화를 못 시키는 상태가 되는 거예요. 그럼 어떻게 되겠어요? 자기 몸을 구성하는 단백질을 만들 수가 없죠. 자기 몸이 점점 부서지기만 하지 만들어지지 않는 거잖아요. 아주 단순하게 이야기하면 죽어요.

**이재성** 살충제로 쓰면 되겠다.

**장수철** 그 성분을 잘 연구하면 그럴 수 있을지도 모르겠네요.

액포 안에는 색소도 들어 있어요. 어떤 과일은 빨간색이고 어떤 과일은 노란색이고 한 이유가 액포가 가지고 있는 색깔 때문에 그래요. 꽃 색깔도 마찬가지.

그 다음에 식물세포가 자랄 때 액포가 일정한 역할을 합니다. 식물세포가 커지려면 세포벽을 찢어야 해요. 어떻게 찢어 내냐 하면, 세포 안에 있는 $H^+$가 바깥으로 나가서 세포벽을 산성화시켜요. 세포벽이 물러지는 거예요. 그럴 때 액포에 있는 물이 수압을 만들어서 세포벽을 바깥으로 밀어내요. 그렇게 해서 세포벽이 찢어질 수 있게끔 하는 거죠.

벼 중에서 '침수벼(deepwater rice)'라고 깊은 물에 사는 벼가 있어요. 동남아시아에 홍수가 나서 하룻밤 사이에 물의 깊이가 1미터였던 것이 2미터까지 늘어난 거예요. 그런데 그 사이에 벼가 자라서 물 바깥으로 나와

**그림 5-8 하룻밤 사이에 키가 크는 침수벼** 동남아시아에서 홍수가 나서 하룻밤 사이 물의 깊이가 1미터에서 2미터로 늘어났는데, 그 사이 벼가 자라서 물 바깥으로 고개를 내밀었다. 무슨 일이 일어난 걸까? 보통은 세포의 수가 늘어나 생물이 성장하거나 크기가 커지지만 깊은 물에 사는 침수벼는 다르다. 침수벼는 세포 하나가 길쭉해진다. 식물세포는 액포에 있는 물이 수압을 만들어서 세포벽을 찢어 내며 성장하는데, 침수벼는 이 기능이 탁월하게 발달했다.

있던 거죠. 어떻게 해서 이렇게 자랄 수 있는지 알아보니 세포가 갑자기 길쭉해진 거예요. 이때 중요한 역할을 하는 것이 누구다? 바로 액포예요. 보통 성장하거나 크기가 커지는 것은 세포의 수가 늘어나기 때문인데 침수벼의 경우에는 세포 하나가 길쭉해지는 거죠.

사실은 처음에 생물학자들이 액포를 발견했을 때, 단순히 쓰레기통이라고 생각했어요. 그런데 지금 보니까 어때요? 하는 일이 의외로 많은 거죠.

이재성 액포는 동물한테는 삽입을 못 시켜요? 유전자 삽입 등을 통해서?

장수철 그렇게 하려면 굉장히 많은 일을 해야 할 거예요. 그런데 동물세포에 액포를 넣어서 뭐가 유리하죠?

이재성 키 크게 하려고.

장수철 이것은 세포벽이 찢어지게끔 하는 거잖아요. 아마 세포만 깨지고 말 거예요. 우리는 세포벽이 없으니까.

이재성 꽤 괜찮은 장사가 될 것 같아서.

장수철 하하. 액포를 만들어 드립니다?

이재성 액포를 삽입해 드립니다.

장수철 문구 하나는 딱 떨어지네요. 하하.

자, 세포 내 구성 성분을 다 알아봤어요. 지난번에 봤던 세포막과 더불어서 핵, 세포 골격, 미토콘드리아, 엽록체, 리소좀, 소포체, 골지체, 세포벽, 좀 전에 봤던 액포, 아홉 가지. 식물에서는 리소좀이 뚜렷하지 않아요. 리소좀 역할을 액포가 어느 정도 대신할 수 있어요.

이재성 식물이 아닌 생물은 액포가 아예 없는 거예요?

장수철 가끔 있는 경우가 있어요. 다만 식물이 가지고 있는 액포하고 다른 종류의 액포입니다. 짚신벌레가 액포를 가지고 있어요. 세포 안으로 들어오는 물을 짜 준다고 이야기했잖아요. 그것이 '수축포'라는 액포예요.

이재성 액포가 있는 생물도 있고 없는 생물도 있는데, 없는 것이 대부분이고?

장수철 네. 좀 전의 짚신벌레 같은 예외가 있는 거예요. 사실은 세포 안으로 세균이나 큰 유기물을 세포 내로 섭취하는, 즉 식세포 작용을 하면 섭취 대상을 막으로 둘러싼 구조가 생기는데, 이것도 일종의 액포인 '식포(food vacuole)'라고 해요.

## 면적과 부피, 그리고 세포의 반응

**장수철** 세포는 왜 더 크거나 작지 않고 딱 그 크기일까요? 과학자들이 궁금증을 가졌어요. 원핵세포 하고 진핵세포의 크기를 비교해 보니까 생각해 볼 점이 있는 거예요. 원핵세포 입장에서 보면 진핵세포는 크기가 상당히 커요. 그리고 지저분하게 접혀 있는 막 구조물이 많아요. 이 두 가지를 생각해 봤어요.

진핵세포는 길이 비율로 원핵세포의 10배 또는 100배예요. 그럼 면적의 차이는 어떻게 될까? 예를 들어 길이가 열 배 정도 차이가 나면 표면적의 차이는 얼마나 돼요? 100배 차이가 나죠. 그럼 부피는?

**이재성** 부피는 1,000배.

**장수철** 네, 1000배. 면적은 제곱으로 늘어나는데 부피는 세제곱으로 늘어나죠. 그러니까 세포의 폭이 10배가 늘어났을 때, 세포의 부피는 1,000배가 느는데 표면적은 100배 밖에 안 느는 거예요. 그러면 일정한 부피당 제공되는 표면적은 어떻게 돼요?

**이재성** 줄어들어요.

**장수철** 줄어드는 거죠. 여기에 가로, 세로, 높이가 각각 1미터 되는 얼음이 있어요. 이것을 100조각 낸 것 하고 통째로 있는 얼음을 두면, 어떤 것이 빨리 녹죠?

**이재성** 100조각 낸 쪽이요.

**장수철** 왜 그렇죠? 공기와 접할 수 있는 표면적이 훨씬 늘어나서 그런 거죠. 마찬가지로 세포에서도 세포질과 접하는 표면적이 크면 반응이 빨리 일어나겠죠? 진핵세포에 핵막, 소포체, 골지체 같은 막 구조물은 진핵세포 내에 모자란 표면적을 보상해 줍니다. 식물의 경우에는 액포도 표면

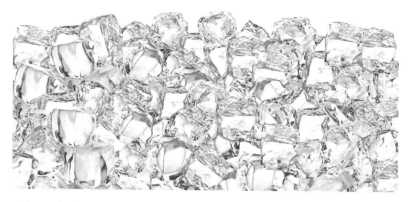

**그림 5-9 세포의 부피와 표면적의 관계** 가로, 세로, 높이가 각각 1미터인 얼음을 100개로 조각을 내면 얼음이 더 빨리 녹는다. 공기와 접할 수 있는 표면적이 훨씬 늘어나기 때문이다. 마찬가지로 세포도 부피당 표면적, 즉 원형질막의 면적이 크면 그만큼 물질 교환을 충분히 빠르게 이루어 낼 수 있다.

적을 넓혀 주는 역할을 합니다.

과학자들에 따르면 진핵세포의 막 구조물은 원형질막이 안쪽으로 함입이 되면서 생겼어요. 막이 함입되면서 큰 세포들은 복잡한 구조를 갖게 된 것이죠. 그렇기 때문에 생존이 가능했을 거예요. 단, 앞에서 봤다시피 미토콘드리아와 엽록체의 유래는 다릅니다.

세포에서뿐만 아니라 생물에게서 부피와 표면적의 문제는 중요해요. 가을이 되면 이파리가 떨어지죠. 왜 그럴까요? 힌트. 낙엽을 만들지 않는 식물은 잎이 뾰족뾰족해요. 소나무가 그렇죠. 낙엽을 만드는 식물의 경우에는 겨울에 표면적을 많이 노출시켜 봐야 어떻겠어요?

**이재성** 춥기만해요.

**장수철** 네. 찬 공기랑 맞닿는 면적이 커서 온도를 조절하는 데 불리해지는 거예요. 어차피 햇볕이 별로 안 떨어져서 광합성 효율도 떨어지고요. 그래서 잎을 떨어뜨리는 겁니다. 생물은 표면적과 부피의 문제를 해결하는 쪽으로 진화해 왔어요. 왜? 살아가려면 물리적인 제약을 극복해야 하니까.

자, 그래서 정리하면 이래요. '원핵세포는 크기가 작고 단순한 반면 진핵세포는 크기가 크고 막 구조물이 발달했다. 세포의 크기는 세포 내에서 물질 반응 효율이 최적인 상태를 유지하는 것이다.'


## 수업이 끝난 뒤

**장수철** 오늘은 여기까지입니다. 세포에 대한 이야기를 마쳤고요.

이재성 누가 만들었는지 미토콘드리아랑 엽록체 너무 신기하다.

**장수철** 누가 만든 게 아니라 자연 선택을 통해서 만들어진거지. 누가 만들었다고 하면 창조주의 개입 여지를 주는 거라고. 그러면 과학을 하는 데 별 도움이 안돼요.

이재성 아니. 진화를 통해서 만들어졌다고 해도 신기하다고.

**장수철** 이게 만들어지고 없어지고 하는 기간이 수억 년 걸리는 거잖아요.

이재성 그런데 진핵세포 구조가 복잡한데 뭔가 중간 단계의 세포나 그런 것이 있을까요?

**장수철** 있어요.

이재성 있죠!

**장수철** 아까 이야기했잖아. 진핵세포인데 미토콘드리아가 없는 놈이 있다니까.

이재성 아, 그런 식으로……. 그것은 들어갔다 나온 것이 아니라 들어가서 녹아버린 거라고 볼 수도 있지 않아요?

**장수철** 그럴 수도 있고요. 어쨌든 들어간 적이 있다는 것이 중요하죠.

**이재성** 그런데 그런 거 어떻게 알아요?

**장수철** 세포막이나 DNA, 리보솜을 비교해 보는 거예요. 얘네들이 세포 내에서 어떻게 작동하는지 메커니즘을 보면, 세포 분열과 상관없이 필요에 의해서 늘었다 줄었다 자율적으로 움직이거든요. 그리고 '아니 왜 분명히 핵에 DNA가 있는데 자기들이 DNA를 가져? 얘네들이 가지고 있는 DNA가 왜 하필 다른 세균하고 비슷한거야?' 이런 의문을 가질 수 있죠. 그 의문들을 이것저것 맞춰보니까 '세균에서 유래했다, 내부 공생을 하게 된 결과다.' 이렇게 설명하게 된 거죠. 아쉬운가봐?

**이재성** 아니 그게 아니라 너무나 많은 것이 들어왔어. 제어가 안 돼. 이렇게 해요. 역할극을 하는 거야.

**장수철** 역할극? 핵은?

**이재성** 핵?

**장수철** 내가 핵이야? 그럼 어떻게 해야 하지?

**이재성** 그러니까…….

**장수철** 단백질 만들어서 가공해. 핵막에 난 구멍으로 단백질을 소포체로 내보내. 그 다음은 골지체로. 하하하하하. 골지체에서 가공한 다음에는 세포 밖으로. 리소좀에서는 쓰레기를 내보내고. 하하하하.

고생하셨습니다.

# 나를 움직이는 힘

## 에너지와 세포 호흡

오늘은 에너지에 대해서 이야기할 건데, 에너지가 무엇인지 먼저 생각해 보고 우리 몸의 세포에서 어떻게 에너지를 만들고 쓰는지를 들여다볼 거예요.


## 에너지, 너의 능력을 보여 줘

**장수철** 먼저 에너지가 무엇이라고 생각하는지 이야기를 듣고 싶어요.

**이재성** 날 움직이게 하는 것.

**장수철** 응. 또?

**이재성** 에너지에 대한 정의가 뭔지 궁금한데요.

**장수철** 아, 네. 그런가요? 에너지는 이렇게 정의해요. 일을 할 수 있는 능력. 그럼, 일은 또 뭘까? 물리학에서는 일의 양을 계산하기 위해서 '물체에 힘을 가했을 때 힘이 가해진 방향으로 움직인 거리'라고 하고, 식으로도 나타내요. 하지만 현상을 보고 이야기하자면 일은 '상태 변화'라고 할 수 있어요. 그러면 에너지는 '상태를 변화시킬 수 있는 능력'이라고 이해할 수 있겠죠?

생물의 모든 활동은 상태가 변화하는 과정이에요. 생물이 성장하거나 자손을 번식시킬 때, 움직이거나 생각할 때 등 늘 상태가 변해요. 그러니까 늘 에너지를 필요로 한다는 말이죠.

**이재성** 일반적으로 그렇게 생각하지 않나요?

**장수철** 그런가요? 에너지는 현상으로서 변화가 일어나는지의 여부에 따라서 사용되고 있는 에너지와 사용되지 않는 에너지로 크게 나눌 수 있어요. 지금은 쓰이지 않지만 나중에 쓰일 수 있는 에너지를 '퍼텐셜 에너지(potential energy)'라고 합니다.

자전거를 움직이는 내 근육에서 지금 에너지가 사용되고 있어요. 벌새가 날갯짓을 할 때도 에너지가 엄청나게 사용돼요. 이런 것들은 운동 에너지 형태로 사용되고 있는 거죠. 숲이 타는 것도 다 에너지예요. 열로 발산되는 거죠. 댐에 물을 가두는 건 뭘까요? 이거 에너지가 사용되는 거 같아요?

**이재성** 아니요.

**장수철** 아니죠. 그런데 수문을 열면 어떻게 되죠?

**이재성** 물이 밑으로 빠지겠죠.

**장수철** 네. 그것은 에너지인가요?

**이재성** 에너지겠죠?

**장수철** 사용되기 전에는 에너지가 아닌가요?

**이재성** 아니죠.

**장수철** 그러면 내가 과자를 먹었을 때는 에너지로 사용되는데, 먹지 않고 남아 있는 거라고 하면 과자에는 에너지가 없다고 봐야 하나요?

**이재성** 그럼요.

**장수철** 이재성 선생은 에너지가 없다고 했지만, 사실 과자는 퍼텐셜 에너지를 가지고 있는 거예요. 지금 당장 쓰이지는 않는데 쓰일 여지가 있는 것, 그것을 퍼텐셜 에너지라고 해요.

**이재성** 그럼 산불이 나기 전에는 퍼텐셜 에너지고, 산불이 나면 열에너지로?

**장수철** 네, 그렇죠.

**이재성** 아, 똑똑한 학생.

**장수철** 스키 타는 사람을 볼 때, 꼭대기에 가만히 있으면 에너지가 있는지 없는지 겉으로는 드러나지 않죠. 타고 내려올 때 쉽게 내려오는 걸 보면 그제야 꼭대기에 있을 때 퍼텐셜 에너지를 가지고 있었구나 하는 걸 확인할 수 있어요. 이 경우는 특별히 '위치 에너지'라고도 해요.

그다음 귤을 먹었다고 생각해 볼까요? 포도당을 먹으면 에너지를 얻었다고 생각하죠. 그런데 포도당 자체는 에너지예요, 아니에요? 그러니까 이것 자체가 에너지로 지금 쓰이고 있는 것은 아니죠? 앞에 설탕이 있어. 지금 쓰이고 있는 것이 아니죠. 귤도 마찬가지죠. 음식을 먹고 나서 내 몸에 뭔가를 위해서 사용이 되면 그제야 우리는 에너지라고 이야기를 하죠. 그전에는 뭐예요?

**이재성** 퍼텐셜 에너지.

**장수철** 네. 에너지는 두 가지 상태밖에 없어요. 쓰이고 있거나 쓰이기 전이거나. 포도당이나 설탕, 귤 안에 에너지가 담겨 있는 거예요. 퍼텐셜 에너지, 감이 잡혀요? 어때요?

**이재성** 그럼 선생님이 들고 계신 펜도 퍼텐셜 에너지겠네요?

**장수철** 네. 퍼텐셜 에너지죠. 활활 불에 타면 에너지화되는 거고요.

**이재성** 탁자 위에 있는 컵도 퍼텐셜 에너지겠네요? 잠재되어 있는 거니까요.

**장수철** 맞아요. 이 높이만큼 퍼텐셜 에너지를 가지고 있죠.

**이재성** 그러면 지구 상에 존재하는 모든 것은 다 퍼텐셜 에너지를 가지고 있고, 그것들이 쓰이면 에너지가 된다는 건가요?

**장수철** 네. 그렇게 이야기할 수 있어요. 화학 에너지 형태에서 보면 되게

**그림 6-1 에너지의 상태** 에너지는 두 가지 상태로 나눌 수 있다. 쓰이기 전이거나 쓰이고 있거나. 쓰이기 전에는 퍼텐셜 에너지, 쓰이고 있을 때는 운동 에너지 상태다. 운동에너지는 열에너지, 화학 에너지 등 다양한 형태로 나타날 수 있다. 스키 선수가 꼭대기에 가만히 있을 때는 에너지가 있는지 없는지 겉으로 드러나지 않지만, 경사를 내려올 때 퍼텐셜 에너지가 운동에너지로 바뀌었다는 걸 확인할 수 있다. 이 경우는 특별히 퍼텐셜 에너지를 '위치 에너지'라고도 한다.

어려워 보일 거예요. 탄소하고 수소 사이에 공유된 전자는 에너지를 가지고 있어요. 두 원소 사이에 결합이 끊어지면 전자가 에너지를 방출하는 거죠. 어떤 것이 있을까요?

이재성 폭탄.

**장수철** 그렇죠. 수소나 메탄가스에 불을 붙이면 어떻게 되죠?

이재성 뻥.

**장수철** 뻥 터지죠? 그러면 뭐가 생기죠?

이재성 가스.

**장수철** 열이 생기죠. 열에너지가 어디서 나온다? 메탄은 탄소 하나에 수소

네 개가 붙어 있는 건데, 탄소와 수소 원자가 공유하고 있는 전자가 산소랑 만나면 에너지가 바깥으로 팍 방출돼서 순식간에 뻥 터지는 거죠. 수소 분자도 마찬가지예요. 수소와 수소 원자 사이에 전자가 에너지를 잔뜩 가지고 있는데, 산소가 가해지면 전자가 에너지를 방출해요. 산소를 가해 준다는 것은 전자를 끌어당기는, 즉 태운다는 것이거든요? 수소 분자를 태우면 순간적으로 뻥 터져요. 여기에서 가열을 하기 전에 메탄이나 수소 분자가 가지고 있는 에너지도 퍼텐셜 에너지입니다. 다만 화학 물질이 가지고 있기 때문에 화학 에너지라고 이야기를 하는 거죠.

## 에너지의 근원, 태양

**장수철** 생물이 이용하는 모든 에너지가 어디서 오느냐. 따져 보니까 태양에서 와요. 석유나 석탄을 화석 연료라고 하죠? 생물이 화석화되는 과정에서 만들어졌다는 뜻이에요. 석유나 석탄은 지금으로부터 몇억 년 전 또는 몇천만 년 전에 지구 상에 살았던 동식물이 땅속에 묻혀 높은 열과 압력을 받아서 현재 우리가 에너지로 쓰기 좋은 형태로 변한 거예요. 그 에너지는 당시에 태양에서 받은 에너지를 식물이나 그 식물을 먹은 동물이 저장하고 있던 거죠. 지금 우리가 먹는 식물이나 고기에 있는 에너지도 역시나 태양에서 오는 에너지를 이용한 겁니다.

　태양 에너지를 잡아 두는 첫 번째 단계는 광합성입니다. 우리가 먹을 수 있는 에너지의 형태는 빛이 아니에요. 식물이 광합성을 해서 탄수화물을 만들면 다른 생물이 이용하는 거예요. 지구 상에서 광합성을 해서 만들어 놓은 탄수화물이 얼마나 되느냐는 지구 상에 얼마나 많은 생물이 살 수 있느냐 하고 거의 등식이에요.

어렸을 때 내 몸에 엽록체를 심는 이야기를 했어요. 그러면 나는 밥을 안 먹고도 햇볕이 나면 이렇게 팔을 벌리고…… 속옷을 입어야 할까? 그건 잘 모르겠지만 하여간 그러고 있으면 빛에너지를 받을 거고, 엽록체에서 포도당, 녹말을 만들어 줄 거예요. 그러면 나는 밥을 안 먹어도 탄수화물을 끊임없이 공급받을 수 있는 거죠. 어떻게 생각해요?

이재성 저는 태양열 판을 생각했어요.

장수철 태양 에너지를 이용하는 방법을 많이 시도하고 있죠. 청정 에너지라 좋다 어떻다 이야기를 하는데, 그전에 에너지 공급이 무한하잖아요. 그게 굉장히 커다란 장점이에요. 화석 연료는 언젠가는 바닥이 날 테지만 태양은 그냥 받아서 쓰면 되거든요. 한 50억 년은 걱정 안 해도 되죠. 그래서 태양 전지 같은 것들을 사람들이 많이 생각하는데, 아직은 비용 때문에 시행할 생각을 못하고 있어요.

현재로서는 태양 에너지를 가장 효율적으로 이용하는 생물은 식물입니다. 태양이 100이라고 하는 에너지를 주면 얘는 1이라고 하는 에너지를 써요. 나머지 99는 우주 속으로 없어지는데, 1을 쓰는 것도 엄청난 거예요.

이재성 질문 있어요. 그럼 태양 에너지인 거죠? 아니면 빛에너지인가요?

장수철 빛에너지. 태양으로부터 온 빛에너지.

이재성 만약에 광원이 태양이 아니라 형광등이거나 하면…….

장수철 거기에서도 빛에너지가 나와요. 그래서 식물한테 형광등으로 광량을 조절해서 주기도 하잖아요. 그걸로 다 광합성 해요. 광원이 꼭 태양이어야 한다는 것은 아니에요. 빛을 줄 수만 있으면 돼요.

이재성 그런데 태양이 가장 강하다는 거죠?

장수철 그렇죠. 제일 강하죠. 유전공학(genetic engineering)을 열심히 해서 태양에너지의 이용률을 1퍼센트에서 1.1퍼센트로만 올려도 우리가 먹을 것이 엄청나게 늘어납니다. 그런데 그게 너무 어려운 거예요.

**이재성** 그 일을 해 볼까? 그 일 하면 돈 되겠다.

**장수철** 누군들 그 생각을 안 했겠어? 하하. 여러 사람이 달라붙어서 하는데 이게 잘 안 되는 거야.

　태양이 없어지면 어떻게 될까요? 지구 역사상 생물은 아주 커다란 멸종을 다섯 번 겪었는데, 물론 중간중간에 작은 규모의 멸종도 있었죠. 그럴 때 멸종을 일으키는 가장 큰 원인이 화산이 터지는 거예요. 백악기가 끝나고 공룡이 멸종한 당시 상황에 대해서 지질학자들은, "소행성이 지구와 충돌해서 많은 양의 에너지가 생기면서 암석이 뜨거워지고 가스가 폭발했다." 이렇게 이야기해요. 당시에 인도 쪽에 있는 화산도 엄청나게 크게 폭발했대요. 6500만 년 전에 있었던 백악기 말 공룡 대멸종은 엄청난 먼지에 태양이 가려져서 태양 에너지가 지상에 충분히 도달하지 못했고, 식물이 충분히 광합성을 못 해서 일어난 거예요. 식물이 광합성을 제대로 못하니 동물이 이용할 수 있는 탄수화물 형태의 에너지를 충분히 공급하지 못한 상황이 발생한 거죠. 생물이 사용하는 에너지의 원천은 태양입니다. 태양이 사라지거나 태양에서 오는 에너지를 쓰지 못한다면 생물은 생존하기 어렵습니다.

## 에너지 효율 비교

**장수철** 저장된 에너지는 형태가 바뀌면서 에너지로 쓰이게 돼요. 몸을 막 움직이면 내 몸속에 저장되어 있던 탄수화물이나 지방이 운동 에너지로 전환되죠. 퍼텐셜 에너지가 여러 화학적 과정을 거쳐서 운동 에너지로 바뀌는 경우예요. 하지만 퍼텐셜 에너지가 100퍼센트 운동 에너지로 바뀌는 것은 아니에요. 에너지를 쓸 때 꼭 일정 비율이 세금 떼듯이 열로 꼭 발산이 됩니다. 예를 들어 내가 기름 100원어치를 넣었다. 이렇게 적게 넣는 것은 없겠지만. 100원어치 넣었으면 엔진을 가동시켜서 차를 움직이는 데는 25원만 쓰이고 나머지 75에 해당하는 부분은 열로 다 발산되는 거예요. 그렇다고 해서 내가 25원어치만 기름을 넣으면 또 안 되겠죠? 그것의 4분의 1만 쓰일 테니까. 이것을 에너지 효율(energy efficiency) 또는 열효율(thermal efficiency)이라고 이야기해요. 열효율이 자동차는 최대 25퍼센트고, 우리가 음식을 먹고서 쓸 수 있는 에너지로 바뀌는 것은 34퍼센트예요. 나머지 66퍼센트는 열로 나가요.

이재성 기름값을 내려야 해. 저런 사실을 사람들이 알고 있을까?

장수철 하하하. 하여간 에너지를 전환하는 과정에서 우리는 에너지를 쓸 수 있게 되고, 일정 부분은 꼭 열 형태로 소모하게 됩니다.


## 현대인의 필수 상식, ATP

장수철 자, 그 다음에 우리가 살펴볼 것은 ATP입니다. 현대를 살아가면서 ATP 정도는 알아야 해요. 만날 밥 먹으면서 ATP도 모르면 안 됩니다. 경제 활동을 할 때 우리가 돈을 주면 물건을 살 수 있잖아요. ATP를 소모하면 무언가를 할 수 있단 말이에요. 경제 활동에서 현금이나 동전이나 카드를 사용하듯이 우리 몸에서 쓰이는 게 ATP입니다. 생물은 뭐든지 먹어서 에너지를 섭취하면 전부 다 ATP로 바꿔요. 화학 반응에 연료를 공급할 때 순전히 ATP를 이용하게끔 만들어져 있어요. 포도당도 ATP로 전환한 다음 에너지로 사용돼요.

왜 포도당을 직접 에너지로 쓰지 않고 굳이 ATP를 에너지로 쓰느냐. 포도당은 1몰당 686킬로칼로리의 에너지를, ATP는 1몰당 7.3킬로칼로리의 에너지를 내는데, 비유를 하면 이렇습니다. 7,000원짜리 물건을 사면서 1만 원짜리 지폐(ATP)로 지불하는 것이 100만 원짜리 수표(포도당)로 지불하는 것보다 편한 거예요. 낭비도 줄일 수 있고요.

ATP에서 T는 'tri-', '세 개'란 뜻이고, P는 '포스페이트(phosphate)', '인산'이라는 뜻이에요. 인산이 세 개 붙어 있다는 거죠. 인산 하나가 떨어져 나갈 때마다 에너지가 발생하는데, 인산 세 개가 음전하니까 자기들끼리 서로 미는 힘이 있어서 툭 하고 살짝 건드려 주면 인산이 떨어져 나갑니다. 에너지를 쓰기가 편한 형태인 거죠.

우리가 순간순간에 만들고 쓰는 ATP의 양이 수십조 개예요. 수십조 개가 만들어졌다 깨졌다 하면서 에너지를 만들고 쓰고를 해요. 이게 무슨 이야기일까? 인산이 두 개인 것은 'ADP'라고 하거든요. 여러분이 음식을 먹고 숨을 쉬고 하면 ADP에 인산이 붙어서 ATP로 바뀌어요. 에너지가 쓰일 때는 ATP가 ADP로 바뀌고요. 에너지를 쓰고 만드는 것은 인산이 하나 떨어지느냐 붙느냐 하는 차이밖에 없어요.

**이재성** 삶이 허무하네요.

**장수철** 허무하죠. 웃고 떠들고 움직이고 하는 그런 것 다 ATP가 ADP로 바뀌면서 가능한 거예요.

**이재성** 가만히 있으면 되겠네.

**장수철** 가만히 있어도 위장에서 소화를 하고 허파가 숨을 쉬고 심장이 뛰잖아요. 전부 다 ATP가 ADP로 바뀌는 거예요.

이재성 어? 아까 그러지 않았어요? 밥 먹고 숨 쉬는 것은 ADP를 ATP로 바꾸기 위한 거라고?

장수철 네. 밥 먹고 숨 쉬어서 ATP를 많이 만들어야 그것을 이용해서 심장이 뛰죠. 그래야 또 숨도 쉬고.

이재성 그러면 숨 쉬는 이유가 두 개네요. ADP를 ATP로 만들기 위해서 숨을 쉬는데, 결국 숨을 쉬는 것이 ATP를 ADP로 만드는 거네요.

장수철 그렇죠. 숨 쉬는 과정은 에너지를 소모해야 하기 때문에 그렇게 가는 거죠.

이재성 그러니까 에너지를 소모해서 에너지를 만드는 거네. 우리는 정말 쓸데없는 짓을 하는 거네.

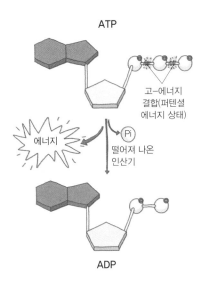

그림 6-2 ATP는 우리 몸에서 쓰이는 현금 경제 활동에서 돈을 내고 뭔가를 살 수 있듯이, 우리 몸에서 ATP를 소모하면 뭔가를 할 수 있다. 화학 반응에 연료를 공급할 때 순전히 ATP를 이용하게끔 만들어져 있기 때문에 생물은 뭔가를 먹으면 일단 ATP로 바꾼다. ATP에는 음전하를 띠는 인산이 서로 반발력을 나타내 쉽게 인산이 떨어져 나갈 수 있다. 이때 에너지가 발생한다.

장수철 하하. 그런데 그렇게 생각할 필요 없어요. 태어난 대로 먹고 살면 되지 뭐.

이렇게 비유를 하고 싶은데, 밥을 먹고 숨을 쉬고 해서 댐 위로 물을 모아 두고 있는 거예요. 그러다가 에너지가 필요할 때 수문을 열어서 물을 내보내면 발전기를 돌릴 수가 있겠죠. 그게 ATP가 ADP로 바뀌는 거예요. 그런데 수문을 열기 전까지 물을 모아 둬야 할 거 아니에요. 그것이 ATP를 만드는 거예요.

**이재성** 문제는 그 수문을 열어서 ADP로 만드는 게 다시 ATP를 만들기 위한 거야.

**장수철** 일단은 그렇게 해서 얻는 ATP의 양이 굉장히 많아요. ATP를 소모해 가면서 얻은 ATP는 내가 숨을 쉬고 소화를 하면서 소모한 ATP보다 훨씬 많아요. 그것이 보장되지 않으면 숨 쉬는 이유가 없죠. 음식을 먹는 이유도 없고요. 그렇다면 ATP는 어디에 쓰일까요? 근육 조직을 키운다, 상처를 아물게 한다, 식물의 뿌리가 길어진다, 말한다, 본다, 생각한다 등 전부 지금 ATP를 사용하고 있는 거예요. 통틀어서 '생명을 유지한다.' ATP는 빨리빨리 소모가 되기 때문에 빨리빨리 만들어 주지 않으면 우리는 죽어요. 한 순간이라도 ATP를 만드는 것이 멈추면 그 자리에서 죽습니다.


## 세포 호흡 1: 포도당과 산소가 만나기까지

**장수철** 다음에 볼 것은 호흡입니다. 호. 흡. '호'는 내쉬는 거고 '흡'은 들이마시는 거죠. '호' 내쉬는 거는 이산화탄소를 내쉬는 거고 '흡' 하는 것은 산소를 들이마시는 거라고 이야기를 하는데, 사실은 숨을 내쉴 때 이산화탄소가 주로 나가고 들이쉴 때 상대적으로 산소의 비율이 높다는 의미예요. 호흡은 ATP를 만드는 과정입니다. ATP를 만들 때 우선 산소가 필요해요. 숨을 안 쉬면 어떻게 되나? 우리가 물속에 들어가서 참을 수 있는 시간 몇 분 안 되죠?

**이재성** 2분.

**장수철** 왜 그렇죠? 산소가 부족해서 ATP를 못 만들기 때문이에요. 자, 폐에 들어가는 핏줄들이 있어요. 적혈구가 폐로 들어가면 이산화탄소를 폐에 내놓고 산소를 잡아서 심장으로 가요. 심장이 쫙 짜 주면 혈액이 온몸으로 쫙 퍼진다고. 산소가 풍부한 혈액이 쭉 돌아다니면서 구석구석 모세혈관까지 혈관 벽에 산소를 줘요. 그러면 우리 몸에 있는 거의 대부분의 세포가 산소를 받아요.

ATP를 만들 때 산소가 필요하고, 또 하나는 포도당이에요. 음식이 입안에 들어오면 침이 탄수화물을 소화시키고, 쭉 내려가면 위에서는 단백질을 소화시켜요. 소화액이 소장에 가면 십이지장에서 엄청나게 많은 종류의 소화 효소가 나오면서 위에서 온 것을 다 분해한단 말이야. 그러면 그 다음에 있는 기다란 소장에서 그것들을 다 흡수해요. 대개 포도당의 형태로 받아요. 포도당을 흡수해서 세포에 다 전달을 해요. 어떻게? 혈액을 통해서. 그래서 각 세포들은 ATP를 만들 에너지원을 다 받았어요. 세포 내에 산소와 포도당이 있는 상태가 된 거예요.

다음으로 살펴볼 내용은 세포 호흡이에요. 포도당과 산소가 만나면 어떻게 되겠어요? 포도당이 산화돼요. 포도당을 산화시키는 과정에서 나온 에너지가 ATP입니다. 이게 세포 호흡이에요. 소화나 호흡은 ATP를 만들기 위한 과정인 거죠.


## 세포 호흡 2: 당을 쪼개서 에너지 만들기

장수철 세포 내에서 포도당이랑 산소가 만나서 무슨 일이 일어나는지 볼까요? 첫 번째는 당을 쪼개야 해요. 그 과정에서 ATP를 얻어야 하거든요. 당을 쪼개면 피루브산(pyruvic acid)이라고 하는 것이 두 개 생겨요. 포도당은 탄소가 여섯 개죠. 혈액 속에 떠돌아다니는 포도당을 효소가 와서 자르면 당이 두 조각이 나는데, 이제는 당이 아니라 산이 되어 버린 거예요.

포도당의 에너지가 100이라면 쪼개진 피루브산 두 개에는 75의 에너지가 남아 있고, 25의 에너지 중 일부가 ATP로 바뀌어요. 피루브산에 75가 남아 있으니까 어떻게 해서든 이것을 ATP로 바꿔야 해요. 그 방법이 '크렙스 회로(Kreb's cycle)'라고 하는 것을 돌리는 거예요. 최대한 에너지를 짜내는 과정이죠. 짜내는데, 결과적으로는 ATP를 만들지만 사실 여기에서는 NADH를 굉장히 많이 만들어요.

이재성 NADH가 뭐예요?

장수철 NADH가 뭔지는 금방 알게 될 거예요. 지금 그림 6-3의 1번, 3번 단계에서 ATP가 만들어진다고 얘기했는데, 그 사이에 중간 단계가 있어요. 우리 수업에서는 중요하지는 않지만 간단히 말하면 탄소를 조절하는 단계에요. 탄소 세 개인 피루브산은 탄소 두 개인 '아세틸코에이(Acetyl-CoA)'라고 하는 물질로 바뀝니다. 이 과정에서 이산화탄소 형태로 탄소를 빼내는 거죠. 탄소가 두 개인 아세틸코에이가 크렙스 회로에 들어가서 탄소가 네 개인 물질과 만나서 크렙스 회로가 돌아가게 됩니다. 추가하자면, 크렙스 회로에서도 탄소를 빼내는 과정이 있습니다. 아세틸코에

**왜 크렙스 회로일까?** 한스 아돌프 크렙스(Hans Adolf Krebs)라는 영국의 생화학자가 발견했다. 아세틸코에이와 옥살아세트산이 붙자마자 시트르산이 생겨서 시트르산 회로(citrate cycle)라고도 한다.

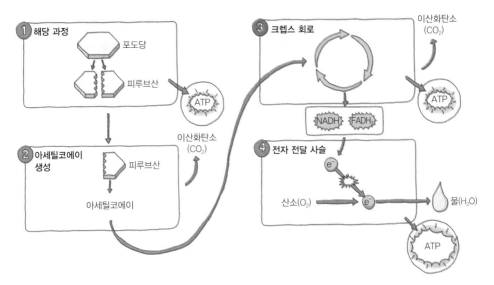

**그림 6-3 포도당에서 ATP가 나오기까지** 포도당과 산소가 만나면 ATP가 만들어지고, 부산물로 이산화탄소와 물이 생긴다. ① 포도당이 분해되어 피루브산이 생기고 이 과정에서 ATP가 발생한다. ② 탄소 세 개인 피루브산이 탄소 두 개인 아세틸코에이로 바뀐다. 이 과정에서 이산화탄소가 발생한다. ③ 탄소가 두 개인 아세틸코에이가 크렙스 회로를 거치면서 NADH 여섯 개와 FADH$_2$ 두 개가 만들어지고, 이 과정에서 ATP와 이산화탄소가 발생한다. ④ 크렙스 회로를 포함해 총 NADH 열 개와 FADH$_2$ 두 개가 전자 전달 사슬을 거치면 이 과정에서만 28개의 ATP가 만들어진다. 추가로 ATP가 두 개 발생하고 최종적으로 산소와 만나 물이 생긴다.

이가 크렙스 회로에 계속 들어오기만 하면 탄소가 두 개씩 늘어나겠죠? 그래서 탄소를 이산화탄소 형태로 빼내는 거예요. 결과적으로 회로를 거치는 동안 탄소 숫자가 늘어나지 않게 일정한 수준을 유지하는 거예요.

다시 말하지만 포도당에서 ATP라는 에너지를 얻는다는 사실이 중요해요. 일단 포도당에서 크렙스 회로까지 ATP가 몇 개 만들어지는지 볼까요? 포도당에서 피루브산이 두 개 만들어졌으니까 ATP가 해당 과정에서 두 개, 크렙스 회로에서 두 개. 이렇게 네 개예요. 이거 크렙스 회로에서 ATP가 많이 만들어지는 줄 알았는데 그렇지가 않아요.

크렙스 회로는 NADH를 만드는 역할을 합니다. 끊임없이 NADH를 만들어요. 크렙스 회로에서 NADH 여섯 개, $FADH_2$ 두 개가 만들어지죠. 도대체 이놈들의 정체가 뭐냐. NADH와 $FADH_2$는 전자를 운반하는 분자예요. '왜 이렇게 복잡하게 가지?' 사람들이 생각해 봤는데, 전자가 산소를 만날 때까지 최대한 효율적으로 에너지를 사용하기 위함이에요. 산소가 전자를 끌어들이는 과정에서 수소 이온들이 이동하면서 ATP가 더 효율적으로 팡팡 만들어지는 거예요.

NADH는 1번 단계에서 두 개, 2번 단계에서 두 개 생성된 것이 있는데, 이것까지 합하면 포도당 하나에서 총 NADH 열 개, $FADH_2$ 두 개가 나오는 거죠. 이게 전자 전달 사슬(electron transport chain)로 넘어가면 ATP가 몇 개 생길까요? 28개가 생겨요. 바로 만들어진 ATP 네 개까지 더하면 포도당 하나에서 최대로 뽑아낼 수 있는 ATP는 32개인 거예요. 단 산소가 있어야 해요. 만약 산소가 없어서 전자 전달 사슬이 안 돌아간다면, ATP가 네 개밖에 안 생겨요. 우리 몸속에서 포도당과 산소가 충분히 공급되면 크렙스 회로와 전자 전달 사슬 과정이 계속 일어나겠죠?

그런데 사람이 산소가 풍부할 때도 있지만 아닐 때도 있죠? 예를 들면 근력 운동을 할 때. 들어가는 산소에 비해서 ATP를 많이 써요. 산소가 부족한 상태에서도 근육에서는 ATP를 계속 만들어야 하는 상황인 거죠. 이렇게 산소가 없을 경우에는 딱 해당 과정까지만 일어나서 ATP가 두 개밖에 안 생겨요. 그리고 근육에는 젖산(lactic acid)이 쌓여요.

**이재성** 그럼 운동하면 안 되겠네?

**장수철** 운동을 하면서 탄수화물이랑 지방이 소모되기는 하죠. 그런데 계속해서 이 상태면 위험하죠.

휴식을 취하거나 유산소 운동을 하면 젖산이 없어져요. 피루브산이 산소와 만나는 단계가 다시 시작되는 거예요. 물론 유산소 운동을 하면 가만히 쉴 때보다 훨씬 더 활발하게 일어나죠.

이재성 그럼 무산소 운동은 뭐예요?

장수철 무산소 운동은 역도, 팔굽혀펴기, 단거리 달리기 같이 힘이 많이 들고 숨이 차서 오래할 수 없는 운동을 말해요. 걷기나 조깅, 자전거 타기 같은 운동을 유산소 운동이라고 하는데, 숨을 많이 들이마시는 운동이죠.

이재성 그럼 유산소 운동을 계속 심하게 하면 무산소 운동이 되는 거예요?

장수철 네. 적절한 수준에서 끝나지 않고 산소 공급과 상관없이 근육을 무리하게 쓰면 젖산이 쌓여요. 젖산은 쌓이면 쌓일수록 좋지 않아요. 그래서 자기 몸 상태랑 상관없이 무리해서 운동하는 것은 오히려 좋지 않아요.

자, 중간중간 과정은 더 복잡하지만 다 이야기한 거나 마찬가지예요. 포도당이 쪼개져서 피루브산이 만들어지는 과정만 잠깐 더 얘기해 볼게요. 우리는 포도당이 쪼개지는 얘기만 했지만 사실 화학 반응으로 10단계예요. 굉장히 복잡한데, 간단히 이야기하자면 이래요.

우선은 포도당에 인산을 붙여요. 왜 그럴까? 포도당은 에너지를 쓰는 능동 수송으로 세포 안으로 들어가기도 하지만, 농도가 높은 곳에서 낮은 곳으로 이동하는 확산 현상으로 이동하기도 해요. 세포 안의 포도당 농도가 혈액보다 낮으면 포도당은 세포 안으로 많이 들어가겠죠? 그러다 보면 양쪽의 포도당 농도가 같아질 것이고, 좀 지나면 세포 안의 포도당 농도가 더 높아질 수 있죠. 그러면 다시 빠져나갈 거 아니에요? 포도당을 안 뺏기려면 어떻게 하면 되느냐. 포도당에다가 인산을 붙이는 거예요. 그럼 포도당이 아니잖아요?

이재성 침 칠을 하는 것 같네.

장수철 하하, 맞아요. 들어오는 족족 침 칠을 해가지고 포도당이 아닌 걸로 만들어 놓는 거예요. 그러면 혈관에서는 세포에 포도당이 계속 부족한 줄 알고 포도당을 주는 거죠. 인산이 하나 더 붙고, 다음 단계에서는 그 포도당이 오각형으로 바뀌어요. 오각형으로 바뀌면 애네들이 음전하끼리 서로 밀치는 힘이 생겨요. 이때 효소가 와서 살짝 건드려 주면 결합이 뚝 끊어져요. 그러면서 피루브산이 생기는 거야. 이 과정에서 ATP 두 개, NADH 두 개가 만들어져요.

이재성 너무 신기하다.

**장수철** 그래? 대부분의 생명체는 해당 과정부터 전자 전달 사슬 과정까지를 할 수 있어요. 그런데 세균 중에 해당 과정까지만 하는 것들이 있어요. 그 이야기는 뭐예요? '산소가 없는 데에서도 살 수 있다.' 다만 똑같은 양의 포도당을 쓰는데, 세균은 ATP를 두 개밖에 못 만들죠. 산소를 이용할 때 32개를 만드는 것에 비교하면 거의 16배 차이가 나는 거예요.

여러분이 봤다시피 NADH는 전자 에너지를 가지고 있는 분자예요. 에너지가 풍부한 분자죠. '야, 산소. 너 전자 달라고 했지? 내가 줄게.' 해서 NADH가 산소한테 전자를 주면, 그 과정에서 ATP가 펑펑 만들어진단 말이에요. 그런데 산소가 없을 때는 NADH가 '아이, 네가 받아라.' 해서 NADH의 전자를 피루브산이 받아요. 그래서 생기는 것이 젖산이에요. 이것을 '젖산 발효'라고 해요.

알코올 발효는 조금 달라요. 피루브산이 이산화탄소를 방출하면서 알데하이드가 만들어지고, 알데하이드가 NADH한테 전자를 받으면 알코올이 생겨요. 알코올 발효는 대개 곰팡이나 효모에서 일어나요. 미생물한테 산소를 안 주는 조건을 주면 발효가 되는 거고, 종에 따라서 젖산 발효가 되기도 하고 알코올 발효가 되기도 하는 거예요. 우리나라에서는 김치, 된장, 고추장 등 여러 가지 발효 식품이 발달했는데, 젖산 발효를 잘 개발시켜 이용한 경우죠. 메주 보면, 짚으로 묶어서 매달아 놓잖아요. 짚에 붙어 있는 세균을 이용하는 거예요. 개네들이 발효를 해 주는 거예요.

알코올 발효로 맥주도 만들고 포도주도 만들어요. 발효 탱크를 만들어서 효모를 집어넣는 것은 사실 효모를 못살게 구는 거예요. '너 산소 없는 곳에서 숨 쉬어 봐.' 이런 거죠.

**이재성** 발효할 때 보면 용기를 밀폐시키잖아요. 그런 것이 일종의 산소 공급을 차단하는 건가요?

**장수철** 네. 발효 탱크가 그런 식으로 만들어진 거예요. 호프든 보리든 발효할 재료랑 효모를 같이 넣

**그림 6-4 맥주를 만드는 발효 탱크** 우리는 산소가 있어야 하지만 산소 없이 에너지를 만드는 '발효'도 있다. 알코올 발효에서 최종 산물로 알코올이 나오는 발효를 말하는데, 이것을 이용해 술을 만든다. 맥주 발효 탱크는 호프든 보리든 발효할 재료랑 효모를 같이 넣어서 산소가 없는 환경을 만들어 맥주를 만든다.

어서 산소가 없는 환경을 만들어 주는 거예요.

**이재성** 음, 인간은 잔학한 동물이야. 그럼 발효 빵은?

**장수철** 비슷해요. 반죽하는 과정에서 발효를 시키는 거예요. 반죽에 베이킹파우더를 넣어서 화학 팽창시키는 게 아니라 이스트 같은 생효모를 넣어서 생물학적으로 팽창시키는 거죠.

**이재성** 나 또 질문할 거 있었는데, 뭐였지?

**장수철** 발효 이야기할 때 그런 느낌이 들었어. 질문보다는 먹을 거 생각한

거 아니야?

이재성 아! 아프거나 할 때 우리 포도당 주사 맞잖아요. 그것은 혈관에다가 직접 포도당을 넣잖아요. 소장에서 효소가 음식물을 분해해서 나온 포도당이랑 똑같은 거예요?

장수철 네. 입으로 음식을 씹어서 넘기고 식도를 통해서 위를 거쳐 소장까지 가는, 이 일련의 과정을 안 거치고 바로 포도당을 공급 받는 거예요. 내가 순정 부품을 만들어야 하는데, 그러지 않고 에너지원을 바로 받는 거죠. 그래서 ATP 만드는 과정이 세포마다 쉽게 일어납니다.

이재성 그러면 포도당 10밀리리터를 맞는다고 하면 거기에는 ATP가 몇 개 정도 들어 있는 거예요?

장수철 안 들어 있죠. 포도당을 집어넣으면 세포 안에서 ATP 만드는 일이 벌어지는 거예요.

이재성 그러니까 그만큼이 들어가면 몇 개나 만들어지는지 궁금해요.

장수철 포도당 하나당 32개라고 이야기했거든요? 그러면 그 포도당 주사의 몰농도가 얼마인지는 잘 모르겠는데, 1몰(mole)의 포도당을 10밀리리터 만들었다고 생각해 보죠. 1몰에 들어 있는 분자의 수는 $6.022 \times 10^{23}$개예요. 그런데 몰 농도(mol/L)는 1리터를 기준으로 계산한 거니까 10밀리리터에는 $6.022 \times 10^{21}$개의 포도당이 들어가 있는 거예요. 그럼 거기서 ATP가 몇 개 만들어지겠어요? $6.022 \times 10^{21} \times 32$개가 만들어지는 거죠. 그러니까 몇 개라고 이야기 못하죠. 0이 도대체 몇 개야? 어마어마한 숫자죠. 우리 몸은 계속해서 어마어마한 양의 ATP를 만들었다 썼다 하고 있죠. 그런 이야기가 궁금할 수 있겠구나.

산소와 당을 공급 받은 다음에 세포 호흡을 통해서 만들어 내는 것은 ATP입니다. 부산물로는 이산화탄소와 물이 생겨요. 포도당은 탄소가 여섯 개짜리 당이에요. 포도당을 하나 먹으면 탄소가 여섯 개가 생겨요. 그 사이에 화학 반응이 일어나면서 ATP를 얻는 거예요. 그러고 나서는 다시 탄소 여섯 개를 내보내야 해요. 그렇지 않으면 어떻게 될까요? 몸속이 탄소로 잔뜩 쌓이겠죠? 몸 곳곳, 혈액이 탄소로 잔뜩 메워질 거예요. 우리 몸속에서 탄소가 일정한 범위 내에서 유지가 되는 건 탄소가 포도당 형태로 들어와서 이산화탄소의 형태로 다시 나가기 때문입니다.

그래서 여기까지 정리! 포도당을 쪼개서 피루브산을 만들고 그것으로 크렙스 회로를 돌렸어요. 그랬더니 우리가 원하는 ATP는 달랑 네 개만 생기고, NADH는 열 개나 생겼어요. 유사품도 있어요. $FADH_2$ 두 개. 이런 것을 밝혀낸 화학자들도 가만 보면 참 대단해.

**이재성** 생물학자는 뭐하고 있었대?

**장수철** 이거 생물학자도 같이 한 거야. 그런데 그 다음부터 NADH가 이상한 짓을 해요.


## 전자 전달 사슬과 핀볼 게임

**장수철** 그 게임 기구 이름을 결국 못 찾았는데, 오락실에 '땅!' 튕기면 쇠구슬이 위로 쫙 올라가는 거 있잖아.

**이재성** 핀볼?

**장수철** 아, 핀볼이구나. 그게 생각이 안 나서, 하하. 가끔 보면 존경 할만해. 기억력 좋다니까?

쇠구슬을 '땅!' 치면 에너지를 받아가지고 위로 올라가잖아요. 그러면서 툭툭툭 장애물을 치고 내려오잖아요. 그거 비슷하다고 생각하시면 돼요. NADH가 전자를 미토콘드리아 내막에 묻혀 있는 다른 분자에 전달하는 순간, 전자는 에너지가 풍부한 상태가 되거든요. NADH가 전자를 줬다는 것을 우리가 핀볼에서 쇠구슬을 '땅!' 친 것으로 생각하면 돼요. 에너지가 풍부해진 상태로 쇠구슬이 위로 올라갈 거 아니에요. 핀볼기계 보면 장애물을 '탁!' 치고 '탁!' 치고 해서 밑으로 내려오죠. 쇠구슬이 장애물과 부딪힐 때마다 기계에서 뭔가 빠져나간다고 생각할 수 있듯이, 전자 운반체인 NADH가 전자 전달 사슬이라는 일련의 분자에 전자를 전달할 때마다 $H^+$가 빠져나가요. $H^+$를 자꾸 버리는 거야. 그러면 어떤 일이 벌어지느냐.

미토콘드리아의 쭈글쭈글한 내막을 가운데에 두고 한쪽은 $H^+$가 많고 한쪽은 적어요. 어떻게 농도가 다를 수 있을까요? 막은 일종의 기름띠이기 때문에 물과 친한 $H^+$ 같은 것은 통과를 못하는데 내막 중간중간에 $H^+$를 이동시키는 펌프가 있는 거예요. 결국은 외막과 내막 사이의 공간에 $H^+$가 잔뜩 생겨요.

일단 농도 차이가 생기면 물질이 농도가 높은 곳에서 낮은 곳으로 가려고 하겠죠. 내막 안쪽은 $H^+$가 상대적으로 농도가 낮아요. 따라서 바깥쪽에서 안쪽으로 $H^+$가 자꾸 들어가려고 한단 말이에요. 그런데 보니까 내막에 드문드문 구멍이 있어요. 어, 잘 됐다! $H^+$가 농도가 높은 곳에서 낮은 곳으로 구멍을 통해서 들어가잖아요? 그때 통로가 되는 단백질이 ATP 합성 효소예요. 농도가 높은 데에서 낮은 데로 이동하는 힘을 이용해서 ADP를 ATP로 바꿔 주는 거예요. 이것이 엄청 효율적이에요. NADH가 와서 핀볼처럼 전자 하나를 '땅!' 던져 주면 '다다닥! 다다닥! 다다닥!' 해서 ATP를 2.5개씩 만들어 내요. 아까 NADH 몇 개 생겼죠? 열 개 생겼죠. 그럼 ATP가 몇 개?

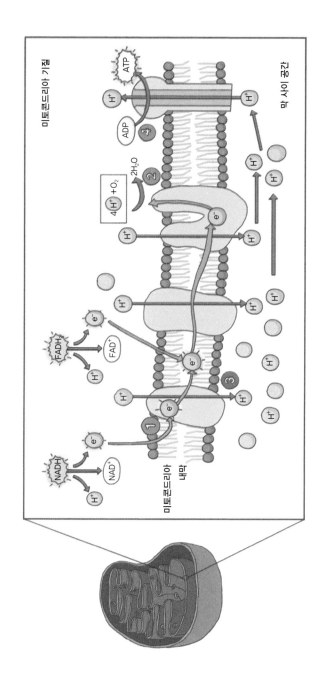

**그림 6-5 미토콘드리아는 에너지 공장** 세포 호흡은 당과 산소를 공급 받아 ATP를 만들어 내는 과정을 말한다. 미토콘드리아의 전자 전달 시 슴은 당이 분해되는 세포 호흡의 여러 과정 중에서 ATP를 가장 많이 만들어 낸다. ① 전자 운반체인 NADH와 FADH₂가 내막 중간 중간에 있 는 전자 전달 사슬 분자에 전자를 전달할 때마다 약간의 에너지를 내놓으며 전자의 에너지 수준을 낮아진다. ② 이 에너지를 이용해 H⁺가 막 사이 공간으로 빠져나간다. 내막을 사이로 H⁺ 농도 차이가 커진다. ③ 사슬의 마지막 단계에서 에너지가 낮아진 전자는 산소와 H를 만나 함 께 물을 형성한다. ④ H가 미토콘드리아 기질로 통과하는 큰 운동 에너지로 ATP가 만들어진다.

**이재성** 25개.

**장수철** 25개가 생기는 거예요. 그런데 핀볼에서 쇠구슬을 '땅!' 쳐가지고 올라갔다가 내려오는 것은 중력 때문이죠? 핀볼에서 중력 역할을 하는 것이 여기에서는 산소예요. 산소가 전자를 끌어당겨요. 산소가 없다는 건 핀볼을 '땅!' 쳤는데 핀볼이 위로 올라갔다가 안 내려온다는 것과 마찬가지예요.

**이재성** 지금 말한 걸 게임으로 만들면 아주 좋겠다. 타이쿤이 경작하는 게임 사업 같은 거.

**장수철** 하려면 혼자 하세요. 나는 생각 없어요, 하하. 일부 교수들은 이것을 설명할 때 야구에 비유를 해요. 야구공을 배트로 '딱!' 치면 공중으로 올라갈 거 아니에요? 그러면 위치 에너지가 높아진 거죠. 떨어질 때 그냥 떨어지는 것이 아니라 어디에 닿아서 탕탕탕 떨어지면 수소 이온이 움직인다고 설명하기도 해요. 그런데 나는 그것보다는 재성 선생의 수준을 맞추기 위해서 일부러 핀볼을 생각했죠.

**이재성** 선생님 생각이 훨씬 나은 거 같아요.

**장수철** 그래요? 다행이네요. 이따가 또 집에 가서 속 아프다고 하지 말고 좀 적당히 먹어라. 지금 몇 개째니?

**이재성** ATP를 만들어야 해.

**장수철** 지난번에도 속 안 좋아서 고생해 놓고.

**이재성** ATP를 만들어야 한다니까!

**장수철** 왜, 운동해서?

**이재성** 그래야 수업을 듣지. 이거 듣는데도 ATP가 많이 소모돼요.

**장수철** 하하. 어쨌든 NADH는 산소가 없으면 실제로 전자 전달을 안 해요. 전자 전달을 안 하니까 어떤 일이 벌어지느냐 하면……. 이런 것들이 참 재미있어요. NADH는 전자 전달 사슬에서 전자를 다른 분자에 전달하고 나면 NAD$^+$가 돼요. 크렙스 회로에서는 NAD$^+$에다가 전자를 주는 거예요. 여기에 H$^+$도 붙어서 NADH가 되는 거죠. 그런데 산소가 없으면 어떻게 되죠? 산소가 있으면 NADH가 쭉 가서 전자를 전달하면서 ATP를 만들고 NAD$^+$가 되지만, 산소가 없으면 NADH가 전자를 내보내요, 안 내보내요?

이재성 안 내보내요.

장수철 안 내보내죠. 그러면 어떻게 돼요? 그냥 NADH 상태로 있는 거예요. 그래서 사용할 수 있는 형태인 NAD$^+$가 없게 된 결과, 크렙스 회로부터 이후 과정이 쭉 멈추게 되고, ATP가 두 개밖에 안 생기는 거예요.


## 산소가 없는 호흡

장수철 지금까지의 과정에서 생각해 볼 것이 있어요. 산소가 없으면 발효가 일어난다고 했죠? 그런데 그것만 있을까? 아까 핀볼 게임에서 중력 역할을 하는 것이 산소였다고 했는데, '산소 말고는 전자를 당기는 분자가 없을까?' 그런 생각해 볼 수 있죠. 산소 말고 전자를 당기는 다른 분자가 있다면 일단 발효는 아니죠. 발효는 포도당을 쪼개서 피루브산을 만드는데, 그 이상의 단계로는 못 가는 거였어요. 그런데 산소가 없어도 그 이상의 단계를 가는 수가 있어요. NADH가 전자를 내놓고 NAD$^+$가 될 때 산소가 아니라 질산 이온이나 황산 이온이 전자를 끌어당기는 거예요. 산소가 이용되는 호흡을 '유기 호흡(aerobic respiration)', 산소가 아닌 질산 이온이나 황산 이온이 전자를 끌어당기는 호흡을 '무기 호흡(anaerobic respiration)'이라고 해요. 무기 호흡은 발효하고는 달라요. 세균 중에는 산소가 있건 없건 바로 무기 호흡을 하는 것들도 있어요. 주로 독극물이 있는 데에서 번식하는 세균이 그런단 말이야. 지금까지 한 이야기 복잡하죠?

이재성 아니요. 오늘 설명 아주 잘하세요. 귀에 아주 쏙쏙 들어와요.

장수철 핀볼 때문에 그렇지?

이재성 뭐 그런 비유도 그렇고, 지금 컨디션이 좋아. 하하.

장수철 누가? 하하하. 내가 왜 그런지 알아. 빵을 먹어서 그래.

이재성 ATP가 막 생성이 되잖아.

장수철 하하하.


## ATP 합성 억제와 독극물

장수철 잠시라도 ATP 합성이 억제되면 어떻게 된다? 생물은 죽어요. 미토콘드리아 내막에 박혀 있는 단백질들이 전자를 받아서 전달하고 결국은 산소한테 전자를 주는 일을 하는데, 이런 일을 못하게 막으면 죽는 거예요. '로테논(rotenone)'이라는 약을 우리 몸에 집어넣으면 전자가 전달이 안 돼요. 그러면 수소 펌프가 작동을 안 하고, 당연히 ATP가 안 생기죠.

이재성 그럼 독약이에요?

장수철 독약이야. 엄청난 독극물이에요.

이재성 그런데 그거 왜 먹어요?

장수철 먹으라는 이야기가 아니고 먹는다면. 시안화물(cyanide)을 먹거나 일산화탄소를 마셔도 목숨을 잃습니다.

이재성 연탄가스가 일산화탄소죠?

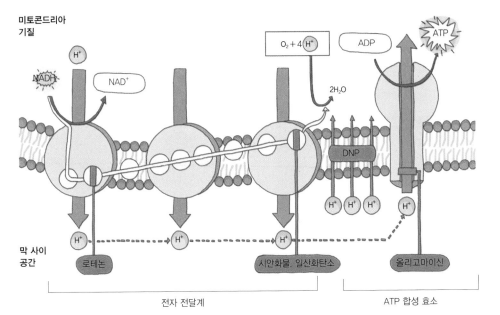

**미토콘드리아**
**기질**

$NADH$

$NAD^+$

$H^+$

$O_2 + 4 H^+$

ADP

ATP

$2H_2O$

DNP

$H^+$  $H^+$  $H^+$     $H^+$

**막 사이**
**공간**

$H^+$ ····· $H^+$ ····· $H^+$ ······

로테논

시안화물. 일산화탄소

올리고마이신

전자 전달계

ATP 합성 효소

**그림 6-6** ATP 합성이 잠시라도 멈추면 생명이 위험해진다. 로테논, 시안화물, 일산화탄소, DNP, 올리고마이신은 ATP가 만들어지는 중간 과정을 차단해 독극물로 작용한다. 로테논은 NADH에서 떨어져 나온 전자가 미토콘드리아에 박혀 있는 단백질에 전달되는 과정을 막고, 시안화물과 일산화탄소는 NADH에서 전달 받은 전자가 산소와 만나는 과정을 차단한다. DNP는 세포막의 이온 투과성을 높여 미토콘드리아 내막을 사이에 두고 형성되는 수소 이온의 농도 기울기를 망가뜨리며, 올리고마이신은 직접적으로 ATP 합성 효소가 작동하지 못하게 한다.

**장수철** 네. 역시 전자를 주고받는 데 관련되어 있는 단백질 하나를 활동을 못하게 만드는 거예요. 수소 이온이 내막과 외막 사이의 공간으로 들어가서 산소랑 만나야 하는데 그것이 안 일어나요. 중간 과정이 막히니까 ATP 합성이 안 일어나는 거고, 그래서 죽는 거예요. 옛날에 연탄가스 때문에 사람들 많이 죽었잖아요. 바로 이 단계가 막혀서 그런 거예요. 달리 말하면 숨을 참는 거나 마찬가지예요. 왜? 산소가 있어도 어차피 산소한테 전달이 안 되기 때문이에요. 그러니까 로테논을 투여했다, 시안화물을 먹었다, 또는 연탄가스를 마셨다, 그 이야기는 내가 숨을 안 쉬고 있다 하는 이야기나 마찬가지예요. 그래서 죽는 거예요. 옛날에 왕이 사약을 내린 것의 성분이 시안화물이라면서?

이재성 청산가리?

**장수철** 응, 청산가리. 그게 시안화물이에요. 학교 수업 시간에 내가 우스갯소리로 '우리 조상은 굉장히 과학적으로 벌을 내렸다. 우리 조상은 사이안화물을 처리해서 전자 전달 기능을 차단해가지고 ATP 합성을 억제시켜서 사람을 죽였다.'라고 해요. 알고 그랬을까?

이재성 알고 그랬던 거 같아.

**장수철** 하하하.

이재성 그런데 왜 로테논을 안 쳤을까?

**장수철** 로테논은 데리스 엘립티카(*Derris elliptica*)라는 콩과 식물의 뿌리에서 발견된 성분인데, 동남아 지역이 원산지래요.

다음으로 올리고마이신(oligomycin)은 노골적으로 ATP 합성 효소 단백질이 작동하는 걸 막아요.

이재성 올리고마이신은 '올리고당'이랑 이름이 비슷하고 '마이신'이니까 뭔가 좋은 거 같은데?

**장수철** 올리고마이신을 피부에 피부 곰팡이를 제거하기 위해 바르기도 해요. 바른 부위 근처에 있는 곰팡이나 세균은 완전히 다 죽어요. 하지만 피부세포는 침투하지 못하기 때문에 피부세포에 해를 입히지는 않아요.

이재성 아. 그러니까 마이신이네.

**장수철** 네. 일종의 항생제로도 쓸 수 있어요. 하지만 굉장히 조심해서 써야 해요. 섭취를 안 해야 하고, 농도를 아주 낮게 해서 우리 몸 바깥에 있는 세균이나 곰팡이를 없애는 데만 써야 해요.

이재성 세균도 ATP를 못 만들게 해서 죽이는 거네요?

장수철 그렇죠. 그 다음에 다이나이트로페놀(dinitrophenol, DNP)이라는 건데, 한쪽은 $H^+$ 농도가 높고 한쪽은 낮아야 농도가 높은 곳에서 낮은 곳으로 가면서 ATP가 만들어지잖아요? 그런데 이 약을 처리하게 되면 양쪽의 $H^+$ 농도가 같아져요. 미토콘드리아 내막에 구멍이 생겨서 엉망으로 만들어버리는 거예요. ATP는 안 만들어지고 전자가 가지고 있는 에너지를 쓸 데가 없으니까 열로 발산이 돼요. DNP를 복용하면 아무리 먹어도 살은 안 쪄요. 그래 가지고 잠깐 동안 다이어트에 사용됐는데, 목숨이 왔다 갔다 하는 부작용이 생겨서 이제 안 써요.

이재성 열로 빠져나간다는 말 듣자마자 저기 '다이어트인데!' 딱 생각했는데.

장수철 정리가 좀 됐어요? 첫 번째, 해당 작용을 통해서 약간의 ATP, NADH 만드는 것을 이야기했고, 쪼개진 피루브산에서 최대한 에너지를 뽑아내는 과정이 벌어지게 되는데 이상하게 거기에서 NADH가 많이 만들어졌죠. 부산물로 이산화탄소를 만들어서 탄소의 숫자를 유지하는 회로가 돌아갔고요. 그 다음에 NADH는 핀볼 게임의 쇠구슬에 해당하는, 에너지가 풍부한 전자를 공급했고 이 풍부한 에너지가 산소에 접근하면서 수소 이온 농도에 차이를 유발했어요. 그것을 이용해서 최종 ATP를 만들었습니다. 포도당이 가지고 있는 에너지를 ATP로 바꾸는 이 과정을 완전히 거친다고 했을 때 에너지 효율은 최대 34퍼센트입니다.


## 영양소와 에너지

장수철 지금까지 ATP 만드는 과정을 쭉 봤는데, 탄수화물이든 단백질이든 지방이든 뭘 섭취를 하던 간에 ATP를 만들 수 있습니다. 하지만 '가장 좋은 재료가 뭘까?'라고 효율면에서 생각해 보면, 지방이에요. 지방은 탄소와 수소가 길게 이어진 사슬을 가지고 있는데 그것을 자르다 보면 크렙스 회로의 재료가 되는 탄소 두 개짜리의 아세틸코에이를 굉장히 많이 만들 수가 있거든요. 동일한 무게의 지방과 탄수화물을 비교해 보면 지방에서 탄수화물 두 배 이상의 에너지가 나와요. 이 말은 지방을 빼려면 탄수화물보다 훨씬 더 많은 ATP를 소모해야 한다는 이야기도 되죠.

탄수화물은 우리가 봤다시피 입과 소장에서 포도당으로 분해된 다음에 혈액을 통해서 포도당이 각 세포로 전달이 되잖아요? 그 다음 해당 과정부터 전자 전달 사슬까지 일련의 과정이 일어나는 거예요. 다만 많은 양을 먹거나 ATP로 바로바로 써 주지 않으면 에너지 저장 형태인 지방으로 바뀝니다.

그 다음에, 단백질은 아미노산으로 구성되어 있죠. 아미노산을 보면 카복시기에는 탄소가 포함돼 있고, 아미노기에는 질소가 포함돼 있어요. 아미노산에 있는 탄소도 해당 과정이나 크렙스 회로로 들어가서 에너지로 쓰일 수 있어요. 다만 단백질이 에너지로 쓰일 정도면 몸 안에 지방도

**배설과 배출** 단백질의 아미노기는 에너지를 만드는 데 쓰이지 않는다. 생물학적 용어로 '배설(excretion)'은 단백질에서 질소 성분을 신장에서 모아서 버리는 것을 말한다. 인간의 경우에는 요소를 만들어서 소변으로 질소 성분을 내보낸다. 대변은 이런 과정에서 남은 질소 성분을 버리는 것이 아니라, 소화하는 과정에서 소화 안 된 것을 모아서 몸 바깥으로 버리는 것이다. 그래서 '배출(emission)'이라는 말을 쓴다.

거의 떨어졌다는 이야기예요. 굉장히 굶주리거나 엄청나게 몸이 안 좋은 상태에서 어쩔 수 없이 내 목숨을 부지하기 위해서 근육에 있는 단백질을 분해해서 쓰는 거예요. 그렇지 않은 경우에는 거의 쓰이지 않습니다.

이재성 운동하는 사람들이 처음부터 지방이 타지 않는다고 이야기를 하거든요. 일단 탄수화물을 먹고 시동을 걸어 놔야 그 다음에 지방이 탄다고요. 그게 탄수화물이 에너지로 바꾸기 가장 좋은 형태이기 때문에 먼저 사용하고, 그 다음에 필요한 에너지를 지방에서 가져다 쓰고, 만약에 지방마저도 떨어져 버린다면 근육에서 단백질을 분해해서 쓴다고요.

장수철 네. 그리고 지방에서 에너지를 만들려면 탄수화물보다 더 많은 산소가 필요하기 때문에 바로 지방을 태우기에는 심장에 무리가 갈 거예요.

이재성 아, 그래서 그런 거구나!

장수철 자, 여기까지가 세포 호흡입니다.

이재성 오늘 것은 굉장히 재미있었고 다 알아들었어요.

장수철 내가 보기엔 오늘은 빵을 먹여 놔서 사람이 굉장히 활발해진 것 같아. 하하. 자, 오늘은 여기까지 할게요.


## 수업이 끝난 뒤


이재성 허무하다는 생각을 하니까 떠오르는 건데요, 《이기적 유전자(Selfish Gene)》에서 리처드 도킨스가 생물은 생존 기계라고 했다잖아요. 자동차는 디젤이나 휘발유에서 에너지를 얻고 우리는 음식에서 에너지를 얻는데, 기계랑 우리랑 차이가 크지 않은 거네요? 단지 자발적으로 먹느냐 아니냐의 차이네. 그래서 인공지능(artificial intelligence) 같은 분야에서 인간 같은 프로그램이나 기계를 연구하는 건가?

**장수철** 생물을 보죠. 새가 둥지를 지켜요. 침입자를 경계한다고. 그때 두 사람이 천막을 뒤집어쓰고 가요. 가는데 중간에 한 사람이 빠져나가. 그러면 새는 왔다가 갔으니까 침입자가 갔다고 판단하는 거야. 두 명이 왔다가 한 명만 간 것은 중요하지 않아. 온 움직임과 간 움직임이 있기 때문에 얘는 침입자가 갔다고 판단을 해요. 그래서 나머지 한 명이 남아서 관찰을 할 수 있어요.

**이재성** 완전 새대가리네.

**장수철** 진짜 새대가리예요. 많은 새가 그러는데, 둥지 바깥으로 알이 떨어지면 부리를 써서 둥지 안으로 넣거든요. 그런데 둥지 옆에 알과 비슷하게 생긴 깡통을 놓잖아. 그러면 깡통도 부리로 해서 둥지 안에 넣어요. 참 재밌죠?. 우리가 알을 볼 때는 크기가 얼마며, 생긴 것이 타원형이며, 색깔이 어떠며, 이런 걸 보잖아요? 냄새까지 맡을 수 있으면 좋고. 그런데 새는 '둥지 옆에 둥근 것이 있으면 둥지 안으로 넣어라.' 하는 명령만 머릿속에 있는 거예요. 무슨 이야기냐 하면, 우리가 컴퓨터에다가 명령을 집어넣으면 해당하는 일을 하잖아. 조건이 주어지면 그 일을 하는 거잖아요. 이것과 새의 행동에 별 차이가 없다는 거예요. 다만 컴퓨터에 여러 가지 명령을 조합할 수 있는 능력까지 넣어 주면, 이전의 컴퓨터보다 뛰어난 성능을 발휘하게 되겠죠. 그러다 보면 질적인 도약을 한 기계가 나올 수도 있다고요. 인공지능의 최종 목표가 바로 인간의 지능인 거죠. 그러니까 생물도 기계에 해당한다고 생각하는 게 도킨스의 생각이에요. 많은 생물학자도 그렇게 생각해요.

**이재성** 그러면 새는 인간보다 열등한 거네요?

**장수철** 열등하다고 말할 때는 그 뜻을 제대로 알고 써야 해요. 인간과 새

모두 진화를 거쳐 여태까지 살아남았잖아. 열등한 것이 아니라는 거죠. 그렇게 엉성한 프로그램을 가지고 있음에도 개네들은 새끼를 낳고 지금까지 살아남았죠. 잘 생각해 보면 인간이 아니면 둥지 옆에 깡통을 준다거나 아니면 둥근 막대를 만들어서 놓거나, 누가 그런 짓을 하겠어요. 인간이 아니면 그럴 일이 없죠. 둥지 옆에 우연히 둥근 물체가 떨어질 확률은 거의 낮은 거죠. 새한테는 '둥지 옆에 둥근 것이 있으면 안으로 넣어라.'라는 프로그램만 있으면 되는 거예요. 그러면 얼마든지 알을 부화시켜서 키울 수 있는 거죠.

**이재성** 그런데 결과적으로 보면 인간이 가장 우월한 거 아닌가요?

**장수철** 생물학적 관점에서 보면 우월하다기보다 복잡한 거죠. 생태적으로 보면 인간만큼 다른 생물한테 크게 영향을 끼치는 생물은 없어요. 그건 맞는 말이에요. 그런데 여태까지 생존에 성공했다는 측면에서 보면 인간이나 현존하는 많은 다른 생물이나 차이가 없다는 거예요.

**이재성** 종 간 비교를 할 때는 어쨌든 현존하는 생물을 어느 종이 우월하다거나 열등하다거나, 이렇게 비교할 수 없다?

**장수철** 네, 진화의 관점에서는 그래요. 방식은 다 다르지만 현재까지 자손을 번식시키고 생존 경쟁에서 이긴 거니까요. 우월하다는 것은 다분히 인간의 관점이에요.

**이재성** 아까 인공지능 이야기할 때는 기계가 발전하는 것처럼 생물도 발전하는 거라고 생각했는데. 새의 예를 보니까 생물은 그런 차원은 아니네요.

**장수철** 정말 재미있어요. 곤충이 위험을 인식하는데 냄새로 인식하는 놈은 시각으로 인식을 못해요. 우리가 생각하는 것보다 연합적인 사고를 못하는 생물이 굉장히 많아요. 사람이 보면 어이가 없죠. 그런데 개네들이 살아가는 세상에서는 그것이 생존하는 방식으로 충분한 거예요.

**이재성** 인간도 마찬가지예요. 언어도 보면 우리는 많은 색깔을 구분을 하잖아요. 그런데 아프리카에 있는 어떤 종족은 그냥 흑백으로만 구분해요. 그러니까 검정색, 흰색, 좀 어두운 흰색, 조금 밝은 흰색, 이런 식으로. 노랑, 파랑 다 볼 수 있지만 노랑, 파랑, 빨강 이렇게 색깔을 구분할 필요가 없는 거예요. 어떤 언어는 과거형이 없어요. 우리는 과거형을 쓰는데, 그 종족은 과거 일을 알 필요가 없기 때문에 모든 것이 현재형으로만 되어 있어요. 그런 것처럼 환경 안에서 살아갈 때, 최적화하는 거 같아요. 새 같은 경우도 아까 말씀하신 것처럼 인간이 둥지 옆에 깡통을 놓는 짓을 하지 않는 이상 자연 상태에서는 그런 일이 일어날 리 없고, 더 복잡하게 머리를 써서 쓸데없이 에너지를 소비하지 않는 것이 나으니까 그렇게 할 수도 있고.

**장수철** 네, 맞아요. 옳은 말씀을 지적해 줬어요. 그 이상으로 복잡한 것을 해 봐야 자기한테는 에너지 낭비인 거예요.

# 생물계의 빅뉴스, 태양을 사용하게 되었습니다

## 광합성

오늘 수업은 광합성이에요. 우리는 음식에서 에너지를 얻잖아요. 광합성 하는 애들은 빛에서 직접 에너지를 얻어요. 오늘은 광합성 생물이 어떻게 빛에너지를 이용해 영양분을 만들어 내는지를 볼 겁니다.

## 광합성은 식물만 하는 것이 아니다

**장수철** 광합성은 식물만 하는 게 아니에요. 원생생물도 광합성을 하는 것들이 있어요. 원생생물이 광합성을 한다는 것은 무슨 이야기예요? 옆에 돌아다니는 다른 생물을 군이 먹지 않아도 빛을 이용해서 에너지를 얻어 성장한다는 거죠.

원생생물 말고 광합성을 하는 생물에 세균도 있어요. '광합성 세균'이라고도 하고 '남세균(cyanobacteria)'이라고도 해요. 명칭에 대해서 많은 사람이 시비를 걸지만 어쨌든 광합성은 식물의 전유물이 아니에요. 초창기 지구의 대기에 산소를 가장 많이 공급하는 생물이 남세균이에요. 초창기 지구에서 광합성을 하는 세균이 생겼는데 바로 남세균의 조상일 거라고 생각하고 있어요. 이 조상 세균들이 광합성을 해서 계속해서 산소를 만들었는데 산소가 철광석하고 결합했어요. 녹슨다고 하잖아요, 시뻘겋게.

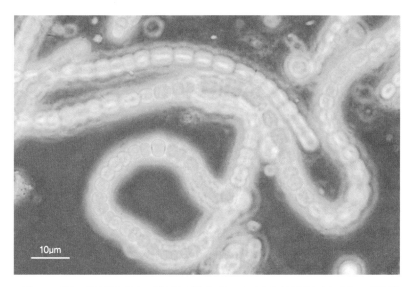

**그림 7-1 세균도 광합성을 한다.** 광합성은 식물만 하는 게 아니다. 원생생물이나 세균도 광합성을 한다. 초창기 지구에서 광합성을 하는 남세균은 대기 중 산소의 농도를 증가시킨 주역이었다. 지금으로부터 23억 년 전 이후에는 지구의 대기 중 산소 농도가 2퍼센트 정도였다. 그러다가 5억 5000만 년 전 전후에 산소 농도가 20퍼센트까지 치솟아서 그 수치에서 떨어졌다 올라갔다를 반복하다가 현재 수준에 이르렀다(사진은 남세균을 2,400배 확대한 모습.).

물속이나 땅위나 산소와 닿을 수 있는 부분에 있는 철은 전부 다 산소와 결합을 했어요. 그래서 초창기에는 대기 중에 산소가 그렇게 빨리 늘어나지 않았다고요. 바닷속으로 물속으로 자꾸자꾸 들어가고, 그러다가 더 이상 갈 데가 없으니까 대기 중에 산소가 늘어나기 시작해요. 지구가 태어나서 10억 년 후, 지금으로부터 36억 년에서 27억 년 전만 하더라도 대기 중 산소의 농도가 약 0.0001퍼센트였어요. 그러다가 쭉 올라와서 23억년 전에는 약 2퍼센트까지로 급격히 늘어나요. 그랬다가 5억 5000만 년 전 전후에 산소 농도가 20퍼센트까지 꾸준히 증가해 그 수치에서 떨어졌다 올라갔다를 반복하다가 현재 수준에 이르게 된 거예요.

어쨌든 대기 중의 산소 농도를 증가시킨 주인공이 바로 남세균이고, 얘네들 중 일부가 다른 세포 안으로 들어가서 생긴 것이 엽록체입니다. 현재 생물학자들이 많은 증거를 가지고 이야기하는 거죠.

이재성 그때는 식물이 없었어요?

장수철 네.

이재성 그럼 남세균만 있었던 거네?

장수철 다른 세균들하고.

이재성 남세균이 있을 때 식물이 있을 수도 있는 거 아니에요?

장수철 일단 식물은 다세포 생물이죠. 우리도 다세포 생물이고. 크고 다양한 다세포 생물이 생긴 것이 5억 7000만 년 전쯤이에요. 그 전에는 단세포 생물밖에 없었어요. 우리가 타임머신을 타고 15억 년, 20억 년 전 지구로 간다면 뻘건 흙에 아무런 생물도 없는 것처럼 보일 거예요.

이재성 화성처럼?

장수철 화성과는 다르겠죠. 지구는 물도 많고 좀 따뜻하기도 하고 약간의 산소도 있고. 생물이 없는 건 아닌 거예요. 현미경을 써서 봐야할 정도로 작은 생물이 있었어요. 그러다가 몇억 년 지나고 나서 다세포 생물이 나타난 거죠.


## 광합성의 재료

장수철 식물을 보면 먹은 것도 없는데 무게가 늘어나는 것이 신기하지 않아요?

이재성 알게 모르게 많이 먹었나보지. 우리는 하루 세 끼를 먹지만 쟤네는 수

시로 먹잖아.

**장수철** 뭘 먹어?

**이재성** 햇빛도 먹고 공기도 먹고, 쟤네들은 수시로 먹어서 저렇게 자라는 거야. 쟤네들은 비만도를 측정할 수 없나?

**장수철** 먹는다고 생각하니까 먹는 거지. 우리처럼 먹는 것이 아니잖아. 예를 들어, 과자를 먹거나 밥을 먹거나 고기를 먹거나.

**이재성** 그런 식으로 보면 식물 입장에서는 우리도 먹는 게 먹는 게 아니지.

**장수철** 그래? 그렇게 남의 사정을 잘 이해해? 알았어.

**이재성** 오늘 강의 진행이 공격적일 것 같다. 방패가 있어야겠어.

**장수철** 어쨌든 '식물이 뭘 먹어서 이렇게까지 컸을까? 물일까, 흙일까, 아니면 공기 중에서 얻은 걸까?' 뭐 이런 질문이 나올 수 있다는 거죠.

**이재성** 너무나 만들어진 질문 같아. 창의적인 질문이 아니라.

**장수철** 광합성 과정을 한 마디로 요약하면 이래요. '빛이 있으면 된다.' 태양빛이 아니라 형광등 빛이라도 상관없어요. '광자(photon)'라는, 빛을 구성하는 입자들만 있으면 돼요. 우리가 빛을 입자라고 생각하는 것이 쉽지는 않은데, 어쨌든 빛이 입자로서의 성질을 분명히 가지고 있고, 바로 그것 때문에 에너지가 생기는 겁니다. 또 하나는 물이 있어야 됩니다. 그리고 공기 중에 돌아다니는 이산화탄소가 있어야 해요. 이산화탄소는 탄소 하나에 산소 두 개가 붙어 있는 분자잖아요. 이산화탄소를 가지고 들어와서 탄소에다가 이것저것을 붙여서 당을 만드는 겁니다. 빛, 물, 이산화탄소, 이 세 가지가 있으면 먹을 것이 생겨요. 신기하지?

**이재성** 네.

**장수철** 광합성 과정에서는 산소가 나와요. 광합성 과정에서 물을 쪼개다 보니까 산소가 달아나는 거예요. 이것은 식물이나 세균이나 마찬가지입니다. 산소는 물에서 발생합니다. 처음에는 사람들이 이산화탄소도 기체고 산소도 기체니까 이산화탄소에서 탄소가 쫙 빠져서 산소가 나온다고 생각했어요. 그런데 실험상 틀리다는 것을 알았어요. 물이 $H_2O$잖아요. $H_2O$의 O, 산소에다가 방사성 동위 원소(radiosotope)인 $^{18}O$를 넣어서 광합성을 시킨 다음 광합성에서 생긴 산소를 모았거든요? 모은 산소를 보니까 방사성 동위 원소가 있어요. 그래서 '어, 광합성을 해서 나오는 산소는 이산화탄소에서 생긴 것이 아니라 물에서 생긴 거구나.' 하는 것을 알게 된 겁니다. '기체가 들어갔으니까 기체가 나오겠지.' 하고 쉽게 생각할 수 있는데 실험에서 그런 추론이 잘못됐다는 게 밝혀진 거죠.

이재성 그럼 이산화탄소에 있는 산소 하나는 어떻게 된 거예요?

장수철 물이 하나 들어가면 산소가 하나 나오는 게 아니에요. 이산화탄소 여섯 분자, 물 열두 분자가 빛에너지를 받아서 반응하면 포도당 한 분자와 산소 여섯 분자, 물 여섯 분자가 나와요. 반응식은 화학적으로 원소의 수가 맞아야 해요. 어쨌든 그 산소는 포도당과 물을 구성하게 됩니다.

 광합성 재료는 어디에서 얻는가를 먼저 볼까요? 여러분이 식물에 물을 준답시고 이파리에 뿌려 봐야 소용없어요. 식물이 물을 얻는 곳은 뿌리예요. 뿌리는 두 가지 역할을 해요. 하나는 액체를 흡수하는 거고, 또 하나는 자기 몸을 고정시키는 거예요. 뿌리의 생김새를 잘 보면 원통형

---

**방사성 동위 원소란?** 동위 원소는 양성자의 수는 같으나 중성자의 수가 다른 원소를 말한다. 동위 원소 중에서 방사성을 띠는 것을 '방사성 동위 원소'라 한다. 생물학, 의학, 지질학 연구에 널리 쓰인다.

---

으로 쭉 가다가 끝이 원뿔형으로 되어 있고 곁뿌리가 많이 나 있어서 흙 사이사이 잘 들어갈 수 있고 표면적을 넓히는 구조를 하고 있어요. 또 다른 재료인 이산화탄소는 잎에서 흡수를 합니다. 빛에너지 역시 잎에서 흡수를 합니다. 그럼 잎에서 도대체 무엇이 이런 재료를 흡수하는 건가요? 많이 들어 봤겠지만 엽록체입니다.

## 빛을 잡아내는 곳, 엽록체

**장수철** 잎의 표면을 만져 보면 알겠지만 만질만질하죠? 그 만질만질한 왁스층이 표피세포입니다. 그 안에는 '엽육세포(mesophyll)'라고 하는 것들이 잔뜩 쌓여 있고요. 그런데 세포가 아주 빽빽하게 채워져 있지는 않아요. 중간중간에 틈이 있어요. 공기가 충분히 돌아다니면서 세포와 세포 사이를 들락날락할 수 있는 구조예요. 그리고 잎의 세포 하나하나에는 엽록체가 들어가 있습니다. 세포 안에 수백 개가 들어가 있어요.

엽록체 어떻게 생겼죠? 나는 엽록체 그림을 볼 때마다 미래의 우주 도시 같다는 생각이 들어. 그렇지 않아요? 엽록체를 보면 가장 바깥에 보호막이 있고 안쪽에 막이 하나 더 있어요. 두 개의 보호막 안에 미래형 아파트 같은 것들이 세워져 있는데 이것을 '그라나(grana)'라고 합니다. 그라나 하나하나가 사실 다 막이거든요. 이 호떡처럼 생긴 한 층의 막을 '틸라코이드(thylakoid) 막'이라고 합니다. 그리고 그라나를 연결하는 터널 같은 것도 있고요. 중간중간에 비어 있는 공간은 '스트로마(stroma)'라고 합니다.

그렇다면 이파리가 빛을 흡수한다는데 어디에서 흡수한다는 걸까요?

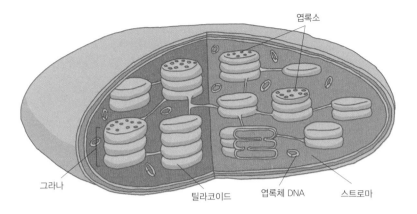

**그림 7-2 광합성이 일어나는 곳, 엽록체** 엽록체는 두 개의 막으로 이루어져 있으며 엽록체 DNA를 따로 가지고 있다. 두 층의 막 안에 호떡 같은 평평한 막 구조물을 틸라코이드라고 하고, 이것이 여러 개 쌓인 미래의 아파트 같은 막 구조물을 '그라나'라고 한다. 틸라코이드의 막에는 엽록소가 박혀 있는데, 물이 빛에너지에 의해 전자와 수소 이온, 산소로 분해되는 명반응이 여기에서 일어난다. 스트로마라고 하는 엽록체의 빈 공간에서는 이산화탄소와 명반응에서 만들어진 ATP와 NADPH를 이용해 탄수화물을 합성하는 반응이 일어난다.

엽록체 막 자체는 빛이 통과하는 데 별로 문제가 안 돼요. 막을 통과한 빛을 잡아내는 놈이 누구냐 하면, 틸라코이드 막에 점점이 박혀 있는 엽록소예요. 이파리 하나에 엽록소 분자가 수억 개 있습니다. 우리 옛날에 텔레비전이나 라디오 안테나가 특정 파장을 잡아냈잖아요. 이 분자들도 마찬가지예요. 엽록소 하나하나가 안테나 같은 역할을 합니다. 광합성에 필요한 파장에 해당하는 빛을 다 잡아내요. 색소 종류가 딱 하나만 있는 게 아니에요. 엽록소a, 엽록소b, 카로티노이드 등 여러 가지가 있습니다. 색소는 나중에 좀 더 볼게요.

## 엽록소가 좋아하는 색깔

**장수철** 광합성은 빛에너지를 사용해서 영양분을 만들어 내는 것인데, '빛에너지는 광자라는 입자가 묶여 있는 에너지 덩어리다.'라는 측면을 놓치지 말아야 해요. 광자라는 에너지 덩어리가 와서 엽록소를 치면 광합성이 시작되는 거거든요.

빛은 여러 가지 파장의 빛이 섞여 있어요. 파장에 따라 에너지의 양이 다르죠. '파장이 짧을수록 에너지가 강하다.' 많이 들어 봤죠? 전체 빛의 파장 중에서 우리가 눈으로 볼 수 있는 범위에 있는 빛을 '가시광선(可視光線, visible light)'이라고 합니다. 400~700나노미터 파장의 빛으로, 흔히 무지개 색이라고 이야기하는 것이에요. 이 파장만 우리가 볼 수 있어요. 나머지 파장의 빛은 우리가 볼 수 없습니다. 가시광선보다 파장이 짧은 쪽의 빛은 자외선(ultraviolet rays)이거든요. 보라색 바깥쪽에 있다고 해서 자외선이라고 해요. 자외선을 볼 수 있는 생물들이 있을까요? 있어요. 곤충이 봅니다. 우리 눈에는 색깔이 없는 꽃이 자외선을 볼 수 있는 곤충의 눈으로 보면 굉장히 화려한 색깔일 수 있어요. 새는 빨간색 계통을 더 잘 보는 경우가 많아요. 빨간색 계통의 꽃이 많다고 하면 주로 새가 왔다 갔다 하면서 꽃가루를 옮겨 준다고 생각해도 돼요. 옆으로 이야기가 샜는데, 자외선은 파장이 짧아요. 그래서 에너지가 많다? 적다?

**이재성** 많다.

**장수철** 맞아요. 우리가 볼 수 있는 가시광선에 비해서 에너지가 많아요. 식당에 가면 컵을 자외선 소독기에다가 넣어 놓잖아요. 그거 에너지가 센 자외선으로 세균 죽이려고 쓰는 거죠. 그런데 어이가 없는 거지. 자외선 등을 위에다 놓고선 컵을 겹쳐서 옆으로 뉘어 놨어. 물을 담는 컵 안을 깨끗하게 하려고 소독기를 쓰는 건데, 컵 옆이 멸균이 되어 봐야 무슨 소용이 있겠어요.

**이재성** 거기가 입술이 닿는 부분이라서 그런 거예요.

**장수철** 아아, 테두리 부분? 세워 놓으면 입술이 닿는 부분이 멸균이 더 잘 되죠. 또 엎어 놓는 식당도 있어. 자외선 등을 왜 쓰는지, 어떤 식으로 멸균을 시키는지 모르는 거야. 또 어떤 식당은 제대로 세워 놓기는 했어요. 그런데 컵을 겹쳐서. 그러면 맨 위에 것만 써야 해. 아래 것은 어느 정도 시간이 지나야 멸균이 되는 거예요.

사실 자외선은 에너지가 워낙 세기 때문에 정말 위험해요. 지금은 겨울이라 바깥에 나가도 자외선 지수가 그렇게 높지 않지만 늦봄부터 여름, 가을까지 우리나라의 자외선 지수가 상당히 높아졌어요. 해수욕장에서는 필수이고 평상시에 반팔 입고 돌아다닐 때에도 꼭 선크림을 바르는 게 좋아요. 안 바르면 나중에 어떻게 된다?

**이재성** 잘 익는다.

**장수철** 피부세포에 있는 DNA가 자외선에 의해서 깨져요. 자외선에 대비를 하지 않은 사람들은 나이를 먹으면 피부암에 걸릴 확률이 굉장히 높아집니다.

엑스선(X-rays)은 자외선보다 에너지가 더 많고, 감마선(gamma rays)은 더 많죠. 잘못해서 감마선 쬐면 큰일 나요. 원전에서 가장 위험한 게 감마선이에요. 엑스선은 가끔 건강 검진할 때 쓰이죠. 그 정도는 괜찮아요. 괜찮은데, CT를 너무 자주 찍으면 나중에 문제가 될 수도 있습니다. '나는 엑스선 찍는 것을 즐긴다.' 하는 사람은 없겠지만.

광합성을 하는 생물은 약 380~700나노미터 파장에 해당하는 빛을 사용합니다. 빨간색, 파란색을 많이 사용하고요, 자외선도 약간 사용합니

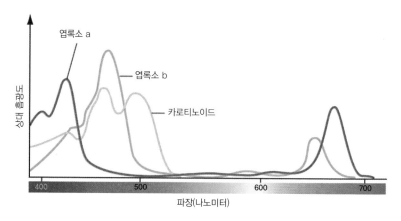

엽록소 a

엽록소 b

카로티노이드

흡광률

400    500    600    700

파장(나노미터)

**그림 7-3 광합성 생물은 빨간색과 파란색 빛을 좋아해** 광합성 색소는 약 400~700나노미터 파장의
가시광선을 사용한다. 그중에서도 빨간색과 파란색 빛의 흡수율이 높고 초록색 빛은 대부분 반사된
다. 엽록소 a는 파란색-보라색과 빨간색 빛을, 엽록소 b는 파란색과 빨간색-주황색, 카로티노이드는
파란색-보라색, 파란색-녹색 빛을 주로 흡수한다. 한여름에 나뭇잎이 녹색으로 보이는 것은 광합성
이 활발할 때 엽록소 a, b가 녹색 빛을 강하게 반사하기 때문인데, 가을이 되면 엽록소 a, b가 파괴되
면서 카로티노이드가 반사하는 노란색-빨간색 빛이 강하게 드러난다.


다. 그런 파장을 흡수하는 데 엽록소a, 엽록소b, 카로티노이드 등 몇 종
류의 색소가 있어요. 그래서 얘네들이 어떤 파장을 흡수하는지, 흡수 스
펙트럼이라고 하는 것을 봤어요. 흡수 스펙트럼(absorption spectrum)은 파
장을 달리해서 해당 파장의 빛이 얼마만큼 흡수가 되었는지를 살펴보는
것을 말해요. 또 작용 스펙트럼(action spectrum)이라고 있는데, 똑같은 파
장을 주되 어떤 작용이 어느 파장에서 잘 일어나는지를 보는 거예요.

그림 7-3을 보세요. 엽록소a는 파란색 빛을 흡수해요. 녹색, 노란색 빛
은 거의 흡수를 안 하고, 빨간색 빛은 흡수해요. 엽록소b는 어떨까요? 파
란색 빛, 잘 흡수해요. 녹색은 거의 흡수를 안 하고 노란색 빛은 조금 흡
수해요. 카로티노이드는 어떻죠? 파란색은 잘 흡수하는데 녹색은 거의
흡수를 안합니다. 이 색소는 짧은 파장으로 가면서 흡수율이 높아져요.

**그림 7-4** 나무에 단풍이 든다는 것은 여름 내내 활발하게 광합성을 했던 엽록소가 세포 안에서 흡수돼 사라지고 있다는 뜻이다. 엽록소가 줄면서 이파리에 있는 다른 색소가 화려한 색깔을 드러내는 것이다. 나뭇잎을 울긋불긋 물들였던 나무는 이파리에 있던 양분이 전부 몸체로 이동하면 이파리 끝부분에 절단 층을 만들어 잎을 떨어뜨린다.

카로티노이드는 자외선도 흡수해요. 자외선은 에너지가 세죠? 카로티노이드는 세포가 자외선에 손상되지 않도록 센 에너지를 흡수해요.

학자들은 엽록소a, 엽록소b, 카로티노이드 전부 다 빛을 흡수하고, 흡수한 빛을 광합성에 쓴다는 것을 알아낸 겁니다. 그렇다면 식물이 녹색으로 보이는 이유는 뭘까요?

이재성 흡수하지 못한 것이 남아서.

**장수철** 그렇죠. 식물 색소가 흡수한 빛은 우리가 못 봐요. 왜? 흡수한 빛은 식물이 어떤 식으로든 쓰거든요. 흡수하지 않은 빛은 반사되기도 하고 어떻게든 밖으로 나와요. 그래서 식물이 녹색으로 보이는 거예요. 식물이 녹색으로 보인다는 것은 식물이 녹색 빛을 쓰지 않는다는 이야기예요. 이런 점을 이용해서 식물을 가지고 깜깜한 곳에서 실험을 할 때 녹색 등을 켜고 해요. 빛이 실험에 영향을 주지 않도록 하는 거죠.

가을이 되면 햇빛의 양이 줄고 온도가 떨어지면서 광합성 효율이 확 떨어져요. 그러면 이파리에서 광합성을 했던 색소가 세포 안에서 흡수돼 없어지고 이파리에 있던 양분은 전부 가지를 통해서 몸체로 이동해요. 그런 다음에 이파리 끝부분에 절단되는 층을 만들어서 이파리를 떨어뜨려요. 이파리가 떨어지기 전에 단풍이 드는 것을 볼 수 있는데, 노란색을 띠면 엽록소의 양이 확 줄어들어서 상대적으로 카로티노이드의 양이 많아진 거예요. 엽록소로 뒤덮여 있어서 녹색으로 보이던 것이 엽록소가 급격하게 줄어들면서 카로티노이드 고유의 색깔이 보이는 거예요. 그런데 어떤 것은 노란색이고 어떤 것은 빨간색이죠? 엽록소나 카로티노이드 말고도 또 다른 종류의 색소를 약간씩 가지고 있어서 그래요. 그 색소들을 어떤 비중으로 가지고 있느냐에 따라서 어떤 나무는 빨간색, 어떤 나무는 노란색을 띱니다.

## 명반응: 빛에너지를 화학 에너지로

**장수철** 광합성에는 두 가지 반응이 있어요. 하나는 명반응(light reaction) 또는 '광' 반응이라고 해서, 흡수한 빛에너지를 화학 에너지로 바꿔 주는 거예요. 두 번째는 캘빈 회로 또는 '합성' 반응. 탄수화물을 만들어 주는 거예요. 처음에 빛에너지를 쓰고, 그 다음엔 물을 재료로 씁니다.

빛을 흡수한 다음에는 무슨 일이 일어나는지 명반응을 먼저 살펴볼까요? 태양에서 빛이 왔어요. 엽록체에 엽록소들이 있죠. 엽록소에는 전자

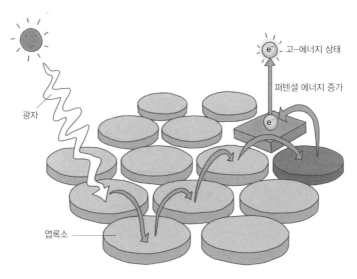

고-에너지 상태

퍼텐셜 에너지 증가

광자

엽록소

**그림 7-5 엽록소에서 빛에너지를 얻는 방법** 태양빛은 엽록소에 있는 수많은 전자를 흥분시킨다. 태양빛의 광자가 엽록소에 있는 전자 하나를 '땅!' 치면 전자의 에너지가 풍부해지는데, 그 에너지가 주변으로 전달되어서 다른 전자들도 흥분 상태가 된다. 광자를 맞은 전자의 에너지는 한 곳으로 모여 그 전자를 엽록소에서 떨어져 나가게 한다.

가 굉장히 많아요. 광자가 그중에 하나를 '땅!' 치면 전자의 에너지가 풍부해지는 거예요. 그리고 그 에너지가 주변으로 전달되어서 다른 전자들도 흥분 상태가 됩니다. 소리굽쇠를 '땅!' 쳐서 흔들리는 상태로 옆에 있는 소리굽쇠 가까이에 대면 옆에 있는 소리굽쇠도 같이 흔들려요. 에너지가 전달돼서 그런 거거든요? 이것도 마찬가지예요. 아니면 광자를 맞은 전자의 에너지가 너무 세면 다른 분자로 튀어서 전자가 옮겨 가기도 해요. 재미있는 건 그 에너지가 한 군데로 모인다는 거예요. 이쪽저쪽에서 '빵! 빵! 빵!'거려 가지고 전자의 에너지가 많아졌을 거 아니에요. 그러면 전자가 떴다 가라앉았다 떴다 가라앉았다 하는 식으로 해서 에너지가 한 곳으로 몰려요. 그것을 받는 전자가 하나 있어요. 그 전자는 아주 많은 에

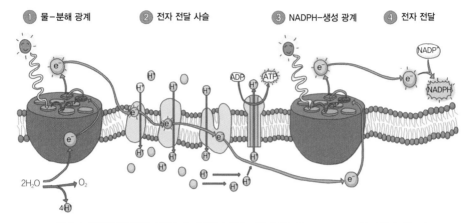

① 물-분해 광계    ② 전자 전달 사슬    ③ NADPH-생성 광계    ④ 전자 전달

$2H_2O$ ⟶ $O_2$
$4H^+$

**그림 7-6 명반응** 명반응은 엽록소가 태양빛과 물을 이용해 산소와 ATP, NADPH를 만들어 내는 과정까지의 과정을 말한다. 광합성 과정은 복잡하지만, 전자가 어디에서 와서 어디로 가는지만 잘 따라가면 어렵지 않다. ① 태양에서 온 빛에너지는 여러 엽록소를 흥분시키고 그 에너지가 반응 중심의 엽록소a로 모이면 이 분자의 들뜬 전자가 전자 전달 사슬로 전달된다. 전자를 잃은 이 엽록소a는 물 분자로부터 전자를 얻는데 그 결과 물 분자는 분해되어 산소와 수소 이온을 만들게 된다. ② 전자 전달 사슬로 전달된 전자는 에너지를 조금씩 내놓으며 수소 이온을 틸라코이드 막 내부로 퍼낸다. 이렇게 형성된 수소 이온의 농도 구배를 이용하여, 즉 수소 이온이 농도가 낮은 곳으로 이동하면서 ATP가 만들어진다. 빛에너지가 화학 에너지로 바뀌었다! ③ 전자 전달 사슬에서 넘어온 전자는 다시 한번 빛에너지를 받아 흥분 상태가 되고 전자 전달 단계로 넘어 간다. ④ 높은 에너지 상태의 전자는 $NADP^+$와 만나 NADPH를 생성한다.

너지를 받는 거예요. 그래서 나중에 '빵!' 하고 엽록소에서 떨어져나가요. 그런데 분자 구조를 이루고 있는 것에서 전자 하나가 떨어져 나가면 굉장히 불안한 상태가 돼요. 그래서 전자를 어떻게든 채워야 하거든요? 가장 만만한 놈이 누구냐 하면, 물이에요. 물을 쪼개서 전자를 가지고 와요. 탈수소효소(dehydrogenase)가 물에서 수소를 떼 내면 물이 산소와 수소로 분해가 되면서 산소가 생기고 전자가 공급되는 겁니다.

자, 그러면 엽록소의 전자가 흡수한 에너지는 어디에 쓰일까요? 이제 우리는 에너지를 받아서 떨어져 나간 전자가 어디로 가는지 추적해야 합니다. 봤더니 지난 시간에 얘기했던 핀볼 게임 비슷한 일이 벌어져요. 그라나 막을 사이에 두고 에너지가 높은 전자가 '탁탁탁' 에너지를 조금씩 내놓으면서 수소 이온을 퍼내는 거예요. 세포 호흡에서 봤던 전자 전달 사슬이랑 똑같은 일이 벌어지는 거죠. 수소 이온의 농도 차가 생기면서 ATP가 만들어집니다. 결과적으로 빛에너지가 ATP라는 화학 에너지로 바뀌는 거죠. 교과서에서 '광인산화(photophosphorylation)'라는 말 들어봤어요?

이재성 아니요.

장수철 인산화는 ADP에 인산이 하나 더 붙어서 ATP가 되었다는 이야기예요. 그런데 에너지원이 뭐예요? 빛이죠. 그래서 광인산화라고 해요.

음, 전자가 쭉 전달되면서 ATP를 만들었는데 그 다음에도 똑같은 시스템이 있어요. 앞에서처럼 빛에너지가 전자를 때리면 그 전자는 물론 주변의 전자까지 에너지가 높아지고, 그 에너지가 전자 하나에 모이면 그 전자가 떨어져 나가는 거죠. 떨어져 나간 자리는 전자 전달 사슬에서 온 전자가 자리를 메꾸고, 튕겨 나간 전자는 다른 데 가서 쓰이는 거예요. $NADP^+$라는 분자를 NADPH로 바꾸는 데 쓰여요.

명반응에서는 ATP하고 NADPH가 생깁니다. 빛에너지를 화학 분자 내의 에너지로 바꾼 거예요. 그런데 ATP하고 NADPH는 왜 만들었을까요? 그것이 아직 남아 있죠.


## 캘빈 회로: 당 만들기


장수철 자, 한번 볼까요? 명반응은 그라나 막 표면에서 일어났어요. 명반응에서 만들어진 ATP하고 NADPH는 엽록체 공간에 둥둥 떠다녀요. 스트로마라는 공간에 ATP하고 NADPH가 잔뜩 있어. 여기에서 드디어 이산화탄소를 쓰는 단계가 진행됩니다.

이파리를 보면 태양을 마주보고 있는 면이 만질만질해요. 뒷면은 상대적으로 덜 만질만질해요. 잎 뒷면을 얇은 핀셋으로 한 끝을 잡아서 벗겨낸 다음에 그것을 현미경으로 보면 구멍이 그렇게 많아요. 기공(stoma)이에요. 이파리 안에 공간이 넉넉해서 공기가 돌아다닌다고 이야기했었죠. 기공을 통해서 공기가 들어와요.

기공은 태양을 마주보는 면 뒤에 있어요. 만약에 윗면에 구멍이 있다면 어떻게 될까요? 구멍을 여는 순간 강렬한 태양열 때문에 물이 쉽게 빠져나갈 거예요. 옛날에 윗면에 구멍이 있는 식물이 있었을지도 몰라요. 그러나 그런 식물은 뒤쪽에 구멍을 가지고 있는 식물과 비교했을 때 물을 보존하는 데 아주 불리했을 거예요. 그래서 자연 선택 과정에서 도태되었을 겁니다.

기공은 아무 때나 열리지 않아요. 건조하고 더울 때에는 열리지 않습니다. 한낮에는 닫혀 있고, 아침 좀 지나서 아니면 저녁 될 즈음해서 빛이 있을 때 열립니다. 그때 이산화탄소가 안으로 들어오는 겁니다.

이재성 질문! 왜 그런 말 하잖아요. 밤에 잘 때 나무나 화분 같은 거 놓고 자면 안 된다고. 식물이 낮에는 이산화탄소를 빨아들이고 산소를 내뱉는데, 밤에는 산소를 들이마시고 이산화탄소를 내뱉는다고 알고 있거든요. 그런데 말씀하신 건 기공이 낮에는 안 열린다는 거잖아요.

장수철 햇빛이 강할 때 빼고는 낮에 열려 있어요. 밤에는 잘 안 열려요.

이재성 밤에는 기공이 안 열린다고요?

장수철 열려도 아주 조금 열려요. 완전히 닫히고 완전히 열리는 것이라기보다 거의 다 열리고 조금 열리는 거예요.

이재성 그런 거구나. 그러면 아까 제가 한 이야기는 어떻게 되는 거예요? 일반적으로 사람들이 식물은 낮에는 이산화탄소를 빨아들여서 산소를 내뱉는데 밤에는 산소를 빨아들이고 이산화탄소를 내뱉는다고 이야기하는 거요.

장수철 일단, 우리 지난 시간에 세포 호흡 봤죠? 호흡은 산소를 들이마시고 이산화탄소를 내뿜는 거예요. 식물은 호흡을 할까요? 안 할까요?

이재성 해요.

장수철 하죠. 낮에 할까요, 안 할까요?

이재성 몰라요.

장수철 낮에 해요. 밤에는?

이재성 몰라요.

장수철 밤에도 해요. 우리 호흡을 4~5분만 못해도 위험하잖아요. 식물도 마찬가지예요. 그런데 낮에는 광합성이 활발해서 워낙 많은 양의 산소가 생기니까 이산화탄소를 내뿜는 호흡 반응이 뒤덮여서 안 보이는 것일 뿐이에요. 밤에는 광합성이 아예 안 일어나고 호흡만 일어나는 거고요. 그러니까 이산화탄소만 발생하는 거예요.

이재성 아, 그러니까 호흡은 산소를 받아들이고 이산화탄소를 내뿜는 것인데 아침저녁으로 다 일어난다. 그런데 낮에는 광합성이 활발해서 산소의 양이 압도적으로 많기 때문에 마치 밤에만 이산화탄소를 들이마시고 낮에는 산소를 내뱉는 것처럼 보이는 것뿐이다.

장수철 그렇죠. 좋은 질문이었어요. 질문 안 했으면 설명 하지 않고 그냥 지나갔을 거예요.

다음 이야기를 계속 할게요. 광반응에서 ATP하고 NADPH가 만들어졌단 말이에요. 이산화탄소까지 이 세 개가 합쳐지면 캘빈 회로(Calvin cycle)가 작동해서 당이 생깁니다. 멜빈 캘빈(Melvin Calvin) 연구팀이 발견해서

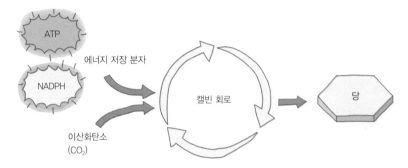

**그림 7-7 당 합성 과정** 광반응에서 만들어진 ATP와 NADPH가 이산화탄소와 만나 캘빈 회로 과정을 거치면 영양분인 포도당이 만들어진다. 이산화탄소는 당을 만드는 재료, ATP와 NADPH는 당을 만드는 데 필요한 에너지로 쓰인다. 이산화탄소 세 분자가 캘빈 회로에 들어가면 ATP와 NADPH를 소모하면서 G3P라는 3탄당이 만들어지고, 캘빈 회로가 한 번 더 돌아가면 3탄당 두 개가 생겨 결합하면 6탄당인 포도당이 만들어진다.

캘빈 회로라고 이름 붙인 거예요. 앞에서 '광합성' 중에 '광'의 과정을 봤다면 지금은 '합성'의 과정을 보는 거예요. 드디어 우리가 먹을 수 있는 식량이 생기는 겁니다. 이런 과정까지 오지 않았다면 지구 상에 99.99퍼센트의 생물은 존재하지 않았을 거예요. 바로 합성 과정이 생겼기 때문에 지구 상의 99.99퍼센트의 생물이 살 수 있는 거예요. 캘빈 회로, 사실 무지무지 복잡한데 여기에서는 당이 생기는 과정을 간단히 보죠.

이산화탄소 세 개가 들어가면 ATP랑 NADPH를 소모하면서 'G3P (Glyceradehyde 3-phosphate)'라고 하는 3탄당이 돼요. 이산화탄소는 탄소 하나에 산소가 두 개 붙은 거죠? 그래서 이산화탄소 세 개가 모이면 탄소 세 개가 모이는 거죠. 이 회로를 두 번 돌리면 뭐가 될까요? 3탄당 두 개가 생겨요. 3탄당 두 개를 붙이면 뭐가 되죠? 6탄당이 되죠. 그 6탄당이 포도당인 거예요.

그 다음에 같은 방식으로 다른 6탄당을 하나 더 만들 수가 있어요. 과당이요. 포도당과 과당을 합치면 설탕이 되는 거예요. 식물하고 동물하고 다른 것이, 우리는 피곤하면 포도당 주사를 맞죠. 식물은 병이 나면 설탕액을 맞아요. 식물세포는 포도당이 아니라 설탕 형태인 것을 받아들여요. 식물은 광합성으로 만든 설탕을 식물체 곳곳으로 보내서 호흡의 재료로 쓰게 해요. 그렇게 만들어진 ATP는 뿌리에서는 물과 양분을 흡수하는데, 꽃에서는 색소를 만드는 데 쓰여요.

식물 중에 설탕이 한 곳에 많이 모여 있는 것이 있어요. 예를 들면 고구마 뿌리 같은 거. 설탕이 들어오는 족족 설탕을 다 받아들여요. 흡수한 설탕은 자기 뿌리를 키우는 데 쓰이기도 하지만 나머지는 다 저장을 해요. 무엇으로? 녹말로. 그래서 고구마는 그야말로 녹말 덩어리예요. 감자도 마찬가지. 감자는 뿌리가 아니라 줄기에 저장을 해요. 이런 식으로 저장하는 것들에 또 뭐가 있어요? 귀리, 밀, 쌀 등 많은 씨앗이 그래요. 당을 녹말 형태로 저장하고 있죠.

엽록체가 공기 중에 있는 이산화탄소를 당으로 바꾸면 식물은 이 당을 이용해서 여러 가지 필요한 것들을 만들 수 있어요. 그래서 자기 몸을 2킬로그램에서 70킬로그램으로 불릴 수 있었던 거예요. 우리는 공기 중에 있는 이산화탄소를 아무리 들이마셔도 몸무게가 안 늘죠? 하지만 식물은 빛에너지를 사용해서 자신을 생장시키고 번식시키는 것이 가능합니다.

## 극한 환경에 대처하는 식물의 자세

장수철 그림 7-8에서 배경을 보세요. 뜨겁고 건조한 기후에 땅이고 나무고 매말랐어요. 절망스러운 순간이긴 하지만 어찌 되었든 간에 우리는 너무

**그림 7-8** 뜨겁고 건조한 기후에 우리는 나무 그늘로 가서 더위를 피하거나 다른 지역으로 이동할 수 있지만, 식물은 한번 뿌리를 내리면 움직일 수가 없다. 식물은 환경에 특히나 더 잘 적응해야 한다.

더우면 그늘로 가서 더위를 피하면 돼요. 그런데 식물은 한번 뿌리를 내리면 움직일 수가 없어요. 물이 없으면 그 자리에서 말라 죽어야 하는 거예요. 그래서 식물은 환경에 특히나 더 잘 적응해야 해요.

덥고 건조한 기후에 식물의 입장에서 기공을 연다는 것은 두 가지 의미예요. 물이 빠져나간다, 이산화탄소가 들어온다. 기공이 열리고 닫히고를 결정하는 것은 첫 번째, 물이에요. 물이 빠져나가면 말라 죽기 때문에 덥고 건조한 기후에서는 기공을 닫을 수밖에 없는 거야. 그러면 어떤 일이 벌어질까요?

이재성 답답해요.

**장수철** 하하하. 정말 답답해요. 기공을 닫으면 이파리 내에 이산화탄소는 들어오지 않고 당을 만들기만 하는 거죠. 있는 이산화탄소를 계속 쓰기만 하면 어떤 일이 벌어질까? 기공을 닫으면 이산화탄소가 부족한 상태에서 광합성의 결과로 물이 쪼개져서 산소가 나오죠. 평상시에는 이산화탄소의 농도가 광합성을 하는 데 충분할 정도로 유지되지만 기공이 닫히면 산소의 농도가 매우 높아져요. 그러다가 이산화탄소와 산소의 비율이 1:80에서 1:200으로 산소의 농도가 증가하게 되면 광합성을 안 해요. 덥고 건조한 기후 때문에 기공을 닫으면 식물은 광합성을 못하는 겁니다. 그래도 '죽는 것보다는 굶는 것이 낫지.' 해서 기공을 닫는 거예요. 그래서 덥고 건조한 지역에 사는 식물은 잘 살 수가 없어요.

그런데 그러한 환경에서 더 잘 살 수 있는 돌연변이가 출현을 했는데, 바로 씨포 식물(C4-plant)입니다. C4 식물은 산소와 이산화탄소의 농도 비율이 어떤가에 상관없이 광합성을 해서 당을 만들어요. 엽록체에 이산화탄소 끈끈이 테이프 같은 효소를 가지고 있어서 무조건 이산화탄소를 붙잡아서 캘빈 회로에 집어넣는 거예요. 덥고 건조한 기후에 기공이 물을 보호하는 쪽으로 여닫힌다고 하더라도 이산화탄소를 충분히 확보할 수가 있는 거죠. 그런데 이렇게 하면 ATP를 많이 소모하게 돼요.

이재성 왜 C4라고 해요?

장수철 처음에 이산화탄소를 고정시켰을 때 생기는 탄소 화합물이 있는데 탄소가 네 개여서 그래요. C4 식물은 덥고 건조한 지역에 주로 있는 식물, 예를 들면 옥수수, 수수, 사탕수수, 사탕무 같은 것들이에요. C4 식물이 전 세계에 어떻게 분포하는지를 보면 그야말로 덥고 건조한 지역에 많이 분포되어 있어요. 아까 우리가 봤던 것들, 이산화탄소 세 개가 들어오면 탄소 세 개짜리 당이 생긴다고 했잖아요. 최초로 생기는 탄소 화합물이 탄소 세 개짜리여서 '씨쓰리 식물(C3-plant)'이라고 해요. 보통 우리가 볼 수 있는 온대 지방 식물은 다 C3 식물이에요.

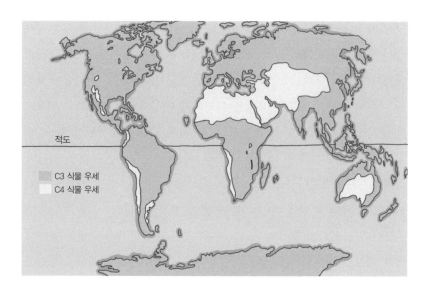

적도

C3 식물 우세
C4 식물 우세

**그림 7-9 극한 환경에서 광합성을 하는 식물** 덥고 건조한 기후에서는 물이 빠져나가면 말라죽기 때문에 기공을 활짝 열 수 없다. 그렇게 되면 이산화탄소가 들어오는 양도 적을 수밖에 없는데, 이런 지역에 서식하는 C4 식물은 엽록체에 이산화탄소 끈끈이 테이프 같은 효소를 가지고 있어서 이산화탄소를 붙잡는 회로를 거친 다음 이산화탄소를 캘빈 회로에 집어넣는 과정을 거친다. C3 식물은 캘빈 회로만 가지고 있는, 우리가 흔히 접하는 온대 지역 식물을 말한다.

이재성 그림 7-9 지도에 남극도 C3 영역이네? 남극엔 식물이 거의 없지 않아요?

**장수철** 추위에 잘 견디는 식물이 조금 있고, 극지방으로 가면 곰팡이하고 같이 사는 지의류랑 조류가 있어요. 걔네들은 C3 광합성을 해요.

이재성 칠레가 저렇게 건조해요?

**장수철** 모르겠어요. 산맥에 가까워서 그런가?

지도를 보고 이렇게 생각해 볼 수 있어요. '아니 그러면 건조한 지역만이 아니라 온대 지방 다 포함해서 C4 식물만 있으면 되는 거 아니야?' 그런데 그렇지 않거든요. 전체적으로 C3 식물이 많이 퍼져 있어요. 왜 C4

식물이 다 점령하지 못하고 C3 식물한테 밀릴까? 온대 지방에도 1년 중에 덥고 건조한 시기가 있을텐데, 그때 C3 식물은 광합성을 못하죠. 그런데 왜 C4가 C3에게 밀리는가? 다 비용 때문이에요.

**이재성** 그 이야기하려고 했어요.

**장수철** 진작하지.

**이재성** 그 말이 생각이 안 났어.

**장수철** 아까 C4 식물이 이산화탄소를 고정시킬 때 ATP를 쓴다고 했잖아요. 그러니까 온대 기후에서 C4 식물하고 C3 식물을 경쟁 시키면 C3 식물이 유리해요. 별로 에너지를 들이지 않고 광합성을 팡팡 하는 거예요. 잠시 덥고 건조한 시기에는 C3 식물이 불리하지만 평상시에는 더 효율적이란 말이에요.

**이재성** 완전히 그거네! 4륜 구동차하고 2륜 구동차네. 눈이 오거나 할 때는 4륜 구동이 훨씬 효과적인데 일상 도로에서는 4륜 구동하면 에너지가 많이 들어가잖아요. 도시에서 4륜 구동 돌리면 기름 엄청 들거든요.

**장수철** 그거 맞는 비유네요.

**이재성** 그래서 나온 것이 도시에서는 2륜 구동으로 하다가 오프로드에서는 4륜 구동으로 전환할 수 있는 차잖아요. 그러니까 C3.5식물이 나오면 더 유리하지 않겠어요?

---

**칠레의 사막** 칠레의 해역은 바다 깊숙한 곳에서 형성된 차가운 바닷물이 용승하는 곳으로, 차가운 바닷물이 대기가 상승하는 것을 막아 비구름이 거의 만들어지지 않는다 (《살아 있는 지리 교과서1》 참조).

**그림 7-10 선인장이 사막에서 살아가는 법** 식물이 사막에 살면서 낮에 기공을 조금이라도 열었다가는 곧장 말라 죽는다. 그래서 사막에 사는 식물은 밤에 기공을 활짝 열어 이산화탄소를 빨아들이고 낮에는 기공을 닫고 캘빈 회로만 돌리는 방법으로 환경에 적응했다. 선인장을 포함해 이와 같은 방식으로 덥고 건조한 극한 환경에 적응한 식물을 CAM 식물이라 한다(사진은 미국 아리조나 주 소노라 사막에 사는 사와로 선인장이다.).

**장수철** 몇 억 년이 지나면 그런 식물이 나올까 모르겠네요. 하하하하. 유전 공학이 더 발달하면 나올지도 모르겠다. 인간이 하는 일은 한계가 없으니까.

C4 식물이 사는 지역보다 훨씬 더 덥고 건조한 지역에는 캠(CAM, Crassulacean acid metabolism) 대사를 하는 식물이 있습니다. 대사 과정에서 크래슐산(crassulacean acid)이라는 물질이 나와서 CAM 식물이라고 하는데, 선인장을 생각하시면 돼요. 선인장 어디서 사는지 알죠? 사막에 살면서 낮에 기공을 조금이라도 열었다가는 말라 죽어요. 그래서 낮에는 기공을

거의 닫습니다. 그래야지만 선인장이 살 수 있어요. 밤에는 기공을 활짝 열어서 이산화탄소를 쫙 빨아들이고, 낮에는 기공을 닫고 그 안에서 공장을 돌리는 거예요. 밤에는 공장을 안 돌려요. 즉 캘빈 회로가 안 돌아가요. 낮에만 회로를 돌리고 밤에는 이산화탄소만 잡아들입니다. 이것도 극한 지역에서 식물이 광합성을 하게 된 적응 형태입니다.

이재성 그런데 선인장이 어떻게 온난한 데에서도 살아요? 나 연구실에도 선인장이 있거든요.

장수철 맞아요. 그런 곳에서도 살죠. 극한 지역에서도 사는데 온대 지방에서도 살 수 있지 않겠어요? 에너지는 좀 들겠지만.

자, 그래서 C3 광합성, C4 광합성, CAM 광합성 이렇게 해서 다양한 광합성 방식이 있는 것까지 살펴봤어요.


## 수업이 끝난 뒤


이재성 어? 끝났어? 왜 이렇게 오늘 일찍 끝났어요? 질문 하나 생각난 게 있어요. 고구마나 감자, 당근 같은 것들. 생장을 촉진시키기 위해서 설탕을 밭에 뿌리면 안 돼요?

장수철 밭에 그냥요? 밭에 설탕을 뿌린다면 일부만 흡수될 거예요. 그건 설탕이 고구마 뿌리로 가느냐 안 가느냐 하는 문제예요. 예를 들어 물은 우리 몸에 꼭 필요한 건데 물을 입으로 마셔서 몸속으로 들어가야 좋은 거지 손에 아무리 뿌려 봐야 큰 소용없거든요. 어떻게 흡수시키느냐가 중요한 거죠.

이재성 '시들한 식물에 설탕을 좀 뿌려 줄까 생각하고 있었는데.

**장수철** 어디에요?

이재성 집에요.

**장수철** 나도 식물을 잘 못 키우는데, 물을 주는 것이 가장 중요해요. 그 다음에 시들한 이유 중에 하나는 흙속에 있는 무기 양분이 많이 부족해서 예요. 비료로 파는 것을 희석해서 조금씩 주는 것이 중요하고, 그 다음에 는…….

이재성 중간에 분갈이를 하고.

**장수철** 응? 응, 분갈이를 해도 되고.

이재성 숨 잘 쉴 수 있게 흙속에 공기가 충분히 들어가야 하니까.

**장수철** 그리고 햇빛을 잘 받을 수 있게끔 해 주고.

이재성 그중에 어느 거 하나는 걸려서 살아나겠다.

**장수철** 어쨌든 지금 말한 것들은 다 해야 하는 거야.

이재성 그런데 식물이 죽으려고 할 때 밖에 내놓으면 살아요. 아파트에서 죽은 화분을 분리수거하는 쓰레기통 옆에 내놓거든? 그러면 경비 아저씨가 버리지 않고 경비실 주위에 놓는데, 나는 그 경비실 아저씨가 신의 손인 줄 알았어. 다 살아나서. 아무것도 안 하고 그냥 밖에 놔뒀는데 다 살아나. 밖에서 강하게 자라야 되나 봐.

**장수철** 강하게 자라야 돼? 하하하.

# 세포는 끊임없이 죽고 다시 태어난다

## 세포 분열과 생식

벌써 여덟 번째 수업까지 왔네요. 이번 시간에는 세포 분열에 대해 이야기할 거예요. 먼저 세포 분열이 왜 중요한지, 세포 분열에 어떤 종류가 있는지를 같이 보죠. 남성과 여성이 있는 유성생식이 생물학적으로 어떤 이점이 있는지까지 살펴볼 겁니다.

## 조로증과 말단소체

**장수철** 먼저 세포 분열이 왜 중요한지, 세포 분열에 어떤 종류가 있는지를 같이 보죠.

조로증이라고 들어 봤죠? 조로증은 쉽게 말해 노화가 빨리 진행되는 병이에요. 일고여덟 살 정도밖에 안 된 아이인데 또래보다 한참 나이 들어 보이는 외모를 하고 있죠. 조로증인 사람은 보통 사람보다 DNA 양쪽 끝 부분이 짧아요. 양쪽 끝 부분이 짧다고 하는 것이 뭔지 잘 모르겠죠? 우리 몸의 세포 내에는 46개의 염색체가 있어요. 염색체는 DNA가 뭉쳐 있는 것인데 염색체 각각은 하나의 DNA로 이루어져 있어요. 그러니까 염색체 하나를 뽑아서 양쪽 끝을 잡아서 쭉 늘리면 DNA 하나가 나오는 거예요. 그럴 때 양쪽 맨 끝에서 TTAGGG 염기 여섯 개가 계속 반복되는 부분이 있는데, 이 부위를 '말단소체'라고 해요. 흔히 '텔로미어(telomere)'라고 하죠. DNA를 복제하는 메커니즘은 DNA를 양끝에서 완벽하게 복제를 못하는 타고난 한계를 가지고 있어요. 그래서 한 번 복제하면 DNA가 짧아지고, 또 한 번 복제하면 또 짧아지는 거예요. DNA 끝 부분이 얼마나 남았는지를 관찰하면 '이 세포는 만들어진 지 얼마 안 되었다.', 아니면 '이 세포는 만들어진 다음에 여러 번 세포 분열을 했다.' 하는 것을 알 수 있어요. 즉 '말단소체 부위가 얼마나 남았는가?'로 세포의 나이를 알 수 있다는 겁니다.

허친슨-길포드 조로 증후군(Hutchinson-Gilford progerian syndrome)은 DNA 끝 부분이 심하게 빨리 짧아져서 나타나는 거예요. 말단소체는 일종의 보호 캡이라고 할 수 있는데, 그림 8-1에서 파란색으로 표시된 부분부터는 더 이상 짧아지면 안 되거든요. 세포 분열을 해서 말단소체가 다 잘려나가서 그 이상으로 DNA가 더 짧아진다? 그러면 세포가 비정상적인 상태가 돼요. 조로증은 말단소체의 길이가 짧아서 훼손되지 않아야 할 DNA가 잘려 나가거나, 세포가 분열할 때 보통 사람들보다 말단 소체가 짧아지는 속도가 훨씬 빠르기 때문에 생깁니다. 세포가 나이를 빨리 먹는 거죠. 노화가 빨리 진행되는 겁니다.

다른 예 중 하나가 복제양 돌리(Dolly)입니다. 돌리는 태어날 때부터 성체의 DNA를 가지고 태어났어요. 성체의 DNA를 그대로 난자에 집어넣어서 태어난 것이 복제양 돌리거든요. 그러니까 어린 나이에도 성체의 특징이 나타났을 거예요. 3년째에 노화 조짐을 보이기 시작했고 그 뒤 여러 가지 성인병에 시달렸어요. 결국 사람들은 병으로 고생하는 것을 안쓰러워해서 태어난 지 6년째에 안락사 시켰어요.

새끼의 DNA와 성체의 DNA 길이는 차이가 큽니다. 성체가 되었을 때의 DNA는 태어났을 때의 DNA에 비해서 말단소체가 상당히 짧단 말

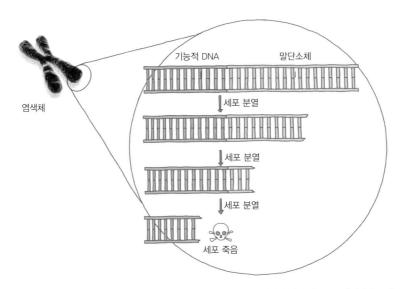

그림 8-1 세포의 나이와 말단소체 DNA 양끝에 TTAGGG 염기 서열이 반복되는 부분을 '말단소체'라고 한다. DNA가 끝까지 완전하게 복제되지 않기 때문에 세포가 분열하면서DNA가 복제될 때마다 말단소체가 짧아진다. 계속 짧아지다가 기능적 DNA까지 손실되면 DNA의 필수적인 기능을 잃어 세포가 죽는다. 세포가 얼마나 자극을 받았는지 또는 몸의 어디에 위치해 있는가에 따라 분열의 횟수에 차이가 있지만 사람의 세포는 평생 평균 20~50번 정도 분열을 한다.


이에요. 돌리의 경우 말단소체가 짧은 상태로 태어나서 세포가 분열할 때마다 말단소체가 짧아져서 노화가 빨리 진행된 겁니다.

이재성 그러면 사람의 말단소체를 관찰하면 이 사람의 수명이 얼마나 남았는지 볼 수 있어요?

장수철 수명이 얼마 남았느냐는 모르죠. 나이가 얼마인지는 알아도.

이재성 사람이 살아서 죽을 때까지 몇 번 정도 세포 분열을 하나요?

장수철 평균 20에서 50번 정도. 얼마만큼 자극을 많이 받았는가에 따라서 우리 몸의 부위마다 분열의 횟수에 차이가 있을 수 있어요.

이재성 거 아무것도 모르네. 차라리 사주를 보는 게 낫겠다.

**장수철** 하하. 워낙 생물이 생긴 것이 그래. 말단소체는 수명보다는 노화랑 더 관계가 있어요.

자, '세포 분열' 하면 암세포가 챔피언이에요.

**이재성** 다이하드네.

**장수철** 네. 얘네들은 DNA가 짧아지는 일이 벌어지지 않아요.

**이재성** 왜요?

**장수철** 암세포는 DNA가 짧아지는 것을 막아 주는 효소를 가지고 있어요. 사실 우리 몸에도 있는데, 우리 몸에서는 평상시에 사용되지 않아요. 반면 암세포는 평상시에도 사용되게끔 조작이 된 상태인 것 같아요. 거기에 대해서 여러 가지 연구 논문이 나오고 있다고 생각이 되는데, 어쨌든 얘네들은 죽을 줄 모르는 세포예요. 먹을 것만 있으면, 세포 분열이 와아…… 이것은 뭐 가히 불멸이라고 이야기할 수 있을 정도로 끝이 없습니다.

**이재성** 암세포는 안 늘어요?

**장수철** 네. 늙는다고 하는 것이 DNA가 짧아진다는 것인데 그 일이 안 벌어진다니까. 만날 새로운 세포, 그 이전에 있던 세포와 똑같은 세포가요.


## DNA의 길이는 얼마나 될까

**장수철** 지금까지 본 것은 사실 체세포 분열(somatic cell division)이었어요. 체세포 분열 말고 여러분 몸속에서 난자나 정자가 만들어질 때에는 생식세포 분열이 일어나요. 염색체의 숫자가 두 세트였는데 한 세트로 줄어들어서 '감수 분열(meiosis)'이라고도 해요. 오늘은 주로 체세포 분열에 대해서 이야기할 거예요. 세포 분열은 똑같은 세포가 하나 더 생기는 거예요. 뭘 똑같이 만들어야 하죠?

이재성 DNA.

**장수철** 오! DNA가 똑같다는 이야기가 바로 나오니까 싱거운데? 세포 하나를 뜯어서 DNA를 쭉 펼치면 2미터가 나온대요. 세포도 우리 눈에 안 보이죠? 세포도 보이지 않는데 그것을 핀으로 뜯어서 그 안에 있는 2미터 길이의 DNA가 들어 있는 거예요. 세포가 학교 교실만 하다면 이 안에 들어 있는 DNA는 여기 휴머니스트 출판사에서부터 서울을 지나서 판문점을 지나서 평양을 지나서 압록강을 건너가지고 만주를 지나서 러시아에 있는 바이칼 호까지 가요. 세포가 교실만 하다면 그 안에 들어가 있는 DNA의 길이가 그 정도 될 거라는 거죠. 그렇게 긴 DNA가 세포 안에 어떻게 들어가 있을까요? 그것부터 살펴보죠.

세포 내에는 핵이라고 하는 공간이 따로 있죠. 이 공간 안에 DNA를 다 넣어야 해요. 어떻게 넣어야 할까요? 대충 얼기설기 집어넣으면 안 돼요. 그러면 DNA가 들어갈 공간이 터무니없이 모자라요. 그리고 필요에 따라 DNA 일부분을 풀어서 사용해야 하거든요. 그래서 DNA를 체계적으로 정리해서 핵에 넣어야 해요.

세포에서 염색체의 기본 구조는 실패에 실을 감듯이 단백질에 DNA를 감는 구조에요. '히스톤(histone)'이라고 하는 단백질 네 종류가 두 줄로 해서 여덟 개를 이뤄서 '실패'를 구성해요. 그러면 DNA가 히스톤 단백질 여덟 개를 연속해서 감는 거예요. 누가 감을까요? 없죠. 우리가 실패에다가 실을 감는 것처럼 할 수 있는 게 아니잖아요. 알아서 자연스럽게 되어야 하잖아요. 봤더니 DNA에는 인산이 있어요. 인산은 음전하예요. 그런데 히스톤 단백질은 아르기닌(arginine), 히스티딘(histidine) 같

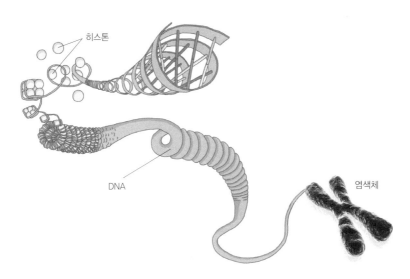

**그림 8-2 진핵생물의 염색체** 우리 세포의 DNA는 실을 실패에 감듯 히스톤이라는 단백질에 감겨 있다. '히스톤'이라는 단백질 여덟 개가 실패 구실을 하여 DNA가 이들을 감게 된다. 이 섬유는 꼬이고, 한 번 더 꼬인다. 평상시에는 3차 정도로 꼬아진 상태로 DNA가 핵 안에 들어가 있고, 세포 분열을 할 때는 이 상태에서 한 번 더 꼬인다.

이 양전하를 띤 아미노산을 많이 가지고 있어요. 그래서 DNA와 이 단백질들이 같이 있으면 어떻게 될까요? 음전하, 양전하가 서로 붙겠죠. 그래서 DNA가 히스톤 단백질에 감겨 있는 구조가 나오는 거예요. 하지만 이렇게 만들어서 집어넣으려고 해도 워낙 길기 때문에 안 돼요. 그래서 두 번째로 이 덩어리끼리 꼬는 거예요. 이것을 쭉 꼬게 되면 섬유가 나오죠. 이 섬유를 또 꼴 수 있어요. 이걸 전화선 같이 한 번 더 꼬는 거예요. 평상시에는 이 3차로 꼬아진 것을 가지고 있어요. 그러다가 세포 분열을 할 때는 이것을 한 번 더 꼬아요. 그렇게 되면 우리가 현미경으로 볼 수 있는 염색체가 되는 거예요. 평상시에는 DNA가 3차 정도만 꼬아진 상태에서 핵 안에 들어가 있거든요. 이때는 우리가 현미경으로 못 봅니다.

어쨌든 엄청난 길이의 DNA가 나름대로의 질서로 4차에 걸쳐 꼬이면서 굉장히 작은 공간에 다 들어갈 수 있는 구조가 됩니다.

세균의 경우는 어떨까요? 대장균에 약 처리를 해서 대장균 세포를 깨면 DNA가 바깥으로 나옵니다. 그 안에서 나온 DNA 조각도 엄청 많아요. 세균에 들어 있는 DNA도 만만한 양이 아닌 거예요. 얘네들도 꼬여 있긴 한데, 대충 꼬여 있어요. 그리고 세균은 핵이 없으니까 꼬여 있는 DNA를 세포 가운데에다 대충 진열해 놓는 정도입니다.

굉장히 기다란 DNA가 나름대로 체계를 갖춘 상태에서 세포 내에 보관되어 있다는 것을 살펴봤고요, DNA를 좀 더 자세히 들여다볼게요.

DNA는 아데닌, 티민, 구아닌, 시토신으로 정보가 암호화되어 있어요. A, T, G, C 순서가 중요한 거예요. 사람의 경우 DNA 안에 들어가 있는 염기의 개수가 30억 개예요. 세포 분열은 이렇게 복잡하고 엄청난 양의 염기 서열을 복제해서 새로운 세포로 넘겨주는 과정입니다. 여기에서 두 가지 알아둘 것이 있습니다. 첫 번째, 오류가 생기기도 한다는 점입니다. DNA가 만주까지 이어질 정도로 길다고 했었죠? 여기 휴머니스트 출판사에서 홍대입구역까지만 A, T, G, C가 쭉 써져 있다고 생각을 하고, 그 옆에 종이테이프를 준비해서 똑같이 쓴다고 생각을 해 보세요. 한 1만 개 정도? 또는 10만 개 정도 쓴다고 생각을 해 보죠. A, T, G, C를 옆에서 쭉 베끼는 거야.

이재성 그거 왜 베껴? ctrl+c, ctrl+v하면 되는데.

**장수철** 복사해서 붙이기 한다고? 음, 뭐 그렇게 해도 되고. 컴퓨터로 베껴서 인쇄를 하든 어쨌든 간에 양이 어마어마하기 때문에 오류가 생길 수밖에 없어요. 시간도 엄청나게 걸릴 거예요. 사람의 경우 DNA 안에 있는 염기의 개수가 30억 개예요. 말이 30억 개지 30억 개의 A, T, G, C를 거의 실수하지 않고 쓴다? 어떨 것 같아요? 이게 말이 쉽지 엄청나게 어려운 일이에요. 아까 1만 개의 글자, 10만 개의 글자 이렇게 이야기했지만, 컴퓨터에서 복사해서 붙이기 한 것을 인쇄해서 연결할 때도 엄청난 오류가 생길 수밖에 없어요.

그러니까 내가 아버지의 유전자와 어머니의 유전자를 넘겨받을 때 100퍼센트 동일하게 만들어진 상태로 오는 게 아니란 말이에요. 아버지와 어머니의 DNA가 복세를 해서 나한테 줄 때 약간은 실수를 해서 준단 말이에요. 그래서 내가 어머니와 아버지의 양쪽 특징을 반반 받은 것은 맞는데 가끔 가다가 아버지, 어머니 누구와 비교를 해도 같지 않은 특징이 나올 수 있다는 거죠.

다만 짚고 넘어갈 것은 복제하는 과정에서 약간의 실수는 항상 있지만 기본적으로 무지무지 정확하게 복제된다는 거예요. 염기 30억 개를 베껴서 옆에 세포에다가 넘겨줄 때 세 개 정도가 틀려요. 오류율이 10억분의 1이에요. 약간의 실수는 생기지만 엄청나게 정확하다고 말할 수 있는 정도라는 겁니다. 세포는 DNA를 복제하는 과정에서 자체적으로 오류를 수정해 정보가 동일하게 DNA를 복제하려고 합니다. 그 결과 두 개의 똑같은 세포, 즉 클론(clone)을 만들게 되죠. 클론은 세포든 DNA든 동일한 복제본을 지칭해요. DNA를 클로닝(cloning) 한다고 하면 똑같은 염기 서열을 가지고 있는 DNA를 복제한다는 뜻입니다.

DNA 복제가 끝나면 이제 복제한 것을 나눠야 하는데, 세균의 경우는 이분법(binary fission)으로 해요. 세균의 둥그런 DNA에는 복제 원점(origin of replication)이 있어서 이 지점 안쪽에서부터 쭉 복제를 시작하는 거예요. 그래서 동일한 것을 두 개를 만들죠. 그 다음에 이것을 양쪽 세포로 보내면 끝이에요. 간단하죠? 세포질까지 분리되면 이제 새로운 개체 하나가

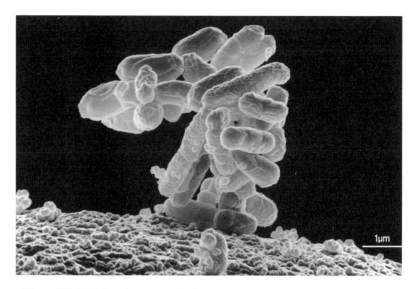

**그림 8-3** 원핵생물은 둥그런 DNA를 복제한 후 양쪽에 DNA를 나눠 가지는 이분법의 방식으로 개체 수를 늘려나간다. 원핵생물에서는 세포 분열 자체가 생식이다. 즉 아버지, 어머니가 따로 없는 무성생 식을 한다(사진은 대장균을 전자 현미경으로 찍은 뒤 임의로 색을 입힌 것이다.).

생긴 거예요. 단세포 생물이나 세균의 경우에는 이분법을 통해서 하나가 둘이 되고 둘이 넷이 되는 거예요. 아버지, 어머니가 있어요? 없죠. 이것 을 '무성 생식(asexual reproduction)'이라고 합니다. 그러니까 세포 분열 자 체가 생식인 거예요. 세포 분열로 생물체가 늘어나는 겁니다.

그런데 우리의 세포 분열은 이야기가 그렇게 간단하지 않습니다. 우리 의 세포는 세균의 이분법과 달리 유사 분열(mitosis)을 해요. 유사 분열은 DNA가 염색체로 나타났을 때 방추사(spindle fiber)에 의해 분리되는 분열 을 말합니다. 방추사는 실 모양의 미세소관인데 이것이 염색체를 이동시 키죠.

## 내 몸에서 떨어져 나가는 세포들

**장수철** 우리 몸에서는 세포가 항상 만들어져요. 왜 끊임없이 새로운 세포를 만들어 낼까? 계속해서 세포의 일부가 떨어져나간단 말이에요. 대표적인 것이 피부세포예요. 매일 엄청나게 떨어져나가요. 그런데 그것도 모자라서 우리나라 사람들은 때밀이까지 하잖아요. 수백만 개의 세포 덩어리를 떨구는 거죠. 사실 그럴 필요까진 없는데.

**이재성** 다이어트에 그게 얼마나 도움이 되는데요.

**장수철** 응? 다이어트에?

**이재성** 때 한 번 밀고 나면 2킬로그램 빠져요.

**장수철** 음, 힘써서?

**이재성** 아니, 그게 아니라 벗겨내니까.

**장수철** 그러니까 벗겨 내면서 힘을 쓰니까 그런 거 아니에요?

**이재성** 때 무게인 거 같은데? 들어가기 전에 몸무게 재고, 때 밀고 나와서 딱 재면 달라요.

**장수철** 때가 어떻게 2킬로그램이 나와요. 다이어트를 그렇게 해요? 그럼 매일 벗겨야겠네?

**이재성** 오늘 아침에 벗기고 왔는데.

**장수철** 피부 각질층을 자주 제거하면 그만큼 피부가 얇아져요.

**이재성** 새로운 세포가 계속 만들어지니까 좋은 거 아니에요?

**장수철** 그렇지 않아요. 벗겨낸 자리가 손상된 상태로 노출되기 때문에 외부 자극에 민감해져서 오히려 해로워요. 두께가 얇아진 상태로 있다가 나중에 복구가 되는 거예요.

그 다음에 대장에서도 세포 분열이 많이 일어나요. 대변을 볼 때 대장

벽을 이루고 있는 세포들이 같이 떨어져 나가요. 대변 성분이 대장 벽을 긁고 지나가는 거예요. 만일 그 상태로 가만히 두면 대장 벽이 얇아지다가 어느 날에는 구멍이 날지도 몰라요. 그런데 실제로는 그런 일이 안 일어난다고. 왜냐하면 대장 안쪽을 이루고 있는 세포가 떨어져나가는 것이 자극이 되어서 세포 분열이 일어나요. 없어진 만큼 다시 복구가 되는 거예요.

또 여성의 경우에는 한 달에 한 번 생리를 하잖아요. 그때 자궁 벽 세포도 같이 떨어져 나와요. 그래서 한 달에 한 번씩 세포를 복구해 줘야해요. 아니면 자궁이 손상될 수 있습니다. 요즘같이 아이를 안 낳거나 늦게 낳게 되면 자궁암이 생길 확률이 높아져요. 새로운 세포를 만드는 경우에 DNA 염기 서열이 10억분의 1만큼 오류가 생긴다고 했잖아요. 그건 자연적인 거고 그 이상으로 오류가 생길 수 있거든요. 일찌감치 아이를 가졌을 경우에는 임신 기간 동안에는 생리를 안 하잖아요. 그리고 옛날에는 아이를 많이 낳았어요. 많이 낳았기 때문에 옛날 여성은 현대 여성과 비교했을 때 전 생애를 통해서 생리를 한 기간이 길지 않았어요. 현대 여성은 옛날 여성보다 두세 배 긴 기간 동안 생리를 하는 거죠. 그만큼 세포가 분열하는 횟수가 늘어난 거고, 그만큼 DNA 복제 시 오류가 많이 일어날 수 있는 거죠. 그러면 암세포가 돼서 자궁암이 생길 확률이 높아지는 거예요. 옛날보다 훨씬 자궁암에 걸리는 여성의 비율이 높아진 것이 바로 그런 것 때문이에요.

지금 쭉 세포 분열에 대해서 이야기를 했잖아요. 성장, 대체, 두 가지 중에서 어느 쪽인 것 같아요?

이재성 대체.

장수철 대체죠. 간을 이식하면 반 이상을 잘라 내더라도 거의 원상복구가 되잖아요. 딱 잘라낸 만큼 그만큼만 쫙 복제가 돼요. 엄청난 거죠. 잘라낸 것을 어떻게 알고 딱 그만큼만 세포 분열을 하고 끝날까? 평상시에도 많이 경험할 거예요. 예를 들면 사과를 깎다가 삐끗해서 손에 상처가 났다, 그런 다음에 약 바르고 반창고 붙이고 한참 지나고 보면 어디에 상처가 났는지도 모를 정도로 말끔해져 있어요. 그렇죠?

이재성 흉터가 남던데?

**장수철** 심하면 남죠. 그래도 오래 놔두면 흉터가 많이 옅어지죠. 뭔가 자극이 있으면 세포가 그 자극을 인식해서 세포 분열을 시작하고, 분열을 하되 일정한 밀도가 되면 더 이상 안 해요. 유사 분열이라고 하는 것이 굉장히 정교한 거예요. DNA를 복제해서 옆으로 옮겨 가는 것도 굉장히 힘든데, 얼마만큼 분열할 것인지도 세포가 알아서 판단을 한다는 거예요. 너무 익숙해서 당연하게 생각하지만 이게 보통 이야기가 아닌 거예요. 이런 기능이 고장 나서 무분별하게 세포 분열을 하게 되면 암세포가 되는 거예요. 정확하게 말하면 종양세포죠. 전이(metastasis)까지 된다고 하면 암세포예요.

반대로 한번 다치면 복구되지 않는 세포 종류가 있어요. 어떤 것이 있죠? 근육. 근육이 망가지면 복구 안 돼요. 깊게 베어서 근육까지 손상됐다고 하면 병원에 꼭 가야 합니다. 붕대로 감는다고 해서 낫는 게 아니에요.

이재성 그런데 우리 운동하는 사람들은 벌크 만들거든요? 덤벨을 들어서 근육에 상처를 낸 다음에 충분히 닭 가슴살 같은 거 먹고 하면 쉬면서 근육이 붙는다고 하거든요. 상처가 아물면서 벌크가 생긴다고요. 그래서 운동을 해서 자극을 주는 거고, 그것이 근육을 찢는 거라고 이야기를 하거든요. 여름에 멋있게 만들어야지. 불룩불룩. 근육이 커진다는 게 분열한다는 거 아니에요?

**장수철** 아니에요. 근육이 커진다는 건 세포가 분열하는 게 아니라 근육 자체가 성장하는 거라고 봐야 해요. 현재까지, 근육은 태어난 이후에 분열하지 않아서 섬유의 개수는 줄지도 늘지도 않는다고 알려져 있어요. 근육에서는 '근육세포'라는 말보다는 '근섬유(muscle fiber)'라고 많이 얘기하는데, 생김새가 일반적인 세포와는 좀 다릅니다. 긴 섬유에 핵이 여러 개들어 있는 모양을 하고 있고, 근섬유가 다발을 이뤄서 한 단위로 움직이죠. 아마 근육에 상처를 낸다거나 근육을 찢는다는 표현은 피부세포가 분열을 해서 상처를 아물게 한다는 것과는 다른 의미일 거예요. 그보다는 근섬유를 강화한다는 뜻일 거예요. 근육이 다치면 재생이 안 되기 때문에 치명적입니다.

**이재성** 그래서 실베스터 스탤론처럼 나이 들어서 운동 못하면 근육이 처지는 거구나. 그러면 보기도 흉할뿐더러 근육 무게를 견디지를 못해서 굉장히 아프다고 하더라고요. 운동하는 사람들이 걱정하는 것이 근육을 만들어 놨다가 늙어서 운동을 계속 못 하는 거거든요.

**장수철** 하여간 대표적으로 세포 분열이 잘 안 되는 것 중에 하나가 근육이고요, 그 다음에는 신경이에요. 대표적인 것이 소아마비예요. 어렸을 때 폴리오바이러스(polio virus)에 노출이 되어서 신경이 다치면 복구가 안 돼요. 평생 다리를 절고 살 수밖에 없는 상황이 생기는 거죠.

최근에 신경세포를 만드는 줄기세포(stem sell)가 있다는 말이 나오는데 그것은 맞는 거 같아요. 다만 그것을 우리가 병을 고치는 데 사용할 수 있을지 없을지는 현재로서는 잘 모르겠어요. 언젠가는 될 거예요. 그렇게 되면 수많은 뇌신경계통 질환을 고치는 데 엄청난 효과가 있을 거예요. 파킨슨병(Parkinson's disease), 알츠하이머(alzheimer's disease) 등 여러 가지 뇌 질환은 뇌세포가 한번 죽으면 재생이 안 되기 때문에 생기는 병이에요. 가끔 뇌 기능이 복구된 것 같다고 하는 것은 죽은 세포가 대체되는 것이 아니라 옆에 있는 다른 세포가 기능을 대신해서 그런 거예요.

이재성 대체는 아니고?

장수철 네, 대체는 아니고. 생각해 보면 모든 세포가 다 세포 분열을 할 수 있는 것이 아니에요. 필요에 따라서 세포 분열의 능력이 세포의 종류마다 다 다를 수 있는 거예요.

이재성 저 고등학교 때 소아마비 있는 친구가 있었어요. 그런데 보통은 약간 다리만 절지 거의 티가 안 나는데, 내 친구는 목발을 짚고 다녔어요.

장수철 신경세포의 손상 정도 차이가 큰 것 같아요. 그러니까 신경세포 하나의 손상일 수도 있고, 여러 개의 손상일 수도 있고, 또 그 하나의 손상이 심할 수도 있고 덜 할 수도 있고.

이재성 제가 생각할 때는 신경하고 근육하고의 관계일 것 같은데 근육이랑 신경세포는 세포 분열을 안 하는 거라고 했잖아요. 그러면 어떻게 되는 걸까 생각하고 있었어요.

장수철 기능이 회복되는 정도에 차이가 있겠죠. 실제로 얼마만큼 다쳤는지를 봐야 하고, 극복해 가는 과정에서 신경세포와 그 옆의 근섬유, 또 여기에 계속해서 자극을 전달하는 내분비세포, 이런 것들이 서로 어떤 상호작용을 했는지를 봐야 해요. 생각보다 그렇게 단순한 것이 아닌 것 같더라고요.

다음은 성장에 대한 이야기인데, 성장은 세포 수가 늘어나는 거예요. 간단하죠? 어렸을 때보다 키가 크고 몸무게가 많이 나가는 것은 세포 수가 많아졌기 때문이죠. 그런데 우리가 태어나기 이전까지 더 들어가 보면 처음에 우리는 수정란 한 개에서 시작했어요. 지금 우리가 가지고 있는 세포의 수는 60조~100조 개인데 세포 하나에서 생긴 것이에요. 단지 그것 하나에서. 만약에 세포 분열이 일어나지 않았다면 나는 태어날 수가 없었던 거죠. 개체 하나가 만들어지는 과정, 즉 발생하는 과정도 성장에 속한다고 할 수 있어요.

식물의 경우에는 줄기 끝에서 세포 분열이 활발하게 일어나요. 뿌리 끝 부분에서도 그렇고요. 식물은 영양이나 환경 조건만 맞으면 계속해서 자라요. 우리는 어느 정도 되면 성장이 멈추잖아요. 식물 중에는 계속해서 자랄 수 있는 것도 있어요. 그래서 100미터 이상 자라는 나무도 있는 거죠. 그리고 식물은 계속해서 자라면서 새롭게 자기 모양을 만들어요. 새로운 이파리가 계속 생기는 거예요. 우리는 이런 것 없어요. 자라다 보니까 '어, 전에는 내가 팔이 두 개였는데 지금은 네 개야.' 하는 일은 없죠. 그리고 식물은 생식 기관이 나중에 생깁니다. 처음부터 꽃을 가지고 있는 식물 개체는 없죠. 빛을 받아 광합성을 하고 일정 정도 자라면 그제야 생식 기관, 즉 꽃이 생겨요. 계속해서 세포 분열을 해서 자기 몸 구조물을 하나씩 둘씩 늘려갈 수 있다는 것이 동물하고의 차이점이에요. 하지만 기본적으로는 몸을 만드는 데 세포 분열이 중요한 역할을 한다는 것은 똑같아요.


## 세포 자살


**장수철** 세포는 늘어나기만 하는 것이 아니라 필요 없으면 없어지기도 합니다. 우리 물갈퀴 없죠? 그런데 어머니 뱃속에 있을 때 찍은 사진을 보면 물갈퀴가 있어요.

**이재성** 어, 진짜요?

**그림 8-4 올챙이의 꼬리는 어디로 갔을까?** 세포는 분열해서 수를 늘리기도 하지만 스스로 자기를 분해해 사라지기도 한다. 올챙이가 개구리로 성장할 때가 되면 꼬리 세포는 신호를 받고 '자살'을 한다. 자체적으로 DNA와 단백질을 파괴하고 세포막을 깨 안에 있는 내용물을 노출시켜 스스로 죽는 것이다.

**장수철** 네. 처음에 물갈퀴가 있는 상태에 있다가 점점 어머니 몸속에서 발생을 하면서 없어져요. 손가락, 발가락 사이에 있는 세포들이 다 죽어서 없어지는 건데 이런 현상을 '세포 자살(apoptosis)'이라고 해요.

이재성 있으면 좋을 텐데.

**장수철** 그럴까? 수영하는 데 도움이 될 거 같아요?

이재성 발가락에 있으면 좋을 거 같아요. 손은 좀……

**장수철** 하하. 그 다음에 올챙이가 개구리가 될 때 어떻게 되죠?

이재성 꼬리가 짧아져요.

**장수철** 짧아지다가 아예 없어지죠. 세포들이 다 없어지는 거예요. 이 과정도 세포 자살이에요.

이재성 세포는 어떻게 자살을 해요?

장수철 자기의 몸을 구성하고 있는 구성 성분을 분해시켜요. 세포가 하나의 단위가 되어야 하는데 막도 깨지고 그 안에 있는 것이 다 노출되면서 분해가 돼요.

이재성 자폭이네.

장수철 그렇게 이해해도 좋고요. 좀 자세하게 들어가면 외부의 영향을 받아서 DNA가 조각조각 절단되면서 세포가 죽어요. 필요 없는 세포는 죽는 것이 나아요. 왜냐하면 암세포가 될 수 있거든요. 암세포가 된다는 것은 주변 세포에도 영향을 끼쳐서 종양이 될 수 있게끔 한다는 거거든요. 필요 없는 세포가 종양으로 되지 않게끔 우리 몸이 진화한 것 같아요.

이재성 그러면 세포가 명령을 받아서 자폭하는 거예요, 아니면 스스로 판단해서 자폭하는 거예요?

장수철 옆에 있는 세포로부터 명령을 받는 경우가 많아요. 옆에 있는 세포가 화학 물질을 내보내면 그것을 받아서 스스로 분해해요.

이재성 그러면 타살이구만?

장수철 내부의 DNA가 고장 났을 경우에는 내부에서 알아서 분해해요. 두 가지 다 있는 거예요. 외부의 명령에 의해서나 내부의 DNA가 잘못됨으로 인해서 세포 자살이 일어납니다.

　지금까지 봤다시피 어떤 세포는 그때그때 복구가 되고, 어떤 세포는 자극이 있을 때마다 세포 분열을 하고, 어떤 세포는 분열을 잘 안 해요. 세포 분열이 일어나는 속도도 세포마다 다 다릅니다. 대장 표면은 3주에 한 번씩 세포 분열이 일어나고 적혈구는 6주에 한 번씩 일어나요. 이 이야기는 3주 전에 내 몸을 구성하고 있던 대장세포나 6주 전에 내 몸을 구성하고 있던 적혈구는 지금 하나도 없다는 이야기예요. 전부 다 새롭게 만들어졌다는 것이지요.


## 똑같이 만들자, 체세포 분열

**장수철** 체세포 분열 모식도는 고등학교 때 많이 봤던 거 아닌가요?

**이재성** 기억 안 나요.

**장수철** 기억 안 나죠. 굳이 자세히 기억할 필요까지는 없는 것 같아. 유사 분열이 일어나기 전 DNA를 잘 보면 DNA가 두 배로 늘어났어요. 그렇죠? 원래 하나씩 있어야 하는 것이 전부 다 두 가닥이 되었죠? 이 시기를 간기라고 해요. 그 다음에는 염색체로 응축을 해요. 구체적인 모양이 보이기 시작하죠. 이 시기를 전기라고 합니다. 이때 서로가 서로를 완벽하게 동일하게 복제된 것을 '자매 염색 분체(sister chromatid)'라고 해요. 자매 염색 분체는 복제된 것이 가운데에 붙어 있는 형태여서 X자로 보입니다. 가운데 붙어 있는 영역을 '동원체(centromere)'라고 하죠.

염색체가 나타나면서 핵막이 없어져요. 핵막이 없어진 다음에는 똑같은 것이 두 개씩 됐으니까 양쪽으로 반반씩 이동을 하면 될 것 같아요. 중기에는 한쪽으로 쏠리지 않게 염색체가 가운데에 일렬로 배치됩니다. 그리고 방추사가 염색체를 양쪽으로 한 세트씩 끌고 가요. 염색체가 양극으로 이동하는 시기를 후기라 합니다.

이때 염색체가 어떻게 나눠지는지 나중에 감수 분열과 비교해서 잘 기억해 둬야 합니다. 체세포 분열에서 세포가 분열했을 때 정확하게 두 개에 똑같은 정보가 있어야 한다고 했죠. 우리에게는 염색체가 아버지 것

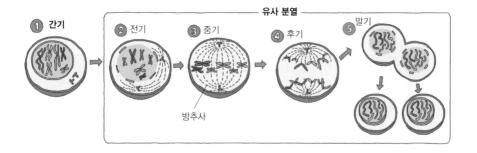

**그림 8-5 체세포 분열** 체세포 분열은 정확하게 동일한 세포를 만든다. ① 간기: DNA가 두 배로 복제되어 X자 모양의 자매 염색 분체가 생긴다. ② 전기: 세포 분열이 시작된다. 핵막이 사라지고 염색체가 응축된다. ③ 중기: 염색체가 가운데에 일렬로 배치된다. ④ 후기: 방추사가 염색체를 양쪽으로 한 세트씩 끌고 간다. ⑤ 말기: 염색체는 염색사 모양이 되고 핵막이 다시 나타난다.

23개, 어머니 것 23개 해서 두 세트가 있죠? 체세포 분열은 아버지 것, 어머니 것을 복제한 후에 똑같이 양쪽으로 나눠 가는 거예요. 그러니까 어떻게 돼요? 이쪽에도 아버지, 어머니의 1번 염색체가 있고, 다른 쪽에도 아버지, 어머니의 1번 염색체가 있어야 하는 거예요.

나중에 다시 나오겠지만 감수 분열은 이 과정이 달라요. 감수 분열에서 정자나 난자를 만들 때는 정자와 난자에 아버지, 어머니 것 중에 한쪽만 가요. 1번 염색체에서 아버지, 어머니 것이 따로따로 움직이는 거예요. 23번 염색체까지 마찬가지예요. 정자나 난자에 아버지, 어머니 것 두 개가 다 갈 수가 없단 말이에요. 그러니까 정자와 난자가 가지고 있는 유전자가 서로 다른 거죠. 감수 분열의 목적은 지금 내가 가지고 있는 유전자를 가지고 굉장히 다양한 세포를 만드는 것이에요. 어려워요?

이재성 아니요.

**장수철** 좋아요. '체세포 분열은 정확하게 동일한 세포를 만드는 것이고, 감수 분열은 원래 가지고 있는 유전자로 다양한 세포를 만드는 것이다.' 하는 것을 기억했으면 좋겠어요.

　나시 체세포 분열로 돌아와서, 방추사가 염색체와 결합해서 염색체를 끌고 가요. 동원체가 쪼개지면서 동일하게 둘로 나눠집니다.

　자, 그런데요. 방추사가 양극에서 쭉 나왔는데 염색체와 결합되어 있지 않고 양쪽에서 나온 놈들끼리 세포 가운데에서 겹쳐지는 경우가 있어요. 그것은 염색체와 상관없는 놈들인데, 겹쳐진 방추사가 길어지면 서로가 서로를 밀어내면서 세포가 둘로 쪼개지기 좋은 상태를 만들어요. 양쪽에서 나온 방추사는 염색체를 끌고 가는 것뿐만 아니라 서로를 미는 기능도 있는 거죠.

　그런데 중간에 세포 분열이 안 일어날 수도 있어요. 방추사가 와서 염색체랑 결합을 해야 염색체를 끌고 갈 거 아니에요. 그 단계에서 내부에서 확인을 하는 거예요. '야, 방추사하고 염색체하고 연결됐어?' 다 연결된 것이 확인되면 그 다음 단계로 가요. 그렇지 않으면 안 가요. 왜 그럴까요? 엉터리 세포가 나올 수 있거든요. 실제로 방추사 하나하나하고 염색체하고 서로 연결되었는지는 확인하는 시스템이 작동을 합니다.

이재성　신기하다.

장수철　그러고 나서 세포가 두 조각이 나고 없어졌던 핵이 다시 복구가 됩니다. 세포질 분열까지 일어나서 세포가 정확하게 둘로 나눠지면 세포 분열이 끝나는 거예요. 이 시기를 말기라고 합니다.

　이 과정에서, 핵은 두 개로 만들어졌는데 세포는 둘로 안 나누어진 경우도 있어요. 식물에 이런 것이 많아요. 식물세포를 보면 '어, 세포는 하나인데 핵이 왜 두 개지?' 하는 것이 꽤 많아요. 동물의 경우는 거의 그렇지 않은데, 예외가 있어요. 초파리는 정자와 난자가 결합을 한 다음에 세포 분열이 쫙 일어나다가 일정한 정도가 되면 더 이상 세포 분열은 안 일어나고 핵만 자꾸 늘어나요. 체세포 분열 과정에서 세포질 분열은 안 일어나는 거죠. 핵은 열세 번이나 분열을 했는데 세포는 딱 하나인 거예요. 핵 6,000개가 세포 하나에 들어가 있어요. 어, 이게 어떻게 된 걸까? 그러다가 어느 순간 핵들이 세포 바깥쪽으로 쫙 배열이 돼요. 그러고 나서 세포질 분열이 한꺼번에 일어나요. 세포 6,000개가 갑자기 생기는 거예요.

　잠깐 쉴까요? 이재성 선생 상태를 보니깐 좀 쉬어야 할 것 같아. 하하.

이재성  나 등이 너무 아파.

**장수철**  왜?

이재성  자다가 담 들었거든.


　(휴식 중)


## 불멸의 암세포

**장수철**  자, 세포 분열을 살펴볼 때 우리가 꼭 살펴봐야 되는 것이 암입니다. 암은 심혈관 질환에 뒤이어 우리나라 사망 원인 2위예요. 현재 우리나라의 경우 세 명당 한 명꼴로 암에 걸려서 죽는다고 하죠.

이재성  나 암 보험 안 들어 놨는데.

**장수철**  세포 분열이 제어가 안 되면 암이 생기는 겁니다. 일정 정도 분열을 하고 멈춰 줘야 하는데 그게 안 되는 거예요. 처음에는 종양이 유발되지만 이것이 전이가 되는 상태까지 가면 암이 되는 것이죠. 대개 종양이 증식하는 것은 세포 분열이 제대로 조절되지 않는다는 거예요. 실험실에서 세포를 키워 보면 세포가 분열을 조절하는 능력이 있다는 걸 볼 수 있어요. 보통 플라스틱 바닥에다가 세포를 쫙 몇 개씩 뿌린 다음에 키워요. 물론 기울 때 다른 것에 감염이 없게끔 조심을 해서 키워야 해요. 키우면 플라스틱 바닥에 한 층 정도만 세포 분열이 되고 끝나요. 상처에 상처 난 부위를 채울 정도만 세포 분열을 하고 끝나는 것과 같아요. 세포들이 서로 신호를 주고받으면서 세포 분열을 하다가 일정한 밀도가 되면 더 이상 안 해요. 이렇게 제어하는 메커니즘이 세포 안에 있습니다. 주고받는 신호 메커니즘도 있고. 그런데 암은 한 층, 두 층, 세 층, 네 층……. 먹을 것이 있으면 계속 세포 분열을 해요.

암세포에 대한 조사는 일찌감치 시작됐어요. 1951년 헨리에타 랙스(Henrietta Lacks)라는 여성에게서 자궁암세포를 적출했어요. 이 여성은 바로 세상을 떠났지만 그 여성의 몸에서 적출한 세포는 아직도 실험실에서 쓰이고 있어요. 헨리에타의 'He', 랙스의 'La'를 따서 '헬라 세포계(HeLa cell line)'라고 이름을 붙였는데 지금도 동물 실험을 하는 곳에 가서 보여 달라고 하면 보여 줘요. 몇 년 됐죠? 64년 정도 됐죠? 그런데도 여전히 세포 분열을 왕성하게 하고 있어요. 암세포는 안 죽어요. 엄청난 거예요.

우리 몸에는 원래 과도한 세포 분열을 막는 p53이라는 유전자가 있어요. '가디언 앤젤 유전자(guardian angel gene)'라고도 해요. 수호천사라는 뜻이죠. 이 단백질은 돌아다니면서 잘못된 DNA가 있으면 그 DNA를 수선하게끔 명령을 내려요. 세포 분열이 왕창 벌어지는 것도 막아요. 이도 저도 안 되면 세포를 자살시켜요. 그런데 암세포에서는 p53 유전자가 정상이 아니에요. 그러면 엉터리 p53 단백질이 만들어져서 이 수호천사가 제 기능을 못하는 거예요.

암은 일단 세포 분열 조절이 안 되게끔 만들고, 조절이 안 되는 것을

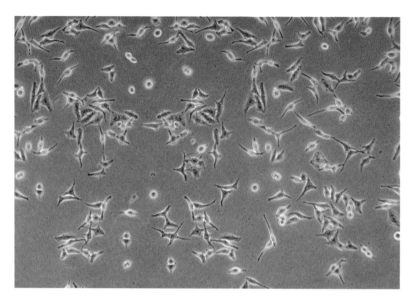

**그림 8-6 죽지 않는 세포, 헬라 세포** 헬라 세포는 가장 오랫동안 배양되고 있는 세포로, 1951년 헨리에타 렉스라는 여성에게서 자궁암세포를 얻은 이후 지금까지 분열을 계속하고 있으며 실험실에서 광범위하게 쓰이고 있다. 세포를 배양할 때 정상적인 세포는 서로 신호를 주고받으며 일정한 밀도에 다다르면 분열을 멈추지만, 암세포는 분열이 제어되지 않아 양분만 있으면 무한히 분열할 수 있다.

억누르는 것도 안 되게 만들어요. 그래서 암은 쉽게 생기지 않아요. 여러 개의 유전자가 한꺼번에, 차례차례로 고장이 났을 때만 암세포가 발생을 합니다. 예를 들어 대장암은 종양 억제 유전자가 네 개 정도 고장 나야 하고, 세포 분열을 과도하게 유도하는 유전자가 두 개 정도 돌연변이가 되어야 해요. 즉 유전자 6~7개가 고장이 나야 대장암이 생기는 겁니다.

그런데 유전자를 차례차례로 고장 나게끔 하는 원인은 뭘까요? 섬유소는 안 먹고 허구한 날 고기만 먹는다고 생각해 보죠. 그러면 대장 운동이 활발하지 않겠죠? 대장은 우리 몸에서 필요 없는 물질을 바깥으로 내보내려고 모아 놓은 곳이에요. 그 안에 섬유소가 같이 있어서 대장 운동이 활발해지면 해로운 물질을 빨리빨리 빼내서 대장세포가 자극을 덜 받지만, 배변이 원활하지 않으면 안 좋은 물질이 대장세포의 유전자에 영향을 끼친단 말이에요. 담배도 마찬가지예요. 담배를 피우면 담배의 성분이 쭉 들어와서 폐 세포에 손상을 입히죠. 그리고 담배 성분이 녹아든 체액은 방광으로 가요. 방광암은 많은 경우 담배 때문에 생겨요. 담배 성분이 들어가서 DNA를 깨는 거예요. 술도 마찬가지예요. 술을 마시면 알코올 성분이 식도나 소화기 계통의 세포를 쭉 훑어 내려가면서 세포를 손상시켜요. 그 세포를 복구하는 과정에서 돌연변이가 생기고 암이 생기는 거예요. 담배도 피우고 술도 마시면 세포 분열을 활발하게 만들고 그러면 돌연변이가 생길 확률도 높아지고, 아주 암세포를 만들기 좋은 환경이 되는 거죠. 술, 담배 같이 하는 사람 우리나라에 많죠. 그 사람들은 상당히 위험하게 암에 노출되어 있는 거예요.

또 어떤 것이 있을까요? 암이 다른 사람에게 전염된다. 이게 말이 될까요? 암을 전염시키는 바이러스가 있다면 말이 됩니다. 자궁경부암이 대표적이에요. 자궁경부암은 암을 발생시키는 바이러스가 있어서 그 바이러스를 가지고 있는 여성과 관계를 갖는 남성이 또 다른 여성과 관계를 가지면 바이러스가 옮겨 갈 수 있어요. 자궁경부암이 전염되는 것처럼 보이는 거죠.

그 다음에 자외선 같은 고에너지 빛에 자주 노출될 경우 암에 걸릴 위험이 높아집니다. 선크림을 바르지 않은 상태에서 피부에 엄청난 자외선이 떨어지면 DNA가 손상됩니다. 우리 몸에서는 손상된 DNA를 고쳐 주는 메커니즘이 그때그때 작동을 하거든요? 그런데 계속해서 떨어지면 복구하는 속도가 손상되는 속도를 못 따라가는 거야. 그리고 나이를 먹으면 먹을수록 고쳐 주는 시스템이 점점 더 느리게 작동해요. 나이 많은 사람이 자외선에 그대로 노출되어 있다? 그러면 정말 암이 발생할 확률이 높아지는 거죠.

암은 종양이 생기는 데서 그치면 사실 그렇게 큰 위협은 아니에요. 무서운 것은 전이가 된다는 거죠. 핏줄 안에 적혈구, 백혈구 등 다양한 물질이 돌아다니죠? 세포 하나가 혈관을 타고 돌아다니는 것은 쉬운 일이에요. 그런데 하필이면 종양세포 하나가 딱 떨어져 가지고 쭉 핏줄을 타고 돌아다니다가 아무데나 바깥으로 나가는 거예요. 그리고 거기에서 세포 분열을 시작하는 거예요. 그러면 전이가 되는 거죠. 사람들이 처음에 종양이 발견이 되었다고 하면 긴장을 하는데, 그때는 사실 별 문제없어요. 계속해서 추이를 관찰하는 게 중요해요. 전이가 안 되어야 암을 완전히 극복할 수가 있지, 전이된 것이 발견되는 순간 그야말로 엄청나게 긴장할 수밖에 없어요. 종양이 전이되면 예후가 점점 나빠져요. 암은 여러 가지 고통을 유발하는데 어떤 화학적인 조성이 바뀌어서가 아니라 세포 덩어리가 커지면서 물리적으로 정상적인 조직이 눌리기 때문에 고통스러운 거예요. 기관이 제 기능을 못하게 되는 거죠.

암을 치료하는 데에는 세포 분열을 억제하는 약을 쓰거나 방사선을 씁니다. 그런데 화학 요법이나 방사선 치료는 암세포를 죽이는 동시에 우리 몸에서 활발하게 세포 분열을 해야 하는 쪽도 같이 죽이기 때문에 부작용이 커요. 그러면 어떤 일이 벌어질까요? 적혈구의 경우 6주에 한 번씩 세포 분열이 일어나는데 적혈구가 제때에 새로 못 만들어지니까 혈액의 기능이 떨어지겠죠? 그러면 어떻게 되죠? 그만큼 산소 공급이 원활하지 않죠. 몸 전체가 약해지는 거예요. 적혈구가 만들어지지 않아서 피멍이 들기도 하고요. 모낭도 어때요? 모낭에서 계속 원활하게 세포 분열이 일어나야 머리가 나는데 세포 분열을 못하니까 더 이상 머리카락을 못 만들어요. 그래서 약을 투여 받은 환자들이 머리카락이 빠지는 겁니다.

따라서 많은 경우에 '굳이 그렇게 치료할 필요가 있느냐. 통증을 느끼지 않게 하고 암의 진행을 늦추는 정도로 치료를 조절해서 환자가 암이 공존하게끔 하자. 암세포를 완전히 없애기보다는 내 몸이 힘들어지는 것을 막자.' 하는 이야기가 요즘에 나오고 있어요. 암에 대해서 연구가 잘 되어서 그런지는 모르겠지만 통증 제어가 되는 암이 꽤 많아요. 아침까지도 걷고 사람들하고 이야기를 하다가 저녁때 편안히 돌아가시는 것이 가능한가 봐요. 현대 과학의 승리 중에 하나가 병에 걸려서 죽을 때까지 병치레하는 기간을 줄였다는 거예요. 병에 걸려도 정상적인 생활을 웬만큼 하게끔 만들어서 병에 시달리는 고통을 줄여 준 거죠. 상당히 의미 있는 일이에요.

체세포 분열은 여기까지고요. 똑같은 세포 분열인데 정자나 난자를 만드는 세포 분열은 다릅니다.

## 유성 생식이란 이런 것

**장수철** 그림 8-7은 사람의 정자를 현미경으로 본 사진이에요. 익숙하죠?

**이재성** 사진이 무슨 작품처럼 잘 나왔네요.

**장수철** 정자는 수억 개지만 정자를 기다리는 난자는 하나예요. 난자가 있으면 표면까지 가는 것들이 꽤 돼요. 그렇지만 딱 하나만 성공하죠. 재미있어요. 하나가 들어간 다음에는 막을 만들어서 더 이상 정자가 못 들어가게 해요. 수정막이 생기는 방식은 다양해요. 1차, 2차에 걸쳐 생기기도 하고, 빠르게 아니면 조금 천천히 층을 만들기도 해요. 인간만 그런 것이

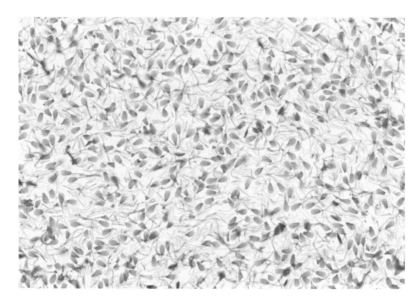

**그림 8-7 사람의 정자** 수억 개의 정자 중에 딱 하나만 난자와 수정한다. 하나가 들어간 다음에는 수정막이 생겨 더 이상 정자가 들어갈 수 없다.

아니라 많은 동물이 다 비슷해요. 방법이 조금 다르긴 하지만 식물도 그래요. 어쨌든 이것은 성이 있기 때문에 생기는 현상입니다.

알다시피 아버지, 어머니가 각각 생식세포를 만들어서 수정을 하고 이 것이 분열하면 아이로 자라나죠. 이것이 유성 생식(sexual reproduction)이에요. 암수가 있으면 다른 생물도 다 똑같은 거예요. 다만 염색체의 수가 다르죠. 사람은 23쌍의 염색체를 가지고 있잖아요. 사람의 경우 2분의 1로 줄어서 정자에 23개, 난자에 23개가 있고, 합쳐져서 나중에 46개가 되거든요. 그러면 이 수정란이 또 자라서 이 46개가 정자 또는 난자를 만들 때 반으로 줄죠. 그래서 염색체 두 세트라고 하면 한 세트가 몇 개이건 곱하기 2를 하니까 염색체 수가 짝수가 나오겠죠?

말과 당나귀의 경우에는 감수 분열을 한 다음 수정을 하면 노새 또는 버새가 나와요. 수탕나귀와 암말사이에서 나오는 것이 노새고, 거꾸로 수말과 암탕나귀 사이에서 나오는 것은 버새라고 해요. 노새가 튼튼하고 힘도 좋고, 인간이 활용하기 좋은 여러 가지 특징이 있죠. 그런데 얘네들은 불임이에요. 말에서 32개, 당나귀에서 31개를 받아서 염색체가 63개 홀수가 되기 때문이에요. 그러니까 이놈이 자라서 정자나 난자를 만들기 위해서 염색체를 둘로 나누는 감수 분열을 해야 하는데, 염색체 수가 홀수여서 생식세포가 잘 안 만들어지는 거예요.

이재성 잘 안 만들어진다는 것은 만들어질 수 있다는 뜻 아니에요?

**장수철** 만들어진다 하더라도 정자나 난자로서 제 기능을 못해요.

이재성 아, 잠깐만! 유성 생식이라고 했는데 유성 생식이 왜 '유성 생식'이죠? 성이 있어서 유성 생식이에요?

**장수철** 네.

이재성 그러면 식물 중에 자가 수정하는 것은요?

**장수철** 유성 생식이에요.

이재성 어쨌든 자기 안에 암수가 같이 있는 거니까?

**장수철** 암수 각각의 생식세포가 만나서 결합하는 것이면 모두 유성 생식이에요.

이재성 그러니까 같은 몸이라고 해도?

**장수철** 네. 식물 중에서 왜 꺾꽂이하는 종이 있잖아요. 흙에 꽂으면 똑같은 게 생기는 거죠. 그것은 무성 생식이에요.

이재성 음, 수정하고 뭐 이런 과정이 있는 게 아니니까…….

**장수철** 네. 그리고 그럴 일은 없지만 이재성 선생 몸의 한 군데가 쭉 자라서 딱 떨어져. 그래서 그게 자라. 무성 생식이에요. 동물 히드라(hydra) 같은 것이 그래요. 몸의 일부분을 딱 떼어 가지고 새로운 개체를 만드는 번식 방법을 '출아법(budding)'이라고 하죠.

**이재성** 어, 그러면 개나리는 무성 생식만 하는 거예요?

**장수철** 개나리는 유성 생식, 무성 생식 둘 다 해요. 식물도 그렇고 다른 생물도 그런데, 환경의 변화가 크지 않으면 무성 생식을 하는 경우가 종종 있어요. 왜냐하면 지금 상태에서 새롭게 유전자를 재조합할 필요가 없거든요. 그대로 유전자를 유지하는 전략을 채택하는 거죠. 진화 과정에서 얼마든지 있을 수 있는 일이에요.

**이재성** 우리 아파트 앞에 황금소나무가 있는데, 보니까 소나무는 암꽃, 수꽃이 한 나무에 있잖아요. 그러면 자기가 자기 것이랑 결합할 수도 있죠?

**장수철** 있어요. 있는데 웬만하면 그렇게 안 하려고 해요. 소나무에서 암꽃은 나무 위쪽에, 수꽃은 나무 아래쪽에 있어서 꽃가루가 같은 나무에 있는 암꽃에 옮겨지기는 어렵게 되어 있어요. 소나무의 꽃은 풍매화예요. 같은 나무에 있는 암꽃보다는 꽃가루가 바람에 날려서 다른 나무에 있는 암꽃에 가서 수정하기에 좋은 거죠. 사람이 근친혼을 피해서 열성 인자의 발현을 억제하고자 하는 것처럼 소나무도 그런 방식으로 진화한 거죠. 그리고 꽃 안에 암술과 수술이 있는 식물도 많잖아요. 그런 식물은 보통 암술과 수술이 자라는 타이밍이 달라요.

**이재성** 어, 그렇다고 하더라고.

**장수철** 네. 암술은 안 자라고 수술만 자랐을 때 수술에서 꽃가루를 확 뿌리는 거예요. 그 꽃가루가 벌레나 새를 통해서 쭉 옮겨 가서 다른 꽃의 암술에 붙으면 돼요. 그것이 원하는 바예요. 왜 그러느냐 하면 다른 꽃의 유전자를 만나서 다양한 자손을 만들 수가 있거든요.

또 자기 꽃의 수술에서 온 꽃가루가 암술머리에 닿으면 튕겨내기도 해

**그림 8-8 아름다운 달팽이의 사랑?** 암컷의 생식기와 수컷의 생식기를 모두 가지고 있는 달팽이는 혼자서 수정을 할 것 같지만, 그렇지 않다. 자기 몸에서 수정을 하면 자기 에너지를 써서 알을 키우는 수고를 해야 하기 때문에 상대방의 암컷 생식기에 정자를 주려고 한다. 그래서 달팽이 두 마리가 만나면 서로 상대방의 수컷 생식기를 물어뜯어 못 쓰게 만들려고 싸운다.

요. 자가 수정을 막는 메커니즘까지 있는 거예요. 웬만하면 다른 유전자와 섞으려고 하는 게 바로 유성 생식에서 감수 분열이 의도하는 바예요.

이재성 소나무도 암술하고 수술 생기는 시기가 다르다고 하더라고요.

**장수철** 네. 동물에서는 달팽이가 암컷 생식기와 수컷 생식기를 모두 가지고 있어요.

이재성 혼자?

**장수철** 네. 두 개가 다 있어요. 우리가 쉽게 생각하기에는 혼자 알아서 수정할 것 같죠? 그런데 안 그래요. 왜 그러느냐 하면 자기 몸에서 수정을 하면 자기 에너지를 써가면서 알을 키워야 하잖아요. 남의 암컷 생식기에 정자를 뿌리는 것이 자기 몸에 정자를 받아서 알을 몸 안에서 키우는 것보다 훨씬 더 쉬운 거예요. 그래서 자신의 수컷 생식기를 이용해서 정자를 상대방에게 주려고 하죠. 달팽이가 둘이 만나면 어떻게 되겠어요? 나도 그렇고 생식기가 두 가지가 있을 거 아니야. 그러니까 둘이 만나면 서로 상대방의 수컷 생식기를 물어뜯어서 못 쓰게 만들려고 싸워요. 싸움에서 이기면 자신의 수컷 생식기를 이용해서 정자를 상대방에게 주는 거예요. 그러면 그 몸에서 수정이 돼서 자라잖아요? 그럼 자기의 에너지를 쓰지 않고도 자기의 유전자를 퍼뜨리게 되는 거죠. 이걸 보고 추잡하다고 얘기하는 생물학자도 있어요.

## 다양하게 만들자, 감수 분열

**장수철** 지금부터는 감수 분열에 대해 이야기할 텐데 몇 가지 용어를 먼저 정리하고 가는 게 좋을 것 같아요.

일단 생식세포가 뭔지 알죠? 영어로는 '개미트(gamete)'라고 하는데 우리말로는 '배우자'라고 번역해요. 생물학자들이 이상한 말을 써서 헷갈릴 수 있는데, '생식세포'라는 말이 더 쉬운 것 같아요. 남성의 생식세포는 정자, 여성의 생식세포는 난자. 정자나 난자를 다른 말로 각각 남성 배우자, 여성 배우자라고 해요. 누구의 남편이나 아내를 이야기하는 게 아니에요.

그러면 우리 몸에 생식세포는 몇 개? 우리 몸은 60조 내지 100조 개의 세포로 이루어져 있잖아요. 생식세포는 끽해 봐야 억 단위예요. 우리 몸에서 생식세포가 차지하는 비중은 굉장히 적어요. 거의 0.01퍼센트, 아니면 그 이하.

그 다음에 '접합자(zygote)'라는 말. 수정란을 '접합자'라고도 해요. 두 개의 배우자가 만나서 만들어진 세포를 말하는 거죠. 이배체(diploid)는 뭘까요? 염색체가 두 세트 있는 거예요. 체세포에는 전부 다 염색체가 두 세트 있어요. 반수체(haploid)는 염색체가 한 세트만 있는 거예요. 어디에 있을까요? 바로 생식세포에 있어요. 사람은 염색체가 46개잖아요. 내 몸 안에 웬만한 세포에는 염색체가 46개 있어요. 다만 내 몸에 있는 정자나 난자에는 염색체가 한 세트밖에 없어요. 전체 중에 반만 가지고 있다고 해서 '반수체'라고 번역을 했어요. '반수체', '이배체'라고 하면 네 배 차이가 나는 것처럼 보이는데 헷갈리지 마세요. 이배체는 염색체가 두 세트, 반수체는 염색체가 한 세트입니다. 감수 분열은 유전 물질의 양을 감소시키죠.

감수 분열의 결과 배우자가 생기는데, 체세포 분열의 결과와 완전히 다릅니다. 체세포 분열을 할 때는 세포 하나가 두 개로 워낙 똑같이 복제돼서 우리가 클론이라고 했잖아요. 감수 분열에서는 세포 하나가 네 개가 됩니다. 네 개의 세포가 가지고 있는 유전자 조성이 다 달라요.

남성의 경우에 한 번 방출되는 정자의 개수가 억 단위거든요? 2억에서 3억. 요즘에는 좀 줄었다는 이야기도 있는데, 어쨌든 억 단위인 정자의 유전적 조성을 봤을 때 동일한 것은 하나도 없습니다. 다 다릅니다. 그래서 형제가 유전적으로 100퍼센트 동일할 확률은 거의 0퍼센트입니다. 정확하게 이야기하면 아무리 높게 잡아도 64조분의 1이에요. 다양한 유전자 조합이 만들어진다. 이것이 감수 분열이 가지고 있는 중요한 의미입니다.

'상동 염색체(homologous chromosome)'라는 말 혹시 기억나요? 하하.

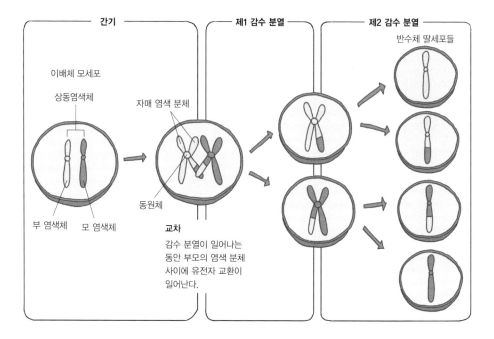

**그림 8-9 감수 분열** 감수 분열은 원래 가지고 있는 유전자로 조합을 만들어 다양한 세포를 만들어 낸다. ① 간기: DNA가 두 배로 복제되어 X자 모양의 자매 염색 분체가 생긴다. ② 제1 감수 분열: 상동 염색체 쌍이 분리된다. 즉 체세포 분열과 달리. 즉 아버지 염색체와 어머니 염색체가 서로 헤어진다. 이 과정에서 교차가 일어나 부모의 유전 물질이 섞인다. ③ 제2 감수 분열: 자매 염색 분체가 갈라지면서 네 가지 다른 종류의 세포를 만들어 낸다.

이재성 기억나요.

**장수철** 뭐예요?

이재성 하나는 아빠에게서 오고 하나는 엄마에게서 오고.

**장수철** 와, 100점. 오늘 왜 이래? 우리 염색체가 23쌍 있다고 이야기를 했잖아요. 상동 염색체는 성염색체를 빼고 아버지, 어머니에게서 각각 한 개씩 물려받은, 모양도 같고 크기도 같은 한 쌍의 염색체를 말해요. 상동 염색체의 유전자 종류는 동일해요. 유전자가 같은 순서로 배열되어 있어서 동일한 위치에 동일한 기능을 가지고 있는 유전자가 있어요. 머리카락 색깔을 나타내는 유전자가 동일한 위치에 있고, 눈꺼풀 모양을 나타내는 유전자가 동일한 위치에 있어요. 하지만 아비지 쪽에서 온 유전자는 검은색 머리카락을, 어머니 쪽에서 온 유전자는 빨간색 머리카락을 나타내는 유전자일 수 있어요. 눈꺼풀 유전자도 마찬가지로 하나는 쌍꺼풀을 다른 하나는 홑꺼풀을 나타내는 유전자일 수 있어요.

이제 감수 분열이 어떻게 다양한 생식세포를 만드는지를 살펴보죠. 세포 분열은 먼저 어머니로부터 온 것, 아버지로부터 온 유전자가 모두 증폭되는 것으로 시작합니다. 복제가 되면 X자 모양이 돼요. X자 모양에서 한 가닥씩은 완벽하게 동일해요. 이것을 자매 염색 분체라고 했어요. 자, 체세포 분열은 똑같은 것을 만드는 거잖아요. 그러니까 자매 염색 분체를 양쪽으로 찢겠죠. 복제된 것을 정확하게 양쪽으로 찢어서 가져가요. 체세포 분열에서는 상동 염색체가 헤어지지 않아요. 양쪽 다 아버지의 것, 어머니의 것을 가졌죠. 감수 분열에서는 달라요. 아버지의 것과 어머니의 것이 서로 헤어집니다. 즉 상동 염색체가 헤어져요. 그래서 서로 다른 종류의 세포가 만들어져요. 이 차이를 아는 것이 굉장히 중요합니다. 이 차이를 알면 그 다음 이야기는 다 쉬워요.

또 뭐가 다르냐 하면, 상동 염색체로 있을 때 비슷한 부위가 슬쩍 바뀔 기회가 있어요. 바뀐 상태에서 상동 염색체가 서로 헤어지면서 감수 분열이 일어나요. 그런데 감수 분열에서는 염색체가 한 번 더 갈라져요. 이번엔 자매 염색 분체가 갈라지는 거야. 그럼 어떻게 되느냐. 결론! '감수 분열에서는 네 개의 세포가 나온다. 그리고 네 개의 세포는 서로 다르다.' 그림 8-9에서 감수 분열로 생긴 딸세포를 보면 맨 위쪽에 있는 세포는 100퍼센트 어머니 것만 있고, 그 아래에 있는 것은 60퍼센트가 어머

니, 40퍼센트가 아버지 유전자, 그 아래에는 60퍼센트 아버지 40퍼센트 어머니 유전자, 맨 아래에는 100퍼센트 아버지 것이 있어요. 네 개가 다 나르죠. 새미있지 않아?

**이재성** 아니, 신기해.

**장수철** 하하하. 그런데 지금 얘기한 건 1번 염색체 하나에 대해서만 이야기했어요. 2번 염색체에 대해서 또 그럴 수가 있죠? 또 3번도 마찬가지예요. 그러면 1번에서 생길 수 있는 것이 네 가지, 2번에서도 네 가지, 3번에서도 네 가지……. 그러다 보면 사람의 염색체 한 세트가 23개니까 여기에서 나올 수 있는 조합이 4의 23제곱 가지가 되잖아요. 계산하면 64조 가지 수가 나오는 거죠. 생식세포를 만든다고 했을 때 동일한 유전자 조성이 안 나와요. 그것이 감수 분열의 위력입니다. 체세포 분열의 위력은 동일한 것을 만드는 거죠. 감수 분열은 어떻게 해서든지 다른 것을 만드는 것이 위력입니다.

자, 그래서 구체적으로 감수 분열 과정을 보면 간단해요. 먼저 DNA가 복제가 된다. 첫 번째 감수 분열에서는 한쪽 세포에는 아버지 것, 다른 쪽 세포에는 어머니 것이 간다. 두 번째 감수 분열에서는 자매 염색 분체가 각각 나눠진다. 그래서 세포 하나에서 네 개가 나온다. 즉 세포 분열이 두 번 일어나서 염색체와 DNA 양은 반으로 줄어들고, 세포는 하나에서 네 개가 된다. 이것이 감수 분열과 체세포 분열의 차이입니다.

상동 염색체가 같이 붙어 있고, 상동 염색체에서 비슷한 부위끼리는 교차해서 유전자 교환이 일어나는 시기를 '전기 1'이라고 해요. 첫 번째 전기이기 때문에 그렇게 붙였어요. 이 시기가 굉장히 중요해요. 전체 감수 분열이 100분 동안 일어난다고 하면 전기 1에 해당하는 시간이 90분이에요. 나머지 과정은 금방 지나가요. 중기에는 상동 염색체가 가운데

나란히 배열돼요. 아버지 것, 어머니 것이 따로 양쪽으로 끌려갑니다. 후기는 체세포 분열과 똑같아요. 방추사에 매달려서 양극으로 가는 거예요. 말기에 이르면 세포가 두 개로 나눠지겠죠. 그런데 아까 이야기했다시피 여기에서 끝나지 않아요. 바로 두 번째 감수 분열로 들어갑니다. 이분법이든 체세포 분열이든 여태까지는 세포 분열을 하면 염색체가 두 배로 늘어났잖아요. 여기에서는 안 늘어나요. 자매 염색 분체가 두 번째 감수 분열에서는 하나씩 떨어지게 됩니다. 이렇게 해서 말기가 지나면 세포가 한 번 더 둘로 나눠지게 되고, 따라서 하나의 세포로부터 네 개의 세포가 만들어집니다. 그래서 감수 분열에서 정자와 난자가 만들어지는 것이죠.

어렵지 않아요. '감수 분열에서 염색체가 어떠한 식으로 배열되어 있는가? 체세포 분열에서 염색체가 어떤 식으로 배열되어 있는가?' 이것만 정확하게 짚어 낼 수 있으면 감수 분열을 제대로 알고 있는 거예요.

여기에서 이런 질문을 해 보죠. 암컷과 수컷을 어떻게 구분할 수 있을까? 유성 생식을 하는 모든 생물에 공통적인 기준이 뭘까요? 그 왜 생식기 구조 가지고 많이들 이야기하잖아요. 대개 음경을 가지고 있느냐 그렇지 않느냐를 가지고서 암컷과 수컷으로 구분한다고 생각하는데, 점박이 하이에나는 그럴 수 없어요. 다른 동물과 달리 암컷도 음경을 가지고 있어요. 그래서 걔네들은 성교하는 과정도 그렇고 암컷이 출산을 할 때도 음경이 깨지는 과정이 있어서 굉장히 고통스러워해요. 어쨌든 겉으로 보기에는 몰라요. 사실은 생식기를 보고 암수를 알 수 있는 경우도 있고 아닌 경우도 있단 말이에요.

초파리도 마찬가지예요. 생식기 구조로 암컷인지 수컷인지는 전문가만 알 수 있어요. 곤충은 몸의 구조를 머리, 가슴, 배로 나누거든요. 머리에는 눈하고 더듬이 있잖아요. 가슴에는 다리 세 쌍과 날개가 달려 있죠. 그리고 배는 소화 기관을 비롯해서 내장 기관을 담고 있는 튀어나온 부분이에요. 이것이 곤충의 전형적인 모습이에요. 배 부분이 뭉툭하냐 뾰족하냐를 가지고 파리의 암컷과 수컷을 구분하기는 해요. 그러면 다른 종류의 곤충도 똑같이 배가 뭉툭한지 뾰족한지를 보고 암수를 구분할 수 있느냐. 뭐 그럴 수도 있고 아닐 수도 있고. 그 기준은 곤충마다 다 다른 거예요. 겉모습으로 암컷과 수컷을 구분하는 공통적인 기준을 찾는 것이 얼핏 생각하면 쉬운 것 같지만 사실은 그렇지 않습니다. 그렇다면 암컷과 수컷을 구분하는 공통적인 기준이 뭘 것 같아요? 내가 보기에는 이미 이야기가 나와서 알 것 같은데?

이재성 전체 모양.

**장수철** 땡.

이재성 배 모양.

**장수철** 배 모양? 땡.

이재성 가슴 모양.

**장수철** 땡. 아니라니까.

이재성 머리 모양.

**장수철** 음……. 다섯 번 그렇게 하면 핫초코를 물에 안 타고 입에 넣는 걸 벌칙으로.

이재성 내가 좋아하는 건데? 하하하.

**장수철** 사실은 답 나왔어요. 뭘까요?

이재성 정자를 만드는지?

**장수철** 그렇죠. 정자를 만들면 수컷이고 난자를 만들면 암컷이에요. 겉모습은 중요하지 않다고 했잖아요. 그래서 정자와 난자의 구조는 어떻게 다른가. 정자는 난자에 비해 크기가 작고 운동성이 강하고 숫자가 많아요. 반면 난자는 크고 영양분이 풍부하고 잘 움직이지 않고요. 앞에서 봤듯이 여성이나 남성이나 생식세포를 만들어요. 그런데 여성의 경우 네 개의 생식세포 중에 하나만이 실질적으로 난자가 됩니다. 첫 번째 감수 분열에서 세포질이 한 쪽으로 쏠리면서 결과적으로 나머지 세 개는 다 죽거든요.

정자와 난자의 모양은 왜 달라졌을까요? 진화로 설명하는 것은 이래요. 처음에는 암컷의 생식세포가 서로 큰 차이가 안 났을지도 모르는데 우연히 돌연변이가 생긴 거예요. 한쪽 생식세포가 약간 커진 거죠. 그럴 수 있겠죠? 그런데 이놈이 다른 놈들에 비해서 약간 커지면서 그 안에 들어가 있는 영양분도 조금 많아진 거예요. 그러니까 이 생식세포는 가만히 있어도 다른 정자가 와서 수정될 가능성이 커지는 거예요. 계속 이런 방향으로 가다 보면 어떤 일이 일어나느냐. 약간 커진 생식세포는 계속 커지는 쪽으로 가는 거예요. 그러면 움직임이 둔해지겠죠. 그럴 때 정자는 어떻게 되겠어요? 크고 영양이 많은 생식세포를 차지하려면 빨리 움직이는 것이 중요하겠죠. 그러니까 자꾸 크기가 작아지고 운동성은 강화되는 거예요. 그러다 보니까 많이 만들어도 되는 상황이 된 거죠. 정자와 난자의 차이가 또 하나 있어요. 정자는 사춘기 때 세포 분열을 처음 시작해서 만드는 데 비해 난자는 태아 시절에 어느 정도 세포 분열을 한 상태로 태어나게 되거든요. 그리고 사춘기 이후에 다시 분열을 해서 만들어집니다.

자, 감수 분열 과정을 통해서 아주 다양한 염색체를 만들 수 있다는 걸 봤어요. 사람의 경우, 교차까지 생각하면 평균적으로 4의 23제곱해서 64조 가지의 생식세포가 나올 수 있다고 했어요. 남녀가 결혼해서 아이를 낳는다고 할 때 그 유전자를 가진 아이가 태어날 확률은 64조 곱하기 64조분의 1의 확률이고, 아이를 둘 낳는다고 할 때 두 아이의 유전자가 동일할 확률은 64조의 네 제곱 분의 1인 거예요. 두 형제든 자매든 유전적으로 동일할 확률은 거의 없죠. 단 예외가 있어요. 일란성 쌍둥이는 수정란이 두 개로 갈라져서 태어나기 때문에 유전자가 동일해요. 어쨌든 유성생식, 즉 감수 분열을 통해서 얻을 수 있는 것은 유전적 다양성입니다.

**이재성** 그런데 고양이는 새끼를 여러 마리 낳잖아요. 여러 개가 수정이 되는 거죠. 그림 8-10 보면 고등어도 있고 노랑둥이도 있고.

**장수철** 고등어?

**이재성** 고등어처럼 줄무늬 있는 것을 고등어라고 하거든요. 까만 것에 하얀 것은 턱시도라고 하고. 그림에서 한 마리 빼고 나머지는 다 노랑둥이네. 고양이가 한 배에서 여러 종류의 새끼를 낳는 것은 암컷이 여러 수컷 고양이하고 교미하기 때문에 그런 거라고 들었거든요.

**장수철** 그러면 부모의 조합이 여러 가지가 생길 수가 있는 거죠.

**이재성** 그러니까 아빠가 여럿인 거죠?

**장수철** 네.

**이재성** 음, 그러면 난자 하나가 있으면 거기에 정자가 하나만 들어가잖아요?

**장수철** 네. 난자 하나에는 무조건 정자 하나만 돼요. 이 경우에는 난자가 여러 개가 있는 거죠. 각각이 수정되어서 다른 종류의 새끼가 나오는 거예요. 사람은 한 달 정도를 주기로 해서 나팔관 양쪽에서 번갈아 가면서 난자가 하나씩 나오잖아요. 다른 동물은 또 다를 수 있어요. 고양이는 발정기가 있는데 그 시기에 교미할 때마다 자극에 의해서 배란이 된다고 해요.

**이재성** 그러니까 수정되고, 또 수정되고 이러는 거네.

**장수철** 네. 아빠들이 다른 거예요. A라는 수컷 고양이랑 교미를 한 번 하

**그림 8-10** 고양이는 한 배에서 여러 종류의 새끼가 태어날 수 있다. 여러 개의 난자가 다른 수컷 고양이와 교미해 섞이는 것이다. 난자 하나에는 무조건 정자 하나만 들어 갈 수 있다.

고, B라는 수컷 고양이하고 교미를 하고, C라는 수컷 고양이하고 교미를 하고 그런 식으로 섞이는 거죠.

**이재성** 그런데 어떻게 한 번에 낳죠? 그러면 발생 시기가 달라지는 거잖아요.

**장수철** 고양이의 발정기는 평균 4~7일 정도라고 해요. 배란과 수정 시기에 차이가 있지만 태어날 때 발달에 큰 차이는 없을 거예요. 그리고 고양이의 경우 임신 중에도 발정기가 올 수 있는데 이때 다시 수정을 하게 되면 난산을 하거나 기형을 낳을 수 있다고 하더라고요.

**이재성** 아…….

**장수철** 어쨌든 중요한 건 성이 있으면 정자와 난자가 만나서 만들 수 있는 유전적 조성이 굉장히 다양해진다는 거예요. 그러면 다양성은 왜 필요할까? 복잡하게 유성 생식을 하게 된 이유가 무엇일까? 여기에 대해서 생물학자들이 굉장히 많이 얘기를 했는데, 결론은 '모르겠다.'야.

이재성 항상 모르겠대. 하하. 편해. 정말 편해. 우리도 그러거든요. 뭐 하다가 '결론. 모르겠다.'


## 유성 생식의 장단점

장수철 생물이 왜 유성 생식을 하게 되었을까요? 장단점을 추론해서 생각해 볼 수는 있어요. 유성 생식은 환경 변화에 대처할 수 있다는 장점이 있어요. 지구 환경은 언제 어떻게 변할지 모르잖아요. 다양한 자손을 준비하고 있으면 환경이 바뀌었을 때 누구 하나는 잘 적응하는 놈이 있을 거예요. 지금은 건조하니까 건조한 환경에 잘 사는 놈들만 있는데, 갑자기 굉장히 습하게 환경이 바뀌었어요. 그러면 그 생물은 제 수명을 채우지도 못하고 자손을 못 낳고 죽을 확률이 높아지는 거죠. 하지만 약간 습한 곳에서 살 수도 있고, 약간 건조한데에서도 살 수 있는 생물이 있으면 환경이 습하게 바뀌었을 때 그 생물은 살아남을 거예요.

또 면역성을 강화하는 데도 유리해요. 우리 몸에 기생 생물이 얼마나 있을까요?

이재성 많이.

장수철 우리 세포가 60조 개면 우리 몸에 살고 있는 세균의 수는 600조래요. 세포보다 세균의 숫자가 더 많아. 하하. 입에도 많고 대장에도 많고 피부에도 굉장히 많고. 하여간 많아요. 그렇게 많은 종류의 기생 생물은 우리 몸 자체를 생태계로 인식하고 자기들끼리 잘 살아요. 문제는 내 몸에 사는 기생 생물이 언제 어떻게 돌변할지 모른다는 거예요. 걔네들은 태어나서 죽을 때까지의 세대 기간이 굉장히 짧아요. 대장균은 빠르면 20분이에요. 굉장히 빠른 속도로 새로운 개체를 만드는 거죠. 그러다 보면 돌연변이가 생길 기회가 아주 많아요. 아주 다양한 세균이 생길 수가 있다고요. 숙주가 가만히 있으면 돌연변이한테 당할 거예요. 그래서 숙주도 면역에 관련해서 다양한 유전자를 준비를 합니다.

실제로 우리 몸에서 만들어 내는 면역세포의 종류는 굉장히 많아요. 계산에 따르면 수억 가지, 그 이상으로 이야기하기도 하는데, 다양한 면역세포를 만들 수 있는 출발점 중 하나가 유성 생식이에요. 그런 증거가 있느냐. 중남미의 어떤 양서류는 기생충이 많으면 유성 생식을 하고요, 기생충이 어느 정도 줄면 다시 무성 생식으로 돌아가요.

그러면 유성 생식의 단점은 없을까요? 무성 생식에 비해서 효율적이지 못해요. 무성 생식은 어머니, 아버지 구분 없이 세포 하나만 있어도 두 개가 되잖아요. 그런데 우리는 꼭 어머니와 아버지가 있어야 겨우 개체 하나를 만들죠. 무성 생식은 단순한 과정을 통해서 비교적 빠르고 효율적으로 번식을 할 수가 있는데, 유성 생식은 암수가 만나서 수정해야 하는 복잡한 과정이 있어야 한다는 거죠.

또 무성 생식의 경우 내 유전자를 100퍼센트 줄 수 있지만 유성 생식은 감수 분열을 하면서 내 유전자를 반만 물려줄 수 있어요. 내 자손은 나랑 똑같아 보이지만 나랑 50퍼센트밖에 유전자를 공유하고 있지 않아요. 아이는 정확하게 나로부터 반, 어머니로부터 반을 받은 아이에요.

이재성 그건 단점이 아니라 장점이 될 수도 있지 않아요? 내꺼 다 줬다가 자기 자식이 위험할 수도 있으니까 반반씩 보험 들 듯이. 아까 다양화 말한 것처럼, 후손이 생존에 더 유리하게 혹시 더 좋은 것일 수 있는 배우자 것의 반쪽을 합치는 거죠.

장수철 네, 맞아요. 선생님이 지금 이야기해서 생각이 났는데, 혈우병의 경우 혈우병 유전자와 정상인 유전자 두 가지를 다 가지면 살 수 있어요. 하지만 혈우병 유전자끼리 만나면 그 사람은 죽거든요. 혈우병 유전자가 없어지는 거죠. 또는 내가 혈우병 유전자를 가지고 있더라도 나와 내 아내가 정상인 유전자를 전달해 주면 아이 세대에서는 혈우병 유전자가 없어지겠죠? 유성 생식은 유전자를 섞어서 열성 유전자를 제거하는 효과가 있는 거죠. 반면 무성 생식은 안 좋은 유전자도 그대로 전달할 수가 있죠. 선생님이 얘기한대로 유전자의 반만 주는 것이 유성 생식의 장점이라고 얘기할 수도 있습니다.

이재성 내 이야기가 그 말.

장수철 네, 맞아요. 또 하나 단점은, 유성 생식은 유전자 전달 과정이 복잡하기 때문에 그 과정에서 여러 가지 문제가 생길 수 있다는 거예요. 뒤염색체의 숫자가 정상에서 벗어나는 비정상이 생기고요, 또 암컷과 수컷이 특히나 몸을 서로 접촉해서 수정을 하는 경우에는 생식세포가 옮겨지는 과정에서 서로 기생충에 감염될 수가 있어요. 건강에 문제가 생길 수 있는 거죠.

지금 그림 8-11은 똥파리 수컷이 암컷과 교미하는 모습인데…….

이재성 하필이면 똥파리네.

장수철 암컷이 우아하게 똥 위에서 기다리고 있으면 암컷을 놓고 수컷들이 싸워요. 일찍 승부가 나면 괜찮아요. 그런데 둘이 막상막하여서 싸움이 너무 오래 되는 거야. 기다리다가 똥에 빠져 죽을 수도 있어요. 하하하. 암수가 서로 상대방을 결정하는 과정이 틀어져서 교미가 힘들어지는 경우가 생길 수도 있는 거예요. 이것은 좀 극단적인 사례이긴 한데, 짝을 고르

**그림 8-11** 암컷 똥파리가 우아하게 똥 위에서 수컷을 기다리고 있다. 수컷들은 암컷을 놓고 싸우는 데, 싸움이 오래 지속되면 기다리다가 똥에 빠져 죽을 수도 있다. 다시 말해 유성생식은 짝을 고르는 과정이 복잡해서 온전하게 유전자를 전달하는 것이 쉽지 않을 수 있다.

는 과정이 복잡해서 온전하게 유전자가 전달되는 것이 쉽지 않을 수 있다는 것이 유성 생식의 또 다른 단점이에요.

**이재성** 지금 것도 또 반대로 생각할 수 있겠는데요? 암컷은 선택해야 하는 거라면서요. 수컷들이 싸우는 과정에서 좋은 유전자가 걸러지는 거잖아요.

**장수철** 그게 장점인 동시에 단점인 거죠. 그러다 똥에 빠져 죽잖아. 그러면 아예 기회가 없어지는 거 아니야.

**이재성** 그것도 뭐 선택이지.

**장수철** 하하하. 내용이 많았죠? 질문 있어요? 없으면 오늘은 여기까지 하겠습니다. 고생했어요.

**이재성** 내용은 많았는데, 오늘 재밌었어!

## 수업이 끝난 뒤

**장수철** 아까 이재싱 신생이랑 같이 오면서 애기하다 말았는데, 세상 사람이 모든 지식을 자기 전공만큼 다 알아야 되는 거야? 그거 아니잖아?

이재성 알면 좋지.

**장수철** 알면 좋지. 그렇지만 무시하는 태도를 보일 필요는 없잖아? 그렇게 이야기하면 나도 '너희들이 혈액형에 대해서 뭘 알아?' 이렇게 이야기할 수 있다고. 'O형하고 A형하고 뭐가 다른지 알아? 그것도 모르고 여기 지금 앉아 있어? 아니, 왜 다른지 아냐고. 어떤 면에서 다른지 아냐고.'

이재성 뭐 유전자가 다르니까 다르겠지.

**장수철** 유전자의 어떤 면?

이재성 A형은 소심하고 O형은 사교적이고……. B형은 나쁜 남자?

**장수철** 하하. 그러니까 그런 식으로 이야기하면 나도 꼬투리잡고 무식하다고 할 수 있다고! 상식선에서 자기 생각을 얘기할 수도 있는 거잖아. 그런데 그런 것을 무식하다고 치부해 버리니까 너무 화가 나는 거야.

이재성 단어를 잘못 사용했겠지.

**장수철** '네가 뭐 그리 잘났다고. 사회과학 전공한 사람이 정치에 대해서 알면 얼마나 안다고.' 이런 생각이 확 드는 거야. 그러니까 사실은 더 많이 알겠지. 많이 알겠지만 대화하면서 상대방이 무시당한다는 생각이 들게끔 이야기하는 것은 본인이 좀 되짚어 봐야 하는 상황이지.

이재성 그렇죠.

**장수철** 그딴 식으로 잘난 척……. 아, 아무튼 거기에서는 질문하기 좀 안좋은 분위기였어. 그런 식으로 잘난 척하면서 강의하는 사람들이 있어. 아이, 그래서 어제 좀 심사가 확 뒤틀렸어.

# 나와 닮은 너를 만나다

유전 1

아홉 번째 수업은 유전입니다. 왜 아빠, 엄마를 닮았는지는 유
전자를 물려받아서 그렇다는 건 다 알고 있죠? 우리는 유전자
가 어떻게 대물림되는지를 살펴볼 거예요. 그리고 유전 개념을
처음 발견한 멘델의 법칙에 대해서도 알아볼 겁니다.


## 친탁과 외탁

이재성 질문 있어요.

**장수철** 하하하. 뭔데?

이재성 애들 보면 친탁도 하고 외탁도 하고 그러는데 왜 그래요? 우린 삼형제
인데, 보면 나는 친탁, 둘째는 외탁, 셋째는 친탁. 이렇거든요?

**장수철** 뭐가 기준인데요?

이재성 외모가.

**장수철** 외모 중의 어떤 것이?

이재성 얼굴이라든지 키라든지.

**장수철** 아버지 거 반, 어머니 거 반 정확하게 받고 있는데, 친탁 외탁은 뭘
보느냐에 따라서 기준이 달라요. 그러니까 얼굴은 아버지를 닮고, 피부는
어머니를 닮고. 다 달라요. 면밀하게 따져 보면 거의 반반일 거예요. 그런

**그림 9-1 우리 가족은 어디가 서로 닮았을까?** 우리는 아버지, 어머니로부터 유전자를 정확히 반씩 물려받는다. 눈에 띄는 특징을 보고 친탁이다 외탁이다 이야기하지만, 머리카락의 색깔, 얼굴의 비율, 눈썹의 크기, 눈꺼풀 등 유전적인 특징을 찬찬히 들여다보면 부모님의 모습이 절묘하게 섞여 있다는 것을 알 수 있다.

데 우리가 사람들마다 눈에 띄는 것 위주로 이야기하니까 그런 거죠.

이재성 그런데 보통 사람들이 외모를 보고 친탁이다, 외탁이다 하잖아요.

**장수철** 네, 네. 그런데 외모나 얼굴 형태는 유전자 하나가 아니라 여러 개로 인해서 결정되거든요. 그렇기 때문에 나중에 보면 처음에는 '어, 엄마랑 똑같이 생겼네?' 해도 나중에 보면 '아버지 얼굴이랑 똑같네.' 하고 바뀌는 사람도 있어요. 아닌 사람들도 있고.

이재성 그거 왜 바뀌어요? 나 그것도 물어보고 싶었는데.

**장수철** 바뀌는 것이 아니라 보는 사람들마다 다 다르게 느껴서 그래요.

이재성 지금 조카가 7개월이거든요. 개를 보면 태어나서는 자기 아빠를 똑같이 닮았어요. 사진 찍어놓은 것을 보면 내 남동생 어렸을 때랑 똑같거든요. 그런데 지금 7개월쯤 지나서 이제 젖살이 빠지고 이러고 보니까 조금씩 달라지는 거야. 돌 지나면 또 달라지겠지? 유전자는 안 바뀔 텐데 왜 달라지는 걸까?

**장수철** 사람이 처음에 태어날 때는 얼굴 비율이 전체 몸의 50퍼센트예요. 결국은 어느 정도 나이를 먹어서 성인이 되면 7등신, 8등신이 되잖아요. 얼굴의 성장 속도는 굉장히 늦지만, 몸의 성장 속도는 머리의 성장 속도에 비해서 굉장히 빠르거든요. 얼굴이 변형되는 정도가 몸이 변형되는 정도와 다르고, 크기의 변화뿐만 아니라 약간의 모양 변화도 수반되겠죠. 그래서 젖살이 빠진다는 둥 하는 이야기가 그냥 있는 것이 아니라 실제로 어느 정도 얼굴 비율도 좀 변하고, 어느 쪽에 살이 좀 찌고 안 찌고, 근육 발달 정도가 어디는 좀 심해지고 덜해지면서 변한다는 걸 의미하는 거죠. 이러한 것들에 의해서 성인 남자 또는 여자의 전형적인 얼굴로 바뀌어 가는 것 같아요. 변화하는 과정에서 어머니 쪽 유전자나 아버지 쪽 유전자에서 어떤 것들이 약간씩 더 발현된 것처럼 보이는 것 같아요. 그래서 엄마 얼굴만 나타난다, 아빠 얼굴만 나타난다 하는 경우에 대부분 잘 보면 그렇지 않아요. 되게 절묘하게 섞여 있어요. 만화가들이 그림 그릴 때 특징적인 것을 잘 잡아서 그리잖아요.

이재성 캐리커처.

**장수철** 네. 캐리커처를 구성하는 것. 그런 요소들 중에서 아버지의 특징이 많으면 아버지처럼 보이는 것이고, 어머니의 특징이 많으면 어머니처럼 보이는 거예요. 그러나 머리카락의 색깔, 머리카락이 직모냐 곱슬이냐부터 얼굴 가로세로의 비율, 눈썹의 크기, 눈썹의 색깔, 눈 쌍꺼풀이냐 홑꺼풀이냐 속 쌍꺼풀이냐 등 유전적인 특징을 처음부터 끝까지 다 나열해서 보면 거의 반반일 거예요.

## 우성은 좋은 것, 열성은 나쁜 것?

**장수철** 친탁 외탁 이야기에서 또 한 가지 가능성이 있어요. 아버지, 어머니 쪽에서 유전자가 왔을 때 어떤 것이 우성(dominance)이냐 열성(recessive)이냐에 따라서 특징이 결정되는 것이 있어요.

이재성 우성하고 열성은 뭐예요?

**장수철** 예를 들어 직모 유전자와 곱슬 유전자가 만났을 때, 곱슬만 겉으로 드러난다고 하면 '곱슬을 나타내는 유전자는 직모를 나타내는 유전자에 비해서 우성이다.' 이렇게 이야기를 하죠.

이재성 그러면 혈우병은요?

**장수철** 열성이에요.

이재성 열성이에요?

**장수철** 네. 부모에게서 온 유전자가 둘 다 혈우병 유전자일 때 나타나요. 혈우병은 X염색체 상에 있어요. 남자는 X염색체가 하나죠? 그러면 이것을 덮어 줄 또 다른 X가 없잖아요.

이재성 아아, 그래서 남자한테 혈우병이 더 많다고요?

**장수철** 네. 여자는 이것을 덮어 줄 X가 또 있단 말이에요. 그래서 혈우병 유전자를 가지고 있다고 하더라도 정상적인 하나를 가지고 있어서 이것을 덮어 주기 때문에 여성의 경우 혈우병이 별로 없어요.

이재성 그러면 색맹은요?

**장수철** 색맹도 비슷해요. 색맹 유전자도 X염색체 상에 있어요. 이재성 선생은 색맹이 아니고, 선생님 아내는 보인자라고 해 보죠. X가 두 개인데, 그중에 하나가 색맹인 거예요. 그런데 아들을 낳았어요. 아들은 아버지로부터 Y, 어머니로부터 X를 받는데, 어머니한테 정상적인 X를 받을 수도 있지만 색맹 X를 받을 수도 있죠. 어머니한테 색맹 X를 받으면 색맹이 되는 거예요.

**이재성** 나는 정상인데 아들이 색맹이라는 거는 어머니한테 색맹 유전자가 있다는 얘기네요?

**장수철** 네. 그런 경우 100퍼센트 어머니로부터 받아요. 어머니가 보인자이고 아버지가 색맹일 때 딸을 낳는다면 딸은 색맹일 수도 있고 아닐 수도 있어요. 어머니가 정상 유전자를 물려주면 아버지에게서 색맹 유전자가 오더라도 색맹이 아닐 수 있죠. 이것을 성 연관 유전(sex-linked heritance) 또는 반성 유전이라고 해요. 이 유전 패턴으로 인해서 여자가 상당히 이득을 보는 것이 많아요. 남자들만 안됐지.

**이재성** 아, 그러면 하나만 비정상일 때 병이 드러나는 경우는요?

**장수철** 그거는 우성 유전(dominant inheritance)이고.

**이재성** 우성이에요?

**장수철** 네. 예를 들면 헌팅턴 무도병(Huntington's chorea). 자기 몸을 자기가 제어할 수 없는 유전병이에요.

**이재성** 내 몸이 내 거가 아닌 거네요.

---

**헌팅턴 무도병** 헌팅턴 무도병은 4번 염색체의 이상으로 나타나는 신경질환이다. 팔다리가 춤추듯 제멋대로 움직인다고 해서 '무도병'이라고 불린다. 주로 30~40대에 나타나 다른 유전병에 비해 발병 시기가 늦으며, 10~30년에 걸쳐 증상이 서서히 진행된다. 헌팅턴 무도병은 우성 유전병으로, 부모 중 한쪽이 무도병일 경우 자신이 무도병일 확률이 50퍼센트라는 것을 미리 알 수 있다. 환자가 자신의 상황을 인지했을 경우 심리적인 충격이 크기 때문에 심리 상담을 받기도 한다.

**장수철** 네. 골격 근육은 내가 움직일 의지가 있으면 얼마든지 내 뜻대로 움직일 수가 있잖아요. 그런데 이것부터 말을 듣지 않기 시작해서 무의식적으로 움직이는 심장에 있는 근육 같은 것까지 제어가 안 되는 거예요. 내장도 마찬가지. 위에 음식이 들어가면 자연스럽게 알아서 운동을 해 줘서 그 안에서 반죽해서 소장으로 보내요. 이게 사실은 뇌에 있는 신경하고 다 연결이 되어서 제어를 하는 건데 신경이 하나둘씩 죽어서 제 기능을 못하는 거죠. 내 몸 안에 있는 내장이 전부 다 신경의 신호를 제대로 못 받는다고 생각해 보세요. 뭘 먹어도 소화가 안 되고 심장의 움직임도 점점 둔해져요. 굉장히 힘든 상황이거든요. 신경이 고장 나는 많은 병이 비슷해요.

'헌팅턴 무도병'은 움직이는 모양이 꼭 춤추는 것 같다고 해서 붙은 이름이에요. 밥 먹고 있는데 어머니가 부엌에서 식칼을 들고 있을 때도 있어요. 일요일 아침에 가족들이 오랜만에 단란하게 식사를 하는데, 어머니가 와서 칼부림을 하는 바람에 혼비백산을 하고 사람들이 다 흩어지는 상황이 벌어져요. 몸이 자기 의지와는 상관없이 움직여요. 일부러 그러는 게 아니에요. 뇌에서 생각한 것과 다르게 움직이는 거죠. 이 병의 경우에는 4번 염색체 끝에 반복되는 염기가 계속 붙어요. 이 수가 많으면 많을수록 발병하는 나이가 어려져요. 적으면 적을수록 늦게 발병하고요. 이것은 우성 유전병이에요. 이 유전자를 부모 중 어느 한쪽에서만 물려받아도 발현이 돼요. 정상적인 것을 누른단 말이죠.

멘델 유전학에 따르면 치명적인 우성 유전병은 많이 걸려져서 사라졌어요. 왜냐하면 유전자가 하나만 있어도 치명적이기 때문에 자손을 남기지 못해서 그래요. 아기를 낳기 전에 죽게 되는 거죠. 그런데 헌팅턴 무도병은 제거가 안 됐어요. 이 유전병을 가진 사람들은 대개 아기를 낳고

난 다음, 한참 나이가 든 다음에 발병하기 때문에 이 유전자는 그대로 자손한테 전달이 되는 거예요.

**이재성** 그런데 우성하고 열성이 있잖아요. 우성이 좋은 거예요, 열성이 좋은 거예요?

**장수철** 누구한테?

**이재성** 아니, 그러니까 그런 것을 떠나서 용어 자체가요. 일상적으로 생각했을 때는 우성만 다 가지고 있으면 좋을 것 같고, 열성이라고 하면 열등한 느낌도 들고 그렇거든요.

**장수철** 그렇지 않은 것을 한 번 생각해 보죠. 흔히 '치매'라고 하는 알츠하이머는 우성이에요. 좋은 건가요?

**이재성** 나쁘죠.

**장수철** 그렇죠?

**이재성** 그러니까 알츠하이머가 우성이라는 것을 이해하기 어려운 거예요. 나는 일상적으로 사용하는 용어에서부터 접근을 하는 거고, 선생님은 생물학적 연상에서 접근을 하는 거고. 그러니까 소통이 안 되는 거예요. 예를 들어 별거 아닌 것 가지고 어렸을 때 친구들끼리, "쌍꺼풀이 우성이래." "네가 나보다 우월한 인간이네? 나는 열등해." 하고 놀리기도 하고 상처받기도 하고, 뭐 이런 것 있잖아요. 심각하지 않을 것을 가지고 하죠. 겉으로 보이는 거니까. 어쨌든 그렇기 때문에 나중에 배울 때 '알츠하이머가 우성이다.'라고 하면 직감적으로 와 닿지가 않는 거예요. 열성은 나쁜 거라는 생각이 들거든요. 그래서 헷갈리는 거고요. 결국 생물학에서는 우성과 열성이라는 것이 좋고 나쁨의 차이가 아니라는 거죠?

**장수철** 그렇죠. 우성과 열성은 정상, 비정상과 별개예요. 말하자면 우성과 열성은 유전자에서 어느 쪽이 다른 한쪽을 제압하느냐와 관련된 것이고,

정상, 비정상은 겉으로 드러났을 때 그것이 병이냐 아니냐를 보고 이야
기하는 거라고 할 수 있죠.


## 다른 동물의 성 결정 방법

**장수철** 성 결정 방법이라고 하면 보통 XY, XX를 생각하죠. XY, XX 시
스템에서는 수컷이 자손의 성을 결정해요. 하지만 일부 조류의 경우에는
수컷이 줄 수 있는 것이 Z밖에 없어요. 암컷은 난자 속에 W를 심을 수
도 있고 Z를 심을 수도 있고요. 이때는 암컷이 성을 결정을 합니다.

이재성 W, Z라는 것이 X, Y랑 모양이 다른 거예요? 어떻게 다른 거예요?

**장수철** 모양도 다르고 기능도 달라요. Y염색체처럼 성 결정에 관련을 하
지만 Y염색체와는 다른 종류의 성 결정 시스템을 가지고 있는 거예요.
여기에 X, Y와는 전혀 다른 염색체였기 때문에 W, Z를 붙인 거죠. 염색
체 세트도 다릅니다. 잘 이해가 안 가죠? 수벌은 염색체가 한 세트 밖에
없어요.

이재성 줄 수가 없네?

**장수철** 줄 수가 있어요. 왜냐하면 수벌이 정자를 만드는 과정은 감수 분열
이 아니라 체세포 분열이거든요. 암컷은 두 세트가 있고 난자를 만들 때
감수 분열을 해요.

이재성 신기하네.

**장수철** 그러니까 수컷이 만드는 정자는 어때요? 그 안에 들어가는 유전자
세트가 다양할까요, 똑같을까요?

이재성 똑같아요.

그림 9-2 여왕벌은 감수분열을 해서 난자를 만들지만, 수벌은 염색체를 한 세트만 가지고 있기 때문에 체세포 분열을 해 모두 같은 유전자를 가진 정자를 만든다. 따라서 암컷 일벌은 최대 유전자의 75 퍼센트가 같을 수 있다.


**장수철** 똑같죠. 반면 암컷은 난자의 유전자가 다양하죠. 벌이 신혼여행을 가면 수벌은 같이 따라 올라가서 수정을 하고 내려와요. 많은 경우가 수벌은 자기 할 일이 끝나면 집단에서 배제당해요. 다른 일을 하는 경우도 있지만요.

여왕벌의 몸속에는 정자를 저장하는 주머니가 있어요. '저정낭(seminal vesicle)'이라고 해요. 정자를 저장하고 있다가 수정을 해서 수정란을 바깥으로 내보내면 암컷이 되는 거예요. 수정하지 않고 그냥 난자만 내보내면 염색체가 한 세트죠? 이놈은 커서 수컷이 되는 거예요. 그래서 딸들은 아버지가 있지만, 아들들은 어머니밖에 없어요.

이재성 왜요?

**장수철** 난자 하나가 자라서 생긴 것이 수컷이니까. 그러니까 정자의 유전자를 받은 것은 암컷이 되는 거고, 정자를 안 받고 난자만 받아서 발생한 것은 수컷이 되는 거예요. 수컷은 아버지가 없는 거죠. 어머니밖에 없어요.

그런데 아까도 이야기했지만 난자는 어때요? 수컷과 암컷의 유전자가 섞인 다음에 감수 분열을 한 결과 나온 것이죠? 그래서 수컷이 다 다르긴 달라요.

우리가 생각해 볼 수 있는 것이 있어요. 수벌의 정자가 만들어 내는 유전자는 모두 동일하다고 했죠. 반면 난자는 감수 분열을 하기 때문에 다양한 유전자를 가지고 있어요. 따라서 여왕벌이 알을 낳았을 때 한 마리 수컷에서 얻은 정자의 유전자는 100퍼센트 동일하고 난자에서 온 유전자는 서로 50퍼센트 동일하죠. 합치면 여왕벌이 낳은 알 중에서 암컷은 75퍼센트가 서로 동일해요. 그러니까 암컷인 일벌들끼리 75퍼센트가 비슷한 거예요. 우리 인간도 형제 사이가 아무리 가까워 봐야 50퍼센트거든요. 보통 다른 생물의 형제들보다 유전적으로 훨씬 더 가까워요. 그래서 애네들은 마치 한 몸처럼 움직여요. 침입자가 들어오면 벌이 가서 침을 쏘잖아요. 침은 갈고리 모양으로 생겼는데 한 번 쏘면 갈고리에서 내장이 쏙 빠져 나가요. 죽는다고. 그런데 죽음을 무릅쓰고 침입자한테 덤비는 거예요. 자기랑 거의 75퍼센트나 같은 다른 벌들이 자신과 비슷한 유전자를 자손에게 전달해 줄 테니까 자기 몸을 얼마든지 버릴 수 있는 거예요. 많은 유전학자에 의해서 알려진 내용이에요. 그리고 지금까지 한 이야기는 개미에게도 똑같이 해당돼요.

그 다음에 파충류의 성 결정 방식도 사람과 달라요. 거북의 경우 수정란이 더운 곳에서 배양되면 암컷, 추운 곳에서 배양되면 수컷으로 발생

해요. 따라서 애네들은 성비를 적절하게 맞출 수 있는 환경에 가서 알을 낳을 거예요. 자, 그런데 지구가 어떻게 되었죠?

**이재성** 따뜻해졌어요.

**장수철** 네. 인간 때문에 그렇죠. 지구 전체적으로도 문제지만 거북의 서식지 근처에 사람이 살면서 온도가 변한 거예요. 서식지의 온도 변화로 성비가 깨지면서 이런 동물들의 멸종이 더 앞당겨질 것이라는 이야기가 많이 나오고 있어요.


## 염색체 검사

**장수철** 사람의 경우 정자와 난자가 만나면 염색체가 딱 46개가 만들어져야 해요. 백혈구에서 염색체를 뽑은 다음에 염색을 하면 현미경으로 염색체를 볼 수 있어요. 염색체 검사는 보통 임산부 양수 검사할 때 해요. 배에 주사를 꽂은 다음에 양수를 뽑아요. 양수에서 태아로부터 떨어져 나온 세포를 채취해서 최대한 배양한 다음에 그 세포에 있는 염색체를 검사하는 거예요. 배양 기간이 꽤 길어요. 왜 염색체 검사를 하느냐 하면 30대 중반이 지나면 태아의 13번, 15번, 18번, 21번, 22번 염색체가 한 개 또는 세 개가 될 확률이 높아져서 그래요. 감수 분열 과정에서 생식세포를 만들 때 염색체 비분리 현상이 일어나기 때문입니다. 난자가 감수 분열을 할 때 양쪽으로 반반씩 정확하게 나눠져야 하는데 안 나눠지는 거죠. 한쪽으로는 두 개가 가고 한쪽으로는 한 개도 안 가는 거예요. 그러면 난자의 염색체 수가 24개, 22개가 나올 수 있어요. 염색체가 24개인 난자가 염색체가 23개 정상인 정자와 결합을 하면 47개가 되는 거예요.

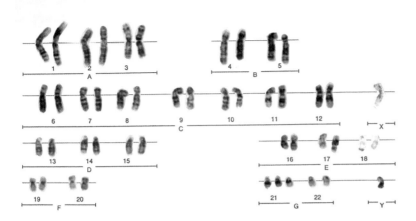

**그림 9-3 다운 증후군의 염색체** 다운 증후군은 감수 분열시 염색체가 제대로 분리되지 않아 21번 염색체가 세 개일 때 나타난다. 21번 염색체가 세 개일 확률은 30대 중반 이후로 크게 올라가기 때문에 염색체 검사를 받는 것이 좋다.

13번, 15번, 18번, 21번, 22번 중 한 종류의 염색체가 세 개가 되는 거예요. 지금 난자를 예로 들었지만 정자도 30대 중반이 지나면 감수 분열이 비정상적으로 일어날 확률이 높아져요. 그 확률은 나이가 먹을수록 높아지고, 특히 21번 염색체가 세 개일 확률은 30대 중반 이후로 크게 올라가요.

염색체 검사를 반드시 해야 한다는 건 아니에요. 양수 검사는 배에 바늘을 찔러서 양수를 채취하는 검사고, 융모막 융모 생검(chorionic villi sampling)은 가는 관을 배 안에 삽입해서 세포 일부분을 떼어 내는 거예요. 융모막 융모 생검은 세포를 직접 떼어 내기 때문에 양수처럼 그 안에 녹아 있는 세포를 잘 모아서 배양하는 것보다 시간이 오래 걸리지 않아요. 하지만 양수 검사든 융모 검사든 산모 내부에 기구를 집어넣는 것이기 때문에 산모나 태아가 다칠 수 있어요. 그래서 30대 중반 이전의 사람들에게는 권하지 않아요. 그런데 산모가 30대 중후반인 경우에는 염색체 특히, 21번 염색체가 세 개가 될 확률이 크기 때문에 염색체 이상이 있는지 없는지 검사를 하는 거예요.

**이재성** 이상 있으면 어떻게 해요?

**장수철** 태아의 부모에게 알려 주죠. 낳을지 말지는 부모가 결정해야 해요.

**이재성** 애가 어떻게 되는데요?

**장수철** 일단 13번, 15번, 18번, 22번은 세 개가 되면 유산돼요. 그래서 검사를 하는 것이 별로 의미가 없어요. 다만 21번이 세 개가 되는 경우에는 다운 증후군(Down Syndrome)이 돼요. 다운 증후군 아이를 낳을 것인지 말지 검사 결과를 보고서 결정을 하는 거죠. 다운 증후군은 병에 걸릴 확률이 커요. 정신적인 장애가 많이 나타나고 지능도 낮고요. 여러 가지 몸의 기능도 잘 수행되지 않아요. 건강하게 살기가 쉽지 않죠. 그리고 불임이에요.

다운 증후군만이 아니라 성 염색체에도 이상이 생길 수 있는데, 성 염색체는 많아도 별 문제 없어요. X염색체만 있고 Y염색체가 없을 수 있어요. 이것은 태어나서 정상적으로 살아요. 별 문제 없어요. XXY? 괜찮아요. XXXY? 괜찮아요. XXYY? 괜찮아요.

---

**염색체 번호는 어떻게 정할까?** 크기로 정한다. 크기가 비슷하면 동원체가 가운데에 있느냐 또는 약간 아래쪽에 있느냐 하는 것으로 판별한다. 동원체가 위쪽에 있는 게 먼저다. 그것마저도 비슷하면 염색되는 패턴을 본다. 그러나 현대에는 염색체의 크기를 정확히 알 수 있어 대부분 크기에 따라 번호가 부여된다.

이재성 그럼 Y는 없고 X가 하나인 아이는 어떻게 돼요?

**장수철** X염색체가 하나만 있어서 생기는 질환을 '터너 증후군(Turner syndrome)'이라고 해요. 터너 증후군인 아이들은 키가 안 커요. 평균 146센티미터 정도에서 더 이상 자라지 않아요. 그래서 어렸을 때부터 계속해서 성장 호르몬 주사를 맞아요. 그러면 일반인들처럼 어느 정도 키가 클 수 있죠. 옛날 같으면 어려웠겠지만 요즘은 세균에 유전자를 집어넣어 증식시키는 방법으로 성장 호르몬을 많이 만들어 내고 의료 보험도 되기 때문에 예전보다 저렴하게 성장 호르몬 주사를 맞을 수 있습니다. 그리고 불임이에요. 그 다음에 심할 수도 있고 심하지 않을 수도 있는데 목하고 어깨 쪽 피부가 그물망처럼 생겼어요. 그리고 학습에 어려움이 있을 수도 있고, 아닐 수도 있어요.

XXY, XXXY, XXYY는 '클라인펠터 증후군(Klinefelter's syndrome)'이라고 하는데, Y가 하나라도 있으면 남성입니다. 다만 남성성이 약할 뿐이에요. 난소는 없고 미성숙한 정소를 가지고 있어요. 테스토스테론 농도도 낮아서 남성으로서 제 구실을 못해요. 그리고 팔다리가 길고 평균보다 키가 약간 큰 편(평균 180센티미터)에 여성적인 특징을 보여요.

그 다음에 XYY는 '야콥 증후군(Jacob's syndrome)'이라고 해요. 평균보다 키가 크고 여드름이 좀 심하고 지능은 평균보다 약간 떨어져요. 미국에서 한때 남성성을 나타내는 Y염색체가 하나 더 있다고 '남성성이 엄청나게 대단하다. 폭력적이다.' 해서 차별 받았던 적이 있어요. 감옥에 있지 않은 XYY보다 감옥에 있는 XYY가 많지 않느냐를 실제로 조사를 했어요. 그런데 통계학적인 근거는 없어요. 남성적이고 키가 평균 185센티미터 정도로 평균보다 크긴 한데 다른 것은 다 똑같아서 차이가 거의 없어요.

이재성 야콥 증후군은 아이 낳을 수 있어요?

**장수철** 낳을 수도 있는데 거의 불임이에요. X염색체 수가 Y염색체 수보다 많거나 같으면 클라이펠터 증후군, Y염색체 수가 X염색체 수보다 많으면 야콥 증후군이에요. 둘 다 신체적·정신적 특징에 명확한 문제는 없어요.

마지막으로 XXX일 때는 더 여성스러운…… 것이 아니고, 보통 여성하고 차이가 없어요. 염색체만 XXX인 거예요. 불임일 수도 있지만 아이를 낳을 수도 있어요.

다운 증후군인 사람들은 혼자서 정상적인 생활을 하기 어렵지만, 성염색체가 하나가 더 많거나 없거나 하는 것은 전반적으로 별 문제가 되지 않습니다.

**이재성** 염색체 이상으로 불임인 경우에 시험관 시술로 아이를 만들 수 있어요?

**장수철** 글쎄요. 난자에 생긴 염색체를 일일이 본 다음에 정상적인 염색체를 가지고 있는 난자와 다른 정자를 수정시켜 볼 수는 있겠죠. 아마 돈이 굉장히 많이 들 거예요.

**이재성** 불임인 부부들 보면 시험관 시술 하잖아요. 염색체 이상을 모르는 상태에서 불임 시술을 하면 성공하기 더 어려울 것 같아서요.

**장수철** 대개의 경우 처음에 염색체 검사를 해서 알아요.

**이재성** 아, 알고 시작한다?

**장수철** 대부분이 성 염색체 이상 때문이라기보다 나이가 많거나 신체 조건이 적당하지 않아서 불임이에요. 내가 아는 어떤 부부도 시험관 아기를 시도를 했는데 부인이 회사일이 너무 바빠서 안 됐어요. 바빠서 정신적인 여유가 없고 시술하고 임신하는 과정을 받쳐 줄 만한 체력이 안 되는 거예요. 그래서 잘 안 됐죠. 남편도 정신적인 스트레스가 있었고.

하여간 성 결정 시스템에 관한 이야기는 끝났고요. 이제 멘델 유전학에 대해서 같이 살펴보겠습니다.


## 멘델 유전학과 멘델의 천재성

**장수철** 그레고어 멘델(Gregor Mendel)이 실험을 해서 유전 현상을 깨닫기 전에는 전성설(前成說, preformation theory)이 있었어요. 정자 안에 미리 아이가 만들어져 있다는 거죠. 남자 아이가 정자 안에 들어가 있다면 아버지하고 똑같아야 해요. 그런데 눈 색깔만 봐도 아버지는 갈색 눈인데 아이는 푸른 눈인 경우가 있는 거예요. 만약에 이 정자가 아버지로부터 미리 만들어진 상태에서 전달이 되었다면 말도 안 되는 일인 거죠. 아이가 태어난 것을 보면 어머니의 특징도 굉장히 많죠. 여자 아이가 태어날 수도 있고. 전성설을 이야기하다 보면 설명이 안 되는 것이 너무 많아요. 그래서 전성설은 폐기됐어요.

**이재성** 1800년까지 유행을 했다는데?

**장수철** 그때까지 사람들이 유전 현상에 대해서 모르는 것이 너무 많았어요. 사실은 다윈도 몰랐어요. 멘델이 유전 현상을 발표했을 때 다윈은 그것을 보고서 그냥 넘어갔어요. 만약에 그 뜻을 알았다면 당시 자신의 진화론에 날개를 달 수 있었을 거예요. 그런데 모르고 넘어갔어.

멘델은 수도사였는데 굉장히 똘똘한 사람이었어요. 개천에서 용 난다고 하잖아요. 바로 그 사례예요. 수도원에 가서 이것저것 배우다가 교사 자격증을 따려면 좀 더 공부를 해야겠다 해서 오스트리아 빈 대학교에 가서 석사 학위를 받아요. 물리학으로요. 그때 이 사람이 공부한 것이 뭐냐 하면 실험하거나 관찰한 결과를 정량적으로 분석할 수 있다는 거였어요. 침팬지 연구로 유명한 제인 구달(Jane Goodall)을 예로 들어 보죠. 구달이 곰베라는 아프리카 지역에 가서 침팬지를 관찰하잖아요. 그런데 이 녀석들이 다른 집단을 공격해요. 사람 이외에 어떤 동물도 뚜렷한 이유 없이 동종을 죽이지 않는 것으로 여겨졌는데, 여태까지 알고 있었던 것과는 다른 내용인 거죠. 그 사실을 이런 식으로 관찰했어요. '동족 살해에 참여하는 개체는 몇 마리였고, 1년에 몇 번 정도 동족 살해를 하더라. 따라서 대부분은 그렇지 않지만 10~20퍼센트 정도는 동족을 죽이는 것 같다.' 이렇게 수로 표시해서 양적으로 가늠이 되니까 더 구체적이고 단순히 '침팬지도 종족 살해를 한다.' 하는 것보다 설득력도 있죠? 이런 것을 대학원에서 배운 거예요.

두 번째로 멘델은 식물을 보면 꽃 색깔도 다양하고 키도 다양하고, 여러 가지 종류의 변이가 있다는 걸 배웠어요. 식물학에 대한 식견을 키워 온 거예요. 그래서 수도원에 왔는데 수도원장이 '네가 배웠던 그런 것들을 콩을 가지고 실험을 해 봐라.' 이렇게 이야기를 해요. 그런데 나도 이해가 안 가는데, 수도원에서 왜 그랬을까?

이재성 할 일이 없으니까 그랬겠지 뭐.

**장수철** 아니 그렇게 간단하게 대답을 하면……. 하하하하. 어쨌든 이 사람은 마음 놓고 실험할 수 있었어요. 혼자 생각해 본 것은 그거예요. 당시에 창조주나 조물주가 만든 생물을 이해하는 것이 신을 제대로 이해하는 방법이라고 생각했기 때문에 그랬던 것 같아요.

이재성 비슷한 경우가 있어요. 언어학 역사에서 인간만이 언어를 구사할 수 있다고 생각한 적이 있었거든요. 신이 특별히 인간에게만 언어를 줬다고 생각한 거죠. 그걸 증명하려고 일부 언어학자들이 침팬지나 오랑우탄을 데리고 언어를 가르쳤어요. '동물에게도 언어가 있다.'가 아니라 '동물에게는 언어가 없다.'라는 것을 증명하기 위해서 실험을 한 거죠. 결과적으로는 반대로 동물한테도 언어가 있다는 것을 발견하게 됐고요.

**장수철** 크게 보면, 모든 현상을 신의 역작, 신의 작품으로 이해했던 거죠. 그래서 그렇게 성직자들이 연구를 했던 것 같아요. 자, 어쨌든 멘델은 수도원장의 전폭적인 지원 속에 완두로 열심히 실험을 해요. 엄청나게 실험을 합니다. 그런데 그 실험하는 방법이 굉장히 과학적입니다. 일단 완두를 선택한 게 탁월했어요. 완두는 너무나 완벽한 실험 도구인 거예요. 왜? 다루기가 좋아요. 키우기가 쉽고, 한번 심어서 다음 세대를 만들 때까지의 기간이 짧아요. 그리고 교배를 해서 자손을 굉장히 많이 얻을 수가 있어요. 따라서 통계학적인 분석이 가능해요. 두 번째는 꽃 색깔이 중간이 없어요. 보라색 아니면 흰색이에요. 또 콩 모양이 둥근 것 아니면 쭈글쭈글한 것, 콩 색깔은 녹색 아니면 노란 색, 중간 것이 없어요. 따라서 뭐가 열성이고 뭐가 우성인지 금방 알아차릴 수가 있어요. 이런 식으로 꽃의 색깔. 콩 색깔과 모양, 콩깍지 색깔과 모양, 꽃의 위치, 줄기의 키까지 완두의 특징 일곱 가지가 이거 아니면 저거 딱딱 나오는 거예요. 얼마나 분석하기 좋겠어.

애네들을 교배해서 실험을 하는데, 이 사람이 참 영리한 구석이 있어요. 완두꽃을 보면 안에 암술과 수술이 같이 있거든요. 보라색과 흰색 꽃을 교배시키려고 하는데, 보라색이나 흰색 꽃이 자가 수분을 한 건지 다른 꽃에서 수분한 것인지 확실하지 않을 수 있잖아요. 그래서 보라색 꽃에 흰색 꽃을 수분시키기 위해서 보라색 꽃이 피면 수술이 성장하기 전에 수술을 다 잘라 버려요. 그러면 암술만 남죠. 흰색 꽃 수술은 그대로 키워요. 흰색 꽃 꽃가루를 붓에 묻혀서 보라색 꽃 암술머리에 묻혀요. 그러면 보라색 꽃과 흰색 꽃을 정확하게 교배시킬 수 있는 거죠. 이 실험 방법은 지금도 식물학자들이 그대로 써요. 엄청나게 생각을 다듬고 다듬어서 실험을 정교하게 한 거예요.

　멘델은 또 순종과 잡종(hybrid)을 구분해요. 구분이 될 것 같아요? 순종인지 잡종인지 어떻게 알았을까요? 보라색과 흰색을 교배했는데 전부 보라색이 나온 거예요. '어, 흰색은 어디 갔지? 흰색은 없어진 것일까? 아니면 없어지지 않은 채 이 식물 안에 남아 있는데 제압된 것일까?' 멘델이 고민을 한 거예요. 이런 생각을 했다는 것 자체가 대단한 거죠. 그래서 그 보라색 꽃을 자가 수분해요. 흰색이 지금 이 안에 있지만 제압돼서 나타나지 않은 거라면 이것을 자가 수분을 해서 혹시 나올 수도 있겠다 생각한 거예요. 자가 수분을 했더니 보라색:흰색의 비율이 3:1로 나왔어요. 그래서 자가 수분한 보라색 꽃을 '잡종'이라고 이름을 붙였어요. 그리고 잡종끼리 교배를 해서 그 다음 대를 본 거예요. 당시에 유전학 실험을 했던 사람들은 부모를 교배시켜서 나오는 자손만 봤는데 이 사람은 자손에서 한 대 더 본 거예요. 사실 여기에서 한 대를 더 봤어요. 조상대, 자손 1대, 자손 2대, 자손 3대까지 간 거죠. 다만 우리가 설명할 때 자손 3대까지 필요하지 않기 때문에 자손 2대까지만 설명하는 것뿐이에요.

　그 다음에 또 뭘 했느냐 하면, 처음에는 꽃 색깔이라는 형질 하나만 가지고서 잡종을 만들었는데 두 번째 실험에서는 열매의 모양과 색깔, 두 가지 모두가 잡종인 것을 가지고 실험을 했어요. 이것을 '양성 잡종(dihybrid)'이라고 해요. 앞에서 꽃 색깔만 봤을 경우는 '단성 잡종(monohybrid)'이라고 하죠. 완두콩이 둥글고 노란색이면 우성이고, 쭈글쭈글하고 녹색이면 열성이에요. 꽃 색깔 교배 실험과 마찬가지로 순종 우성과 순종 열성을 교배해서 전부 둥글고 노란색 완두콩이 나오면 잡종을 얻는 거예요.

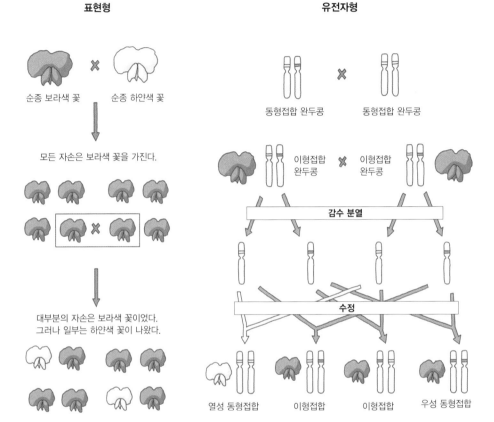

**표현형**

순종 보라색 꽃 ✕ 순종 하얀색 꽃

모든 자손은 보라색 꽃을 가진다.

대부분의 자손은 보라색 꽃이었다.
그러나 일부는 하얀색 꽃이 나왔다.

**유전자형**

동형접합 완두콩 ✕ 동형접합 완두콩

이형접합 완두콩 ✕ 이형접합 완두콩

감수 분열

수정

열성 동형접합    이형접합    이형접합    우성 동형접합

**그림 9-4 멘델의 실험과 분리의 법칙** 멘델은 주의 깊게 반복해서 완두콩을 교배해 우성과 열성 형질을 결정했다. 보라색과 흰색 꽃을 교배했는데 전부 보라색이 나온 것을 보고 '흰색은 어디로 갔을까? 흰색은 없어진 것일까? 아니면 식물 안에 남아 있는데 제압된 것일까?'라는 의문을 가졌다. 그리고 보라색 꽃을 한 세대 더 자가 수분을 해 흰색 꽃이 다시 나타난 것을 확인했다. 멘델은 이 결과에 대해 각각 한 쌍인 유전자 중 하나의 대립 유전자만 배우자에 전달된다고 유추해 설명해 냈다. 이것이 '분리의 법칙'이다.

더 나아가서 꽃의 색깔, 열매 모양, 열매 색깔, 이 세 가지의 잡종을 또 봐요. 3성 잡종이 되는 거죠. 아주 복잡해지죠. 그런데 이것을 자신의 체계에 따라서 찬찬히 교배를 시킨 다음에 그 숫자를 일일이 다 기록해서 전부 통계 처리를 합니다. 여기에서 나온 것이 멘델의 독립의 법칙(law of independence)입니다. 독립의 법칙은 다음 시간에 좀 더 알아볼 겁니다.

자, 앞에서 했던 이야기를 정리해 보죠. 보라색 꽃 순종과 흰색 꽃 순종을 교배했더니 보라색이 나왔어요 그러면 보라색과 흰색 중에서 어떤 것이 우성입니까?

이재성 보라색.

**장수철** 네, 보라색이죠. 흰색은? 열성. 우성과 열성이라는 개념을 멘델이 제시한 거죠. 이것은 누구나 다 인정할 수 있는 이야기입니다.

자, 보라색 순종과 흰색 순종을 교배를 했더니 전부 보라색이 나왔어요. 전부 잡종이에요. 그 다음 잡종들끼리 교배를 했더니 보라색과 흰색이 3:1로 나타난다. 이것은 꽃의 색깔만 그런 것이 아니라 열매 색깔, 열매 모양, 꽃의 위치가 위에 있는 것 옆에 있는 것, 키가 큰 것 작은 것 등등, 이 사람이 일곱 가지 특징을 전부 다 테스트를 해 보는데 전부 다 각각 3:1로 나와요. 그래서 아, 이것은 법칙화해도 되겠다고 생각을 한 거죠.

이런 현상을 어떻게 설명할 수 있을까? 멘델은 염색체를 몰랐어요. 그런데 하나의 유전 현상에 대해서 두 개의 유전자가 있어야 한다는 걸 생각해 낸 거예요. 우리가 봤다시피 순종 보라색 꽃과 순종 흰색 꽃을 교배했어요. 보라색 꽃만 나왔어요. 그러니까 보라색이 우성이고 흰색이 열성이라고 생각을 했고, 보라색 유전자 하나, 흰색 유전자 하나 해서 유전자가 두 개 있다고 생각했어요. 그 다음에는 이 잡종 보라색 꽃끼리 교배를 했어요. 얘네들이 다시 자손을 만들 때 두 유전자 중에 하나만 자손에게 전달하겠죠? 자손에게 보라색 유전자를 전달할 수도 있고 흰색 유전자를 전달할 수도 있어요. 이때 양쪽에서 각각 흰색 유전자가 전달되면 흰색 꽃이 생기는 거예요. 열성 유전자가 두 개니까. 보라색 유전자가 하나라도 들어가면 보라색 꽃인 거죠. 보라색 두 개가 들어가면 당연히 보라색 꽃이 생기는 거고. 따라서 잡종 보라색 꽃끼리 교배하면 보라색 : 흰색이 3:1로 오죠.

이 이야기는 부모가 두 개의 유전자를 가지고 있는데 유전자가 분리돼서 자손에게 하나만 전달하기 때문에 이런 일이 벌어진다는 거예요. 그래서 분리의 법칙(law of segregation)이에요. 주의해야 할 것은 3:1로 나타나는 것이 분리의 법칙이 아니라 두 개의 유전자 중 하나만 분리를 해서 자손한테 준다고 해서 분리의 법칙이라는 거예요.

이재성 꽤 똑똑하네.

**장수철** 천재예요.

이재성 천재까지는 아닌 거 같고 똑똑하네.

**장수철** 하여간 분리의 법칙이 이 사람에 의해서 정립이 됩니다.

자, 우리 생각을 해 봅시다. 세균 가지고서도 이런 설명을 할 수 있을까요?

이재성 아니요.

**장수철** 맞아요. 세균은 암수가 없기 때문에 감수 분열을 통해서 유전자를 자손에게 전달하는 과정이 없어요. 멘델의 법칙은 유성 생식에만 통용되는 유전 법칙이에요. 여태까지 봤지만 생물학에 무슨 법칙이 있습니까? 없었죠? 하지만 '멘델의 유전'은 법칙이에요.

이재성 법칙은 이것밖에 없어요? 독립의 법칙, 분리의 법칙?

**장수철** 하디-바인베르그 법칙(Hardy-Weinberg law)이라고 또 있어요. 몇 가지가 있는데 화학이나 물리에 비해서 생물학에는 법칙이 거의 없다고 보는 것이 맞죠.


## 유전을 담당하고 있는 '입자'

**장수철** 여기에서 몇 가지 용어를 한번 보죠. 똑같이 꽃 색깔을 담당하는 유전자가 두 개 있는데 하나는 보라색, 하나는 흰색을 담당하는 유전자죠. 이 두 개의 유전자는 서로가 서로에 대립 유전자(allele)입니다. 곱슬 유전자와 직모 유전자는 머리카락 모양을 나타내는 똑같은 기능을 해요. 그러나 표현해 내는 건 다르죠. 그럴 때 이 둘을 대립 유전자라고 합니다.

　서로 같은 대립 유전자가 공존하면 동형접합(homozygous), 서로 다른 대립 유전자가 공존하면 이형접합(heterozygous)이라고 해요. 예를 들어 내가 가지고 있는 머리카락 유전자 두 개가 다 직모라면 동형접합이에요. 하나는 곱슬이고 하나는 직모라면 이형접합인 거고요. 그런데 이때 겉으로 드러나기에는 둘 다 직모예요. 겉으로만 봐서는 동형접합인지 이형접합인지 몰라요. 이걸 두고 유전자형(genotype)과 겉으로 드러나는 표현형(phenotype)이 다르다고 이야기합니다.

**이재성** 우성 동형접합하고 열성 동형접합하고는 대립 유전자가 같은 거잖아요. 그러면 둘 다 순종인 거예요?

**장수철** 그렇죠. 멘델의 정의에 따르면 순종이에요. 꽃 색깔에 관한 한 순종이에요.

**이재성** 그러면 잡종을 교배했을 때도 순종이 나올 수 있다는 거네요?

**장수철** 네.

이재성 정말 신기하다.

장수철 뭐가 신기해?

이재성 어떻게 잡종을 교배했는데 순종이 나와. 진돗개끼리 교배해야 진돗개 혈통이 순종으로 유지되는 거 아니에요? 그러니까 여기에서 이야기하는 순종, 잡종의 개념이 우리가 일반적으로 이야기하는 순종, 잡종하고 다르지 않느냐는 거지.

장수철 음, 개념을 명확하게 해야 할 것 같네요. 우리가 멘델의 법칙에서 말한 순종, 잡종은 각각 동형접합과 이형접합을 의미하는 거고요, 진돗개의 혈통이 유지된다고 말할 때는 품종이 섞이지 않았다는 걸 말해요. 품종은 변종을

그림 9-5 합스부르크 왕가 출신의 스페인 왕 카를로스 2세 합스부르크 왕가는 반복된 근친혼으로 위아래 턱이 맞지 않는 유전자가 되물림 되면서 대를 거듭할수록 주걱턱이 심해졌다. 카를로스 2세는 음식을 씹지 못해 모든 음식을 갈아서 먹어야 할 정도로 고통을 겪었다. '순수 혈통'은 생물학적으로 그다지 좋은 것이 아니다.

유전적으로 개량한 개체군을 말합니다. 사람한테는 '순수 혈통'이라는 말이 있어요. 오스트리아에 합스부르크 왕가(Habsburg Haus)라고 있었죠? 이 사람들은 근친혼을 했어요. 동물을 같은 품종끼리 교배시키는 것보다 유연관계가 더 가까운 사람들끼리 결혼을 한 거죠. 그런데 계속해서 그러다 보면 좋은 유전자도 대물림되지만 나쁜 유전자도 그대로 유지돼요. 열성 유전자가 발현될 가능성이 커지는 거죠. 그래서 합스부르크 왕가는 대를 거듭할수록 위아래 턱이 점점 더 안 맞는 거예요. 또 영국 엘리자베스 여왕 시절에 누군가 유전자 돌연변이가 생겨서 혈우병이 생겼어요.

이 경우에도 계속해서 자기들끼리만 결혼을 하다보니까 혈우병의 발병률이 점점 높아졌어요. 순수 혈통의 신화 때문에 생기는 문제죠.

순수 혈통에 대해 가지고 있는 우리의 편견을 좀 생각해 볼 필요가 있어요. 대한민국은 단일 민족? 나는 그거 웃기다고 생각해요. 그만큼 핏줄이 순수하다는 이야기를 하고 싶은 것일 텐데, 생물학에서 보면 '나쁜 유전자가 하나도 걸러지지 않고 우리한테 전달되었다는 이야기구나.' 오히려 그렇게 생각하는 것이 맞다고 봐요.

이재성 그런데 섞일 수 있는 범위가 있을 거 아니에요. 섞이는 범위가 어디까지인지.

**장수철** 생식할 수 있는 범위가 유전자가 섞일 수 있는 범위죠. 즉 같은 종이예요. 그런데 범위가 좁아지면 좁아질수록 나쁜 유전자가 전달될 확률이 커지는 거죠.

자, '유전자'라는 말을 우리는 편하게 쓰는데, 멘델은 '유전자'라는 말을 쓰지 않고 '유전을 담당하고 있는 입자'라고 이야기했어요. 유전되는 물질이 섞여서 없어지는 것이 아니라 입자 형태로 있으면서 만났다가 헤어졌다가 만났다가 헤어졌다가 한다는 거죠. 유전 현상을 물감이 섞이는 것처럼 생각하는 것을 '혼합가설(blending hypothesis)'이라고 해요. 멘델은 혼합가설이 잘못됐다는 걸 보여준 거예요. 보라색과 흰색이 합쳐지면 연보라가 나와야 할 것 같은데 그것이 안 생긴다는 것을 다 보여 준 거죠. 나중에야 대립 유전자, 우성, 열성, 동형접합, 이형접합 이런 개념이 정리가 되었고, 나중에 사람들이 유전 입자를 '유전자'라고 이름을 붙였어요. 그 다음에 그것을 담당하고 있는 두 개의 서로 상응되는 유전자를 '대립 유전자'라고 이름을 붙입니다.

이재성 질문! 보라색 꽃이랑 흰색 꽃이랑 교배했을 때 중간색은 안 나와요?

**그림 9-6** 금어초는 빨간색 꽃과 흰색 꽃을 교배하면 분홍색이 나온다. 분홍색끼리 교배를 하면 다시 빨간색과 흰색 꽃이 나온다. 분홍색 꽃은 빨간색과 흰색 유전자가 물감 섞이듯 섞여서 나온 것이 아니다. 빨간색과 흰색 유전자는 따로 있고, 그 유전자에서 만들어진 단백질이 어떻게 작동하느냐에 따라서 표현형이 다르게 나타나는 것이다.


**장수철** 안 나와요.

이재성 왜 안 나와요?

**장수철** 완두의 경우에는 안 나와요. '금어초'라는 꽃이 있어요. 꽃 모양이 금붕어 입 모양과 비슷하게 생겼다고 해서 금어초예요. 꽃말은 수다쟁이고요. 그런데 금어초는 빨간색 꽃과 흰색 꽃을 교배시키면 뭐가 나와요? 분홍색.

이재성 왜 금어초는 나와요?

**장수철** 생물마다 달라요. 그러면 분홍색끼리 교배를 하면 어떻게 될까요? 흰색하고 빨간색이 나와요. 이것은 무슨 뜻이에요? 아까 말한 것처럼 유전자가 물감 섞이듯 섞이는 게 아니라는 뜻이에요. 흰색과 빨간색을 담당하는 유전자가 따로 있고, 그 유전자에서 만들어진 단백질이 어떻게 작동하느냐에 따라서 표현형이 달라집니다. 열성과 우성을 담당하고 있는 유전자가 만들어 내는 단백질이 어떤 작용을 하느냐에 따라서 어떤 것은 중간 형태가 나오고 어떤 것은 중간 형태가 안 나온다는 거예요. 그러니까 유전자 차원에서 설명되는 것이 아니라 유전자가 만들어 놓은 단백질의 상호작용에서 차이가 나기 때문에…….

**이재성** 그래서 불완전 우성(incomplete dominance)이다?

**장수철** 네.

## 표현형과 유전자형

**장수철** 다시 앞으로 좀 갈게요. 점점 어려워지는 거 같지 않아? 긴장 되지? 아까 이야기한 것을 다시 한번 정리해 볼게요. 겉으로 보라색이나 흰색 꽃으로 나타나는 것을 표현형이라고 해요. 그렇죠? 그런데 우리 알다시피 보라색 꽃에는 잡종도 있고 순종도 있죠? 잡종의 경우에는 흰색 유전자와 보라색 유전자를 한 개씩 가지고 있어요. 순종의 경우에는 두 개 다 똑같은 보라색 유전자를 가지고 있어요. 그래서 표현형은 같은데 어떤 것은 보라색 유전자와 흰색 유전자, 어떤 것은 보라색 유전자 두 개인 거예요. 유전자 조합이 다르죠. 그래서 그것을 표현형과 구분해서 유전자형이라고 이야기합니다.

자, 그림 9-7을 보면 똑같은 사슴인데 어떤 것은 흰색이고 어떤 것은 털 색깔이 있죠. 흰색이 열성입니다. 그러면 순종이죠. 왜?

**그림 9-7** 털색 유전자에 관한 한 갈색 사슴은 순종일 수도 있고 잡종일 수도 있지만, 흰색 사슴은 순종이다. 열성 형질은 열성 유전자가 두 개여야 하기 때문에 흰색 사슴의 유전자형은 정확하게 알 수 있다. 표현형이 나타나는 과정을 이해하려면 유전자형은 물론 DNA에서 만들어진 단백질에서 어떤 일이 일어나는지를 함께 봐야 한다

이재성 열성이니까.

**장수철** 열성은 두 개가 똑같은 것이 있어야 겉으로 표현이 되죠. 갈색인 놈들은 잡종일 수도 있고 순종일 수도 있죠. 그런데 DNA로부터 만들어진 단백질들이 서로 상호작용을 하면 어떤 일이 벌어질지 알 수 없어요. 그래서 지금 우리는 유전학을 공부하고 있지만 이것은 현대에 와서 필연적으로 분자생물학과 연관될 수밖에 없는 거예요. DNA만 공부한다고 하면 유전자형을 보는 거고, DNA로부터 만들어진 단백질이 무슨 짓을 하는지까지 본다고 하면 표현형까지 보는 거예요. 유전 현상은 유전자형, 표현형 다 봐야 해요. 이 두 가지가 어떤 식으로 연결이 되어서 생물의 특징을 나타내는지 봐야 합니다.

이재성 표현형 빼기 유전자형은? 단백질의 조작.

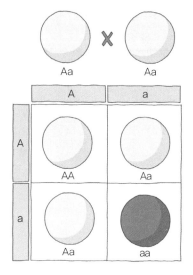

**그림 9-8 퍼넷 사각형** 가로와 세로에 각각 배우자의 유전자를 배치해 그들의 조합을 알아보기 쉽게 나타낸 그림이다. 이형접합인 노란색 완두콩을 교배하면 표현형이 노란색인 완두콩이 나올 확률이 3/4, 초록색 완두콩이 나올 확률이 1/4이다. 확률과 우연은 유전에 중요한 요소라는 것을 알 수 있다.

**장수철** 오오, 누구나 다 할 수 있는 이야기를 힘들게.

퍼넷 사각형(Punnett Square)은 가로세로에 각각 배우자의 유전자를 놓고 유전자의 조합과 표현형을 보기 쉽게 만든 그림입니다.

**이재성** 아까 분리의 법칙이랑 똑같은 거 아니에요?

**장수철** 똑같은 거예요. 그런데 그것을 그림을 그려서 예측해 볼 수 있다는 거죠. 레지널드 퍼넷(Reginald Punnett)이라는 사람이 제안했기 때문에 '퍼넷 사각형'이라고 해요.

**이재성** 그 사람 천재는 아닌 거 같다.

**장수철** 응. 저도 그렇게 생각해요. 의견의 일치?

**이재성** 응. 멘델이 한 거를 완두콩 그림으로 바꾼 거 밖에 없네.

**장수철** 여기에서 말하려는 건 생물계에서는 확률과 우연이 중요한 요소라는 거예요. 내가 알비노(albino) 유전자를 하나 가지고 있고, 내 마누라도 그렇단 말이에요. 그러면 우리 둘 사이에서 아이가 태어났을 때 애가 알비노일 확률은? 계산 돼요?

**이재성** 4분의 1.

**장수철** 2분의 1 곱하기 2분의 1. 이런 식으로 해서 특정 유전자에 대해서 그 유전자가 자손에서 생길 수 있는 확률을 우리는 계산할 수 있게 됐어요. 누구 덕일까? 멘델 덕이죠.

이재성 에이, 멘델 덕은 뭐…….

장수철 어쨌든 아이를 낳을 때마다 아이가 알비노일 확률이 4분의 1인 거예요. 그러면 네 명이 전부 다 알비노일 확률은? 4분의 1 곱하기 4분의 1 곱하기 4분의 1 곱하기 4분의 1.

## 검정 교배: 저 호랑이의 유전자형은 뭘까

장수철 멘델이 천재인 이유는 또 있어요. 처음에 순종과 순종을 교배를 해서 잡종을 얻었어요. 그런데 순종인 줄 어떻게 알았을까? 유전자 두 개가 열성이면 순종인 건 알겠죠? 흰 꽃은 순종이에요. 그러면 보라색 꽃은? 보라색은 우성이기 때문에 염색체 검사를 하지 않는 이상 보라색을 나타내는 유전자가 한 개인지 두 개인지 알 수 없는 거예요. 즉 이형접합인지 동형접합인지 모른단 말이에요. 그런데 어떻게 순종인 줄 알고 실험을 했을까?

이재성 하느님만 알고 있지.

장수철 캬! 오늘 수업 끝. 생물을 배울 필요가 없는 사람이에요. 하하하. 멘델이 어떻게 정했느냐 하면, 검정 교배(test cross)를 했어요.

이재성 아, 저 '검정'이 블랙이 아니에요?

장수철 네. 테스트한다는 뜻이에요.

이재성 나는 검정이라고 해서 블랙인 줄 알았어.

장수철 그래서 보면요. 동물원에서 하얀 호랑이를 만들려고 하는데 문제는 호랑이의 털에 관한 유전자형을 확실하게 모른다는 거예요. 몸이 하

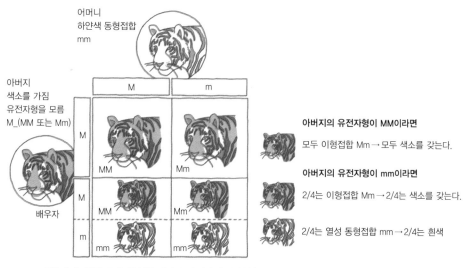

어머니
하얀색 동형접합
mm

아버지
색소를 가짐
유전자형을 모름
M_(MM 또는 Mm)

배우자

| | M | m |
|---|---|---|
| M | MM | Mm |
| M | MM | Mm |
| m | mm | mm |

**아버지의 유전자형이 MM이라면**
모두 이형접합 Mm → 모두 색소를 갖는다.

**아버지의 유전자형이 mm이라면**
2/4는 이형접합 Mm → 2/4는 색소를 갖는다.

2/4는 열성 동형접합 mm → 2/4는 흰색

**그림 9-9 검정 교배** 색소를 가진 호랑이의 유전자형은 우성 동형접합일까, 이형접합일까? 표현형은 우성이지만 유전자형은 모를 때, 열성 동형접합 개체와 교배해 그 자손의 표현형을 보고 유전자형을 유추하는 것을 검정 교배라고 한다. 호랑이의 색소 유전자를 M, 색소가 없는 유전자를 m이라고 할 때, 유전자형을 모르는 색소를 가진 호랑이와 유전자형이 mm인 흰색 호랑이를 교배했을 때, 자손에서 흰색이 나오지 않는다면 배우자의 유전자형은 MM이고 흰색이 나온다면 배우자의 유전자형은 Mm일 것이다.

얀 호랑이는 색깔에 관한 열성 유전자가 두 개 있는 거죠. 이것은 별 문제 없어요. 그렇지 않은 놈들은 우성 유전자를 하나 가지고 있거나 두 개 가지고 있는데 이것을 어떻게 구분을 하느냐가 문제란 말이죠. 일단 퍼넷 사각형을 한번 만들어 볼까요? 색깔을 나타내는 우성 유전자를 M, 색깔이 없는 열성 유전자를 m이라고 표시합니다. 흰색인 mm을 색깔이 있는 녀석과 교배를 하는데, 이 녀석이 MM이면 정자나 난자를 만들 때, M만 가겠죠? 흰 놈은 둘 다 m이니까 가는 것이 m밖에 없을 거 아니에요. 그러니까 애네 둘이 자손을 낳으면 어떻게 돼요? 100퍼센트 Mm이 된다고. 그러면 여기에서 하얀 새끼가 나와요, 안 나와요?

**이재성** 안 나와요.

**장수철** 안 나오죠. 그래서 둘을 교배했을 때, 하얀 새끼가 안 나오면 색깔을 가지고 있는 이 호랑이는 뭐예요? 순종인 거예요. 하지만 배우자가 Mm이면 흰 놈이 나올 수 있죠? 흰 놈이 나오면 색깔이 있는 호랑이의 유전자가 Mm이라는 걸 알 수 있죠.

**이재성** 그런데 저것은 확률이 그런 거고, 배우자가 순종이 아닐 때, 흰색 새끼가 계속 안 나올 수도 있잖아요. 100퍼센트 장담 못 하는데?

**장수철** 음, 그렇죠. 100퍼센트 장담은 못 하죠. 그러나 좀 현명한 사람이라면 이것은 MM이네. 이렇게 할 것 같아.

**이재성** 나는 과학을 할 때 치밀하고 싶어.

**장수철** 그것은 치밀한 것이 아니라 너무한 거야. 하하. 호랑이는 새끼를 한 번에 여러 마리를 낳는데 배우자가 Mm일 때 흰색 호랑이가 나오지 않을 확률은 작죠. 멘델의 경우에는 샘플의 수가 크게 확보되어 있었기 때문에 순종을 조금 더 편하게 확인할 수가 있었어요. 완두는 꽃이나 콩이나 교배를 해서 얻기가 더 쉽잖아요. 수백 개를 얻을 수 있거든요. 보라색 꽃하고 흰색 꽃을 교배했는데 100퍼센트 보라색 꽃이 나와요. 예를 들면 보라색 꽃 300그루를 수정했는데 전부 다 보라색 꽃이 나왔어요. 그래도 보라색 꽃이 순종이 아닐 수 있다고 생각할 수 있어요?

**이재성** 그렇지. 301그루 째에 나올 수도 있으니까.

**장수철** 그럴 확률이 2의 301제곱 분의 1이잖아.

**이재성** 그것은 상관이 없어.

**장수철** 하여간.

**이재성** 백조 흑조 이야기도 그런 거 아니야. 백조는 다 희다고 생각했는데 흑조가 발견된 거 아니야.

**장수철** 그렇게 이야기하면 우리는 아무것도 판단할 수가 없어요. 앞으로 무슨 일이 일어날지 아무도 모르잖아요. 경험치의 테두리 안에서 가능한 한 합리적으로 판단하는 데 의미를 둬야 하지 않을까요?

어쨌든 표현형이 우성으로 나타나는 것이 잡종인지 순종인지를 열성인 배우자와 교배를 해서 자손이 어떻게 나오는지를 보고 결정할 수 있습니다. 이것이 검정 교배예요.

**이재성** 별 거 아니네.

**장수철** 별 거 아니죠? 별 거 아닌데 이런 착상을 할 수 있다는 것이 천재적이라는 거죠.

**이재성** 나도 저 시대에 태어났으면 천재 소리 들었을 텐데.

**장수철** 맞아, 그 당시 오스트리아에…… 아, 지금은 체코죠? 거기 수도원에 이재성 선생이 있었으면 정말 대단한 걸 발견했을지도 몰라. 아니면 하도 먹어서 수도원의 재정을 축내거나.

**이재성** 아무튼 뭔가 의미 있는 일을 했을 거야.

**장수철** 하하하하.

**이재성** 나는 시대를 너무 늦게 타고 났어.

**장수철** 지금도 괜찮아. 하하.


## 멘델 법칙의 재발견

**장수철** 당시에는 '분리의 법칙'이다 '독립의 법칙'이다 이름이 붙여지진 않았지만, 멘델은 유전 현상을 잘 정리했고 당시에 식견이 뛰어난 수도사들 앞에서 설명했어요. 사람들이 "수고했네." 하고 끝났어요. 하하. 그리고 당시에 생물학자들한테도 연구 결과를 보냈어요. 스위스의 유명한 식물학자, 당시에는 유명했대요. 기억도 안 나는데……. 아, 카를 나겔리 (Carl Nägeli). 그 사람한테 연구 결과를 보냈더니, 완두 말고 다른 것을 가지고 해 봐라 해서 조팝나무를 보낸 거예요. 그래서 멘델이 해 봤는데, 키우기도 어렵고 특징 정하기도 어렵고 수정하는 과정도 쉽지 않은 거예요. 결국은 고생고생하다가 때려치웠어요. 그러다 멘델이 논문을 발표한 지 32년이 지난 다음에 유명한 유전학자들이 출현하는데 그 사람들이 나중에 식물을 가지고 실험을 했더니, 어? 우성과 열성이 3:1이야. 그리고 잘 생각을 해 봤더니 유전자가 두 개씩 있고, 이것이 분리가 되고……. 이런 생각이 딱 든 거예요. 이야, 이거 유전학에서 굉장히 기본적인 법칙이잖아요. 그래서 논문을 내려고 하다가 혹시 이거 이미 연구한 사람이 있나 살펴봤어요. 그런데 있는 거야. 이런 경험을 세 사람이 했어요. 하하. 독일 식물학자 카를 코렌스(Carl Correns), 오스트리아 식물학자 에리히 체르마크(Erich Tschermak), 네덜란드 식물학자 휴고 드브리스(Hugo de Vries). 이 세 사람이 1900년에 멘델의 유전 법칙을 재발견하죠. 그 이후에는 이것이 유전학에서 가장 기본적인 법칙이 됩니다.

이것을 초파리에 적용시켜서 유전학을 발전시킨 사람이 토머스 헌트 모건(Thomas Hunt Morgan)이라는 사람이에요. 초파리를 암컷, 수컷 나눠 가지고 유전학 실험을 해요. 혈우병이 어떻고 색맹이 어떻고 하는 것이 거기에서 설명이 되는 거예요. X, Y, 성염색체에 유전자가 있어서 유전 현상이 특정한 성과 연관되어 나타나는 현상을 설명한 거죠. 앞에서 잠깐 얘기했지만 이것을 성 연관 유전 또는 반성 유전이라고 해요.

동물, 즉 초파리를 이용해서 연구한 결과는 식물을 가지고 연구한 결과와 약간 다르게 나와요. 붉은눈 암컷(X′X′)과 흰눈 수컷(XY)을 교배하

**그림 9-10 토머스 헌트 모건** 멘델이 '유전학의 할아버지'라고 한다면, 모건은 '유전학의 아버지'에 비유할 수 있다. 모건은 초파리 실험을 통해 염색체 상의 일부분이 유전자로 작동한다는 것을 밝혀냈다.

면 암수 모두 붉은눈(X′X, X′X, X′Y, X′Y) 초파리가 나옵니다. 여기에서 나온 암수를 한 번 더 교배(X′X×X′Y)하면 표현형이 붉은눈:흰눈이 3:1로 나오는데, 우성 세 개 중에서 두 개(X′X′, X′X)는 암컷한테 나타나고 우성 한 개(X′Y)와 열성 한 개(XY)는 수컷에서 나타나요. 즉 열성 흰눈은 100퍼센트 수컷에서만 나타나는 거죠. 이것은 성염색체가 아니면 설명이 안 되는 거예요. 멘델의 유전 법칙에 법칙이 한 가지 더해지는 거죠. 유전학의 할아버지가 멘델이면 아버지는 모건이 되는 거죠.

이재성 그럼 '나'는 뭐예요?

장수철 선생님은?

이재성 아니, 아버지가 있으면 내가 있을 거 아니에요?

장수철 '나'에 해당하는 것은 현대의 생물학자라고 생각하면 돼요. 아주 지극하게 상식적으로 대답해서 다시는 그런 질문을 못하게 하려는 의도였어요.

자, 그래서 우리는 확률을 적용해서 내 자손이 어떠한 유전적 특징을 가지고 태어날 것인지를 어느 정도 예측할 수 있게 되었어요. 유전병 유전자를 가지고 있는 사람에게는 이것이 굉장히 중요합니다. 아이를 낳을

지 말지를 결정하거나 누군가의 미래를 결정하는 데 중요한 판단 요소가 될 수 있습니다.

이재성 결혼하기 전에 유전자 검사 결과 주고받아야 하는 거 아니야?

장수철 그래서 테이색스 병 얘기가 나오죠. 우리가 흔히 말하는 유태인은 중·동유럽 출신인 아슈케나지(Ashkenazi) 유태인을 말하는데, 이 분들은 참 이상하게도 유태인하고만 결혼을 한대요. 지금 입장에서 보면 옛날 이스라엘을 구성했던 유전자가 얼마나 남았는지가 의심스러운데, 유태인들은 부모 중 한쪽이라도 유태인이 있으면 자기 자신을 유태인으로 생각해요. 어쨌든 유태인 집단을 문화 공동체 비슷하게 생각을 했는데, 결혼 상대에 제약이 있다 보니 생물학적 문제가 생기는 거죠. 그중 하나가 테이색스 병입니다. 전에 세포에 대해서 설명할 때 리소좀이 고장이 나면 어떤 일이 벌어진다고 했죠? 거기 있는 분해 효소가 작동을 안 해서 우리 몸에서 그때그때 분해되어야 할 쓰레기가 처리되지 못한다고 했었어요. 기름기를 제거하지 못하면 기름 덩어리가 뇌를 압박하는 일이 생길 수도 있는데, 그래서 생기는 병이 바로 테이색스 병입니다.

이재성 어떤 증상이 나타나요?

장수철 아까 우리 뇌 질환에 대해서 이야기했죠? 어느 부위가 눌리느냐에 따라서 우리 몸의 기능이 하나둘씩 고장 나는데 이 환자들은 태어날 때부터 여러 군데가 눌려 있어요. 그래서 대부분 두 살에서 다섯 살 사이에 죽어요.

이재성 죽어요?

장수철 네. 태어난 지 얼마 안 돼서 죽어요. 이 병에 대한 유전자 검사는 1969년부터 시작되었는데, 유태인은 자신의 유전자를 검사한 뒤 검사한 표를 가지고 서로 결혼할 수 있는지 없는지를 본대요. 그래서 이 병이 상당히 많이 줄었다고 해요.

**이재성** 사랑하지만 헤어져야 하는, 그런 건가?

**장수철** 아이는 안 낳고 사는 거지, 뭘 헤어져.

**이재성** 그런데 아무 이상 없는 아이가 나올 수도 있는 거잖아요.

**장수철** 그렇지만 이상이 있는 아이가 나올 수는 있잖아요. 낳은 다음에 애가 고생하다가 죽죠. 보는 것도 굉장히 가슴이 찢어지는 거죠.

**이재성** 그렇죠…….

**장수철** 낳는 데는 별 문제 없는데 태어난 다음에 애가 굉장히 힘든 걸 봐야 하는 거예요. 못할 짓 하는 거지. 이제는 유전자가 분리가 된다는 것을 알고, 이로 인해서 자손을 낳을 때 유전병이 생길 확률이 얼마나 되는가를 계산할 수 있기 때문에 유전자가 결혼할 때 중요한 고려 사항이 되었죠.

**이재성** 그런데 계산하는 것이 의미가 없는 것이 어차피 4분의 1 확률이라는 게 네 명당 하나가 나온다는 의미가 아니잖아. 내가 열 명을 낳았는데 열 명 다 아닐 수도 있잖아.

**장수철** 네, 그럴 수도 있죠. 운에 맡길 거냐 아니면 관둘 거냐, 선택의 문제인 거죠. 만약 애를 낳았는데 열성 유전자를 가지고 태어났다면 나중에 그 아이에게 알려 줘야죠. 너는 열성 유전자를 하나 가지고 있으니까 나중에 결혼할 때 웬만하면 둘 다 정상인 사람하고 했으면 좋겠다, 뭐 이런 이야기를 해 줄 수 있겠죠? 확률적으로 어떤 유전자를 가진 자손을 태어날지에 대해서 예측하고 인생을 설계할 수 있다는 것은 사실 굉장한 것이죠.

자, 오늘은 여기까지 하겠습니다.

## 수업이 끝난 뒤

**장수철** 그게 뭐야?

**이재성** 초콜릿.

**장수철** 나눠 먹지?

**이재성** 역시. 다른 것에는 반응을 안 하는데 초콜릿에는 반응을 해. 이거 마카다미아야. 무척 맛있는 거. 이거 나만 먹으라고 했는데.

**장수철** 누가? 여자야, 남자야?

**이재성** 당연히 여자지. 나 남자는 안 만난다니까.

**장수철** 오늘 제수씨 만났구나? 제수씨가 아니면, 한 50대 여성일거야.

**이재성** 아니야. 난 23세 이상은 안 만나.

**장수철** 그래? 조카 만났어?


(초콜릿 나눠 먹는 중)


**장수철** 으음, 사람은 초콜릿을 먹어야 해. 이거 밀크 초콜릿이지? 밀크 초콜릿에는 코코아 성분보다는 아마 당이 더 많을 걸. 초콜릿은 우리 몸에 좋은 일을 꽤 하거든요? 밀크 초콜릿 말고 다크 초콜릿을 많이 드세요.

**이재성** 그런데 써.

**장수철** 하긴 나도 72퍼센트, 97퍼센트 먹어 봤는데 못 먹겠더라. 다크 초콜릿이지만 먹을 만한 것으로 골라서 먹어야지.

**이재성** 내가 재미있는 얘기 해 줄까? 생물학적으로 사람이 귀부터 늙는대요.

**장수철** 왜?

**이재성** 귀가 약해서. 유전적으로 문제가 있나 봐.

**장수철** 귀의 어떤? 청각?

**이재성** 청각이라든지……. 몸에서 가장 먼저 늙는 것이 귀라고 하던데요?

**장수철** 음…….

**이재성** 공자님이 말씀하시길 60을 이순(耳順)이라고 하잖아요? 귀가 순해진다고. 생물학적으로 귀가 순해지는 이유가 내 욕하는 게 안 들려 가지고 내가 편해지는 거래요. 생물학 하는 분이 공자님이 해 놓은 것을 쭉 보다가 신체 기관과 관련 있는 내용을 그때그때 생물학에 반영해 보는데 그게 일리가 있대요. 《타임(Time)》에도 한 번 그게 나왔대요. 5미터 정도에서 소리를 들을 수 있으면 생체 나이가 30살인데 3미터 정도면 50살, 그리고 1미터에서도 못 들으면 60살. 나이가 먹을수록 들을 수 있는 거리가 실제로 줄어든대요.

**장수철** 나는 60이네. 잘 안 들리는데. 대개 나이를 먹으면 높은 주파수의 음이 안 들려요.

**이재성** 그런 것처럼 어떤 분이 자기 아내 생체 나이를 가늠해 보려고 일요일에 아내가 점심을 하고 있는데 거실에서 그 생각이 난거야. 그래서 5미터정도 떨어진 곳에서 "여보, 오늘 점심이 뭐야?" 하고 물어봤는데 아내가 대답을 안 한 거야. 아내가 50살인데. 그래서 3미터 정도 되는 곳에 가서 "여보, 오늘 점심이 뭐야?" 하고 물어봤는데 아내가 대답을 안 하는 거야. 마음이 좀 짠해졌어. 1미터 있는 데에 갔어. 여기에서 들리면 60이잖아? 그런데 아내는 50이니까. "오늘 점심이 뭐야?" 했는데 또 대답이 없어. 얼마나 마음이 아파. 그래서 아내 뒤에서 백허그를 하면서 '오늘 점심이 뭐야?' 했더니 아내가 "된장찌개라고 세 번 이야기했는데."

**장수철** 하하하하하하하하하하. 웃긴데 왠지 슬프네. 반전.

**이재성** 식스센스.

**장수철** 우리 마누라한테는 거꾸로 해 줘야지. 하하하.

# 나와 다른 너를 만나다

## 유전 2

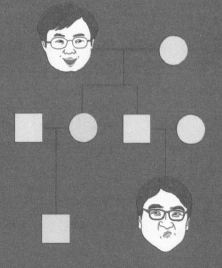

오늘 수업은 지난 시간에 이어서 유전입니다. 이번 시간에는 다양한 유전병과 유전병 연구에 관한 이야기를 할 거예요. 그리고 멘델의 법칙에 이어서 다양한 유전 현상에 대해 이야기해 보죠.

## 유전자의 족보, 가계도

**장수철** 아마 좀 지나면 이재성 선생의 DNA를 다 분석하는 데 100만 원이면 될 거예요. 우리 전부 다 100만 원씩 회사에 내면 피를 뽑아서 자신의 DNA를 완벽하게 다 읽어 낼 거예요.

인간의 DNA에는 표준이 없어요. 어떤 생물도 마찬가지예요. 서로 비슷할 뿐이지 정확하게 이래야 한다는 것은 없거든요. 예를 들어 DNA 검사에서 이재성 선생은 소화기 계통의 병에 걸릴 확률이 없다고 나왔지만 알코올 분해에 취약하다고 나올 수 있고, 다른 사람의 DNA에서는 조금이라도 많이 먹으면 소화기 계통이 고장 날 수 있다, 외부 환경이나 자극에 민감하다, 이런 것들이 나올 수 있어요. 완벽하게 사람으로서 가질 수 있는 최고의 유전자만 다 보유한다? 그 말 자체가 성립이 안 돼요. 왜냐하면 사회환경과 자연환경은 계속 변화하니까요. 지금은 내 몸에 우성으로 가지고 있는 특성이 참 괜찮아 보이는데 환경이 바뀌면 단점이 될 수도 있어요. 나는 괜찮을지 모르지만 내 후손한테는 안 좋을 수도 있고요. 사람의 유전자는 2만 개 정도로 알려져 있어요. 그 2만 개의 유전자가 전부 최상인 조합이 있다? 이런 거 없다는 이야기예요. 이쪽 환경에서는 유리한 유전자가 저쪽 환경에서는 좋지 않을 수 있다는 거예요. 그렇지만 혈우병이나 헌팅턴 무도병 같이 어쩔 수 없는 심각한 유전적 질환도 있죠.

일반생물학이나 유전학을 배우면 여러 가지 유전병 이야기가 나와요. 그런데 이상하게 백인들의 유전병이나 유대인들의 유전병은 나오는데 아시아 사람의 유전병은 안 나와요. 왜 그런 것 같아요? 나도 잘 모르겠더라고. 그래서 찾아봤는데 두 가지 가능성이 있을 것 같아요. 첫째, 유전학이 일찍이 유럽하고 미국에서 발달했기 때문에 대상이 자연스럽게 백인 위주로 되지 않았겠나 생각해요. 유럽에서 시작해서 미국에서 꽃을 피웠죠. 지금이야 일본도 많이 따라갔고 우리나라를 비롯해서 아시아 국가들도 많이 따라가고 있는데, 일찍부터 체계적으로 유전병을 조사한 건 유럽하고 미국이었기 때문에 대상이 자연스럽게 주로 백인이었던 것 같아요. 그 다음에 아프리카 사람에 대한 유전병도 나오는데 그 사람들은 대개 미국에 거주하는 흑인을 대상으로 해서 발견이 된 거예요. 뭐 그것이 아프리카까지 확장되어서 설명이 되지만요. 그래서 우리 아시아 사람을 대상으로 가계 조사를 하면 다른 유전적 질환이 정리될 수도 있을 것 같아요. 두 번째 가능성으로는, 조사를 해 봤더니 백인만큼 아시아 사람한테는 유전적 질환이 많은 것 같지 않다는 이야기도 나왔어요. 그런데 뭐가 진실인지는 모르겠어요.

이재성 후자.

**장수철** 그럴 수도 있고요.

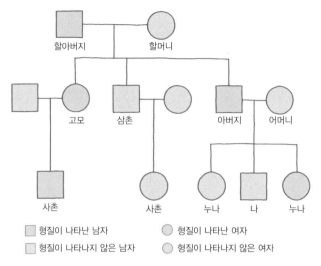

할아버지　　　　할머니

고모　　삼촌　　　　　아버지　　어머니

사촌　　　　사촌　　누나　　나　　누나

■ 형질이 나타난 남자　　　　● 형질이 나타난 여자
□ 형질이 나타나지 않은 남자　　○ 형질이 나타나지 않은 여자

**그림 10-1 가계도** 아직 나타나지 않았지만 내게 유전 질환이 있는 건 아닐까? 우리 아이에게 혈우병 같은 유전 질환이 나타날 가능성이 있을까? 유전 질환은 우성일까, 열성일까? 이런 것들을 알고 싶을 때 가계도를 이용한다. 가계도는 기본적으로 부모 자식은 위아래로 나타내고, 형제들은 옆으로 연결을 하되 위로 뽑아서 옆으로 연결을 한다. 그리고 검사하고자 하는 형질을 가지고 있을 경우 색깔이나 빗금으로 표시를 한다. 요즘은 분자생물학이 발전해서 염색체나 DNA 검사를 하기도 하지만 가계도의 활용도는 여전히 높다.

　특정 유전 질환이 우성인지 열성인지 알고 싶으면 요즘이야 분자생물학이 워낙 발전을 했으니까 염색체나 DNA검사를 하면 돼요. 그래도 아직 가계도도 많이 이용합니다. 남자는 네모, 여자는 동그라미로 표시를 해요. 부부 관계는 옆으로 선을 연결해서 나타내고요. 부모 자식은 위아래로 나타내고 형제들은 옆으로 연결을 하되 위로 뽑아서 옆으로 연결을 합니다. 그리고 우리가 검사하고자 하는 형질을 가지고 있으면 색깔이나 빗금으로 표시를 하고 그렇지 않으면 그냥 놔두는 거예요. 이것이 가계도를 만들 때 기본적으로 지켜야 할 약속이에요.

　간단한 예를 들어 보죠. 이마와 머리카락 경계가 뾰족하게 나오는 사람들을 가계도에 색깔로 표시를 쭉 해요. 그러면 뾰족한 것이 우성인지 열성인지를 알 수가 있어요. 그렇게 따져 보면 뾰족한 것은 우성이에요. 이마와 머리카락 경계가 뾰족한 사람들이 있어요. 영화배우 레오나르도 디카프리오 알아요? 그 사람 보면 머리카락 경계가 뾰족해요. 디카프리오 집안을 가계도로 나타내 표시해 보면 뾰족한 머리카락 경계가 우성이라는 걸 알 수 있을 거예요. 귓불도 마찬가지예요. 뺨 안에 딱 붙은 귓불이 우성인지 열성인지 가계도를 따져 보면 이것은 열성이에요. 귓불이 떨어진 것은 우성인 거죠. 이런 식으로 검사를 해 볼 수가 있는데, 머리카락 경계가 뾰족하다든지 귓불이 붙었다 안 붙었다 하는 것들은 재미로 할 수 있는 거잖아요. 그러나 만약에 대상이 유전병이라면 어떨까요?

가계도가 왜 중요하느냐 하면, 지난 시간에 헌팅턴 무도병을 잠깐 얘기했었죠. 어머니가 헌팅턴 무도병에 걸린 낸시 웩슬러(Nancy Wexler)라는 여성 생물학자가 있었어요. 이 사람이 헌팅턴 무도병이 열성인지 우성인지 알려져 있지 않았을 때 최초로 가계도를 그리기 위해서 베네수엘라에 가요. 베네수엘라에 헌팅턴 무도병이 굉장히 많이 발병하는 마을이 있었거든요. 가서 연구소의 벽을 쭉 채울 수 있을 정도로 큰 가계도를 만들어서 그것을 분석해요. 그래서 무도병이 우성이라는 것을 알아냈어요. 웩슬러 연구팀은 헌팅턴 무도병이 4번 염색체에 존재한다는 것도 밝혀냈어요. 헌팅턴 무도병 유전자가 부모로부터 두 개 다 오면 태어나지 못하고 죽어요. 그러니까 헌팅턴 무도병을 나타내는 사람들은 무도병 유전자를 하나만 가지고 있는 사람들이에요. 무도병 유전자는 우성인 거죠.

무도병이 우성이라는 것을 알았잖아요. 그리고 자기 어머니가 무도병 유전자를 하나 가지고 있고, 자기 아버지는 정상이라는 것을 아니까 자기가 헌팅턴 무도병 유전자를 가지고 있을 확률이 몇 퍼센트인지 알죠. 몇 퍼센트? 50퍼센트죠. 어머니의 유전자 둘 중에 무도병 유전자가 자기한테 오면 자기가 걸리는 거잖아요. 이런 사람한테 가서 '당신이 헌팅턴 무도병에 걸렸는지 안 걸렸는지 조사해 줄까?' 하면 '어차피 반반이잖아, 알고 싶지 않다, 미리 내가 병에 걸린 것을 알아서 의기소침하게 살고 싶지 않다.' 이렇게 이야기해요.

이재성 우성인지 열성인지 알아낸 게 별 도움이 안 됐네요.

장수철 그렇지만 헌팅턴 무도병을 이해하는 데 중요한 진전이 있었죠. 심각한 문제는 치료 방법이 없다는 거예요. 혈우병은 원인 치료는 안 되지만 상처가 났을 때 지혈을 해 주는 약이 있어요. 조그마한 상처에도 피가 잘 멈추지 않는 증상에 대책이 마련된 거죠. 아미노산 중에서 페닐알라닌(phenylalanine)이라는 아미노산을 제대로 처리를 못해서 생기는 페닐케톤뇨증(phenylketonuria)도 마찬가지예요. 소변이 나오면 산소랑 결합해서 소변 색깔이 까맣게 변하는 게 특징인데, 어렸을 때 페닐알라닌이 안 들어 있는 음식을 먹으면 뇌 손상이 안 일어나요. 만약에 그렇지 않고 다른 사람과 비슷한 음식을 계속 먹으면 페닐알라닌이 체내에 축적이 되면서 그것이 여러 단계를 거쳐서 뇌를 아주 심각하게 손상을 시켜요. 정상적인 생활을 못하는 거죠. 그런데 어렸을 때 페닐케톤뇨증이라는 걸 알면 페닐알라닌이 없는 음식만 골라서 먹일 수 있는 거예요.

이재성 페닐알라닌 없는 음식이 뭐예요?

장수철 단백질 음식에는 대부분 페닐알라닌이 들어 있어요. 단백질 음식을 피하면서 어린 시절을 어느 정도 보내면 살아가는 데 별 지장 없어요. 그런데 헌팅턴 무도병은 아예 대책이 없어요.

이재성 결혼을 안 하면 되잖아.

**장수철** 결혼은 당연히 안 하는 거고. 헌팅턴 무도병은 4번 염색체에 염기 세 개가 반복해서 나타나는데, 이것이 길면 길수록 발병하는 나이가 30대 중반까지로 어려져요. 4번 염색체의 DNA 염기 서열을 검사해서 발병 시기를 예측하는 거죠.

이재성 아니면 그렇게 하면 안 되나? 검사를 해서 4번 염색체에서 반복되는 염기를 잘라 버리는 거야. 늦게 발병 되게.

**장수철** 세포가 60조 내지 100조 개인데 그 세포 각각의 4번 염색체를 다 그렇게 한다고요?

이재성 아, 그런 거예요? 힘들겠다.

**장수철** 요즘에는 이렇게도 해요. 우선 유전적인 이상이 있는 부모의 정자와 난자를 몸 바깥에서 수정을 시켜요. 수정한 다음에 세포가 난할을 해서 세포가 여덟 개일 때 하나를 빼요. 하나를 빼서 이 세포가 가지고 있는 DNA를 검사하는 거야. 안 좋은 DNA가 있으면 '포기하세요.' 하는 거예요. 자궁으로 착상시키는 것을 관두는 거죠. 그래서 사전에 유전병을 막을 수 있어요.

가계도는 특히나 사육사한테 유용해요. 가계도가 있으면 혈통 있는 말과 개의 가치를 더 높게 평가할 수가 있어요. 우리가 원하는 특징이 그대로 유지되는 혈통이라는 걸 가계도로 보여줄 수 있으니까 그만큼 값이 비싸지는 거죠.

이재성 고양이하고 소하고 말하고 개 중에 어떤 것이 제일 비싸요? 말이 제일 비싸지 않아요?

**장수철** 몰라.

이재성 한우는 저번에 왜 구제역 있었을 때, 실험실에 있던 종자 한우를 피신시키고 그랬잖아요. 씨수소는 몇 억이던데?

**장수철** 경주마를 만들어 내는 종마는 몇 십억 하던데?

**이재성** 그래요? 아무튼 한우는 몇 억짜리여서 감염될까봐 임상 연구원들이 전전긍긍 하더라고.

**장수철** 말은 종마고, 소는 뭐라고 해? 종우라고 해?

**이재성** 뭐 그렇겠지?

**장수철** 종견. 종묘. 우와, 고양이는 종묘야?


## 우열을 가릴 수 없다, 공동 우성

**장수철** 자, 이제 공동 우성(codominance) 이야기를 하자고요.

**이재성** 재미있겠는데, 공동 우성?

**장수철** 공동 우성에 어떤 것이 있을까? A형과 B형의 혈액이 만나면 어떤 혈액형이 나와요?

**이재성** AB형.

**장수철** 그러면 A형하고 B형 중에서 어떤 것이 우성이야?

**이재성** 모르지.

**장수철** 그렇지. 그러면 그거 공동 우성이에요.

**이재성** 어머, 나 맞췄나 봐! 나 그냥 말했는데.

**장수철** 그 다음에 A형과 O형이 결혼을 해서 아이를 낳으면?

**이재성** A형.

**장수철** 응. 그래서 A형과 O형은 누가 우성이야?

**이재성** A.

**장수철** 그렇죠. 그래서 B와 O, A와 O는 우성과 열성이 정확하게 정해져 있어요. 그런데 A와 B 사이에는 그런 것이 없잖아요. 그것을 공동 우성이라고 이야기해요.

**이재성** 그러면 불완전 우성도 공동 우성 아니에요? 그건 다른 건가?

**장수철** 만약에 꽃이 반은 빨갛고 반은 하얗다면 공동 우성이에요. 그런데 중간 형태가 나오면 불완전 우성이에요. 정리해 보면, 한 개체에서 두 가지 대립 유전자 중에 하나만 나타나면 완전 우성(complete dominance), 다 나타나지 않고 그 중간 형태가 나오면 불완전 우성, 두 가지가 다 나오면 공동 우성이라고 명명합니다.

그러면 이런 것들이 생기는 원인이 뭘까요? 대립 유전자가 각각 단백질을 만들었어요. 서로 경쟁했을 때 어느 한쪽의 단백질이 다른 단백질을 제압하면 완전 우성이에요. 각각의 단백질이 서로 결합하면서 조금씩 양보를 하면 불완전 우성이에요. 그리고 단백질 두 개가 다 활동을 하면 공동 우성이야. 그래서 우성과 열성은 유전자 차원에서 결정이 되는 것이 아니라 유전자에서 만들어지는 두 개의 단백질이 서로 무슨 관계냐에 따른 거예요. 사실 공동 우성이나 불완전 우성에서는 열성은 없어요. 열성은 완전 우성의 경우에만 있는 거예요.

그림 10-2에서 낫 모양 적혈구를 보세요. 일반 적혈구와 비교해서 생긴 것이 좀 다르죠.

**이재성** 난 괭이인 줄 알았어.

**장수철** 적혈구가 낫 모양으로 변화한 것인데, 적혈구에는 핵이 없어요. 진핵세포는 DNA를 담고 있는 핵이 있어야 하잖아요. 그런데 얘네들은 설계도가 아예 빠진 거야. 처음에 세포가 만들어진 다음에 핵이 퇴화했어요. 어쨌든 이 세포들은 부지런히 헤모글로빈을 많이 만들었어요. 보통 적혈구 하나에는 약 2억 5000만 개의 헤모글로빈 단백질이 포함돼 있고,

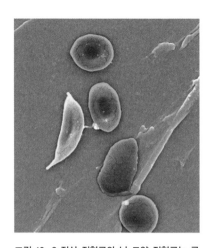

**그림 10-2 정상 적혈구와 낫 모양 적혈구는 공동 우성** 낫 모양 적혈구는 산소와 결합할 수 있는 능력이 현저하게 떨어진다. 모든 적혈구가 낫 모양 적혈구인 상태로 태어나면 어린 나이에 목숨을 잃지만, 정상적인 적혈구와 낫 모양 적혈구를 반반씩 가지고 있으면 정상적인 삶을 유지할 수 있다. 즉 정상 적혈구와 낫 모양 적혈구는 공동 우성이다.

헤모글로빈 하나당 산소를 네 개씩 잡아올 수 있기 때문에 적혈구 하나당 10억 개의 산소를 운반할 수 있어요. 적혈구가 허파꽈리 근처를 배회하다가 거기에서 산소를 받은 다음 혈관을 타고 돌아다니면서 산소를 주는 거예요.

낫 모양 적혈구는 헤모글로빈이 바보가 된 거예요. 그래서 산소와 결합할 수 있는 능력이 현저하게 떨어져요. 헤모글로빈 단백질 2억 5000만 개가 자기들끼리 막 뭉치면서 동그란 모양이었던 것이 확 찌그러진 모양이 돼요. 적혈구가 다 어떻게 되겠어요?

산소랑 결합을 못 하죠. 그래서 이 유전적 질환을 가지고 태어나면 어린 나이에 생명을 잃어요. 다만 동형접합일 때 그래요. 부모로부터 각각 정상적인 것과 낫 모양 적혈구인 유전자를 하나씩 받은 사람들은 이형접합체죠. 반은 정상적인 적혈구를 가지고 있고 반은 제대로 산소를 운반하지 못하는 적혈구를 가지고 있어요. 이런 사람들은 고산 지역에 살지 않는 이상 정상적으로 사는 데 전혀 문제가 없어요. 자, 이렇게 보면 정상 적혈구가 낫 모양 적혈구에 비해서 우성일까요, 열성일까요?

**이재성** 공동 우성.

**장수철** 맞아요. 공기 중에 산소가 21퍼센트잖아요. 산에 올라가면 산소의 농도가 평지보다 낮죠. 낫세포 빈혈증인 사람들은 높은 산에 올라가면 굉장히 고통스러워해요. 산소의 농도가 낮아지면서 생기는 고통의 정도가 우리보다 훨씬 더 빠르고 급격하게 진행돼요. 숨이 가빠지는 정도가 훨씬 더 빠르다고.

**이재성** 그러면 저 종족들은 에베레스트 등산 못하겠다.

**장수철** 못하죠. 산소 공급이 안 돼서 목숨을 잃을 수도 있어요. 이런 돌연변이가 어떻게 살아남았을까요? 현재까지도 낫 모양 적혈구를 가진 사람들이 꽤 많거든요. 지중해 쪽이나 아라비아 반도 쪽, 인도양 쪽에서도 모양은 좀 다르지만 헤모글로빈이 잘못되어서 적혈구의 반 정도가 제 구실을 못하는 사람들이 있어요. 그래서 '지중해성 빈혈증(thalassemia)'이라고 해요. 도대체 왜 저런 증상이 생겼을까? 조사해 보니 그 지역들이 전부 다 공통적으로 말라리아가 많은 곳이에요. 적혈구가 낫 모양이 되면 말라리아 병원충이 사람 몸에 들어와서 못 살아요. 말라리아에 안 걸리는 거예요.

**이재성** 그러면 좋은 거네? 거기에 살기 좋게 진화한 거네요?

**장수철** 그렇죠. 그래서 낫 모양 적혈구 유전자가 아직도 남아 있는 거죠.

**이재성** 그러면 말라리아가 있는 환경 때문에 낫세포 적혈구가 존재한다고 생각할 수 있는 거네요? 우연히 생긴 돌연변이가 말라리아가 있는 환경에 유리해서 유전자가 이어져 온 거니까.

**장수철** 그렇죠. 그래서 우성의 종류가 여러 가지인 것을 봤고요. 아까 우리가 ABO형 혈액형에서 A와 B 사이에는 공동 우성, AB와 O 사이에는 우열 관계가 있다, 이런 이야기를 했는데, 여기에서 또 다른 이야기를 할 수 있어요.

아버지와 어머니로부터 온 두 개의 염색체를 보면 똑같은 유전자 위치에 혈액형을 결정하는 부위가 있어요. 그런데 여기에 A가 들어갈 수도 있고 B가 들어갈 수도 있어요. 또 뭐가 들어갈 수가 있죠?

이재성 O.

장수철 O도 들어갈 수 있어요. 두 자리를 놓고 서로 다른 세 가지가 경쟁을 하죠. 그런데 대립 유전자는 이거 아니면 저거잖아요. 보라색 아니면 흰색, 좀 전에 정상 혈구를 만드는 헤모글로빈 아니면 비정상 혈구를 만드는 헤모글로빈. 둘 중에 하나였단 말이에요. 그런데 지금은 A 아니면 B가 아니라 A, B에 O도 있죠. 하나의 유전 현상을 담당하는 유전자의 종류가 '이것 아니면 저것'이 아니라 여러 개일 수도 있다는 거예요. 대립 유전자가 복수로 있다 해서 이것을 '복대립 유전자(multiple alle)'라고 해요. 이렇게 되면 유전 현상이 좀 복잡해지죠. 그러면 멘델의 법칙으로 설명 안 되는 것이 아니냐고 질문할지도 모르겠어요. 그런가요?

이재성 아니요.

장수철 그렇죠. 오히려 혈액형 유전자형이 AO일 때 A형이 나타나는지, 왜 AB가 생기고 O가 생기는지 멘델의 법칙이 더 잘 설명해 줄 수 있어요. 다만 좀 복잡할 뿐이지. 근본적으로 이것은 여러 가지 대립 유전자가 있는 거지만 멘델의 유전 법칙을 부정하는 것은 아니에요.

A형이다 B형이다 AB형이다 O형이다 이야기하는 것은 적혈구에 박혀 있는 단백질 때문이에요. 그런데 이것을 가지고 성격을 이야기한다는 게 말이 안 되는 거죠.

이재성 그게 그런데 정말 맞다니까. 나 무슨 형인 것 같아요?

장수철 선생님 O형?

이재성 맞아. 나는 워낙 여기에서 푼수를 떨었기 때문에.

장수철 푼수는 O형이야?

이재성 그럼요.

**장수철** 나도 O형이야.

이재성 하하. 그런데 RH 혈액형은 뭐예요?

**장수철** RH 혈액형은 두 가지밖에 없어요. RH$^+$와 RH$^-$. 우리나라 사람은 대부분 RH$^+$죠. 마이너스는 거의 없어요.

이재성 RH$^+$가 좋은 거예요?

**장수철** 좋고 나쁘고 없어요. 다만 RH$^-$는 희귀하죠. RH$^-$인 사람이 RH$^+$ 아이를 가지면 두 번째 아이를 가질 때 RH$^+$인 아이를 죽일 수가 있어요.

이재성 유산되는 거예요?

**장수철** 네. RH$^-$인 산모가 RH$^+$ 혈액을 처음 겪는 거잖아요? 그래서 처음 아이를 가졌을 때 항체를 만들어요. 첫 번째 아이는 괜찮은데 두 번째 아이는 바로 바이러스나 아니면 어떤 외부 물질이라고 인식해서 산모의 몸에서 만들어진 항체가 태아를 공격해요. 그래서 둘째 아이를 가지려면 항체를 못 만들게 하는 처방을 받아야 해요.

이재성 내가 최근에 컴퓨터로 은행 업무 보려고 하는데 얘가 보안 프로그램을 바이러스로 생각해서 계속 죽이는 거야. 그래서 백신 프로그램을 삭제했거든요. 그러니까 깔리더라고. 그런 거랑 비슷하네요.

**장수철** O형의 경우에는 A형과 B형에 대한 항체를 가지고 있어요. 그래서

---

**항원 항체 반응이란?** 항원은 병원체 등 자기 자신이 아닌 물질이나 단백질체를 말하고, 항체는 항원을 인식해 항원과 결합하는 단백질체를 말한다. 항원 항체 반응은 항체가 항원을 인식해 이를 공격하거나 제거하면서 나타나는 반응을 말한다.

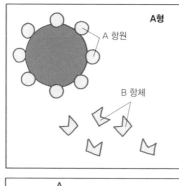

A형

A 항원

B 항체

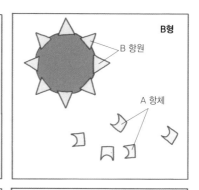

B형

B 항원

A 항체

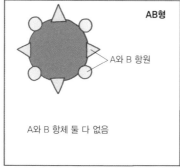

AB형

A와 B 항원

A와 B 항체 둘 다 없음

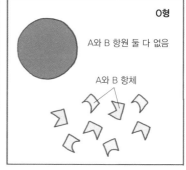

O형

A와 B 항원 둘 다 없음

A와 B 항체

**그림 10-3 ABO 혈액형의 항원 항체** ABO식 혈액형에는 A, B, O 세 개의 대립 유전자가 있는데, 대립 유전자가 A, B, O 세 개가 존재하기 때문에 이를 '복대립 유전'이라고 한다. A, B는 O에 대해 완진 우성이고, A, B 대립 유전자는 서로에 대해 공동 우성이다. 즉 유전자형 AA, AO는 A형, BB, BO는 B형, AB는 AB형, OO는 O형 특성을 보인다. 대립 유전자 A, B, O의 표현형은 적혈구 표면에 돌출된 항원으로 나타나는데, 자기가 가지고 있는 항원이 아닌 다른 항원을 가지고 있는 적혈구가 들어오면 항체와 만나 외부 물질을 공격하는 면역 반응이 일어난다.

O형은 A형이나 B형 혈액을 받으면 항체가 공격을 하기 때문에 피가 굳어요. 그래서 수혈을 못 받아요. 그래서 O형끼리만 혈액을 주고받을 수 있어요.

이재성 안됐다.

**장수철** O형인 사람은 A형이나 B형인 사람들한테 혈액을 줄 수가 있어요.

A형이나 B형에서 O형에 대한 항체가 안 생겨서 그래요. 그런데 A와 B 끼리는 서로 항원으로 인식해서 항체가 생겨서 공격을 해요. 그래서 A, B끼리는 교환하지 못해요.

이재성 어떤 혈액형이 가장 많아요?

**장수철** 제가 알기로는 전 세계적으로 O형이 제일 많대요. 그 다음이 A형인 것 같고. A형과 O형 시스템은 침팬지하고 고릴라의 공통 조상 때부터 있었던 것 같아요. 고릴라와 침팬지도 A형과 O형은 있거든요.

이재성 개들도 인간하고 똑같아요?

**장수철** 네. 이 단백질에 관한 한. 그런데 고릴라나 침팬지에 B형은 없어요.

이재성 나쁜 남자가 없구나.

**장수철** 하하. 그런가?

이재성 혈액형 가지고 성격을 말할 수 없다더니 중간에 넘어갔어. 하하. 그러면 침팬지 O형하고 수혈해도 돼요?

**장수철** 침팬지의 적혈구하고 우리의 적혈구가 완벽하게 똑같다면 수혈해도 되겠죠. 하지만 ABO 말고도 혈액형을 결정짓는 다른 것도 봐야 해요. 아까 이야기했던 대로 $RH^+$, $RH^-$도 있고, MN식 혈액형도 있고. 적혈구 바깥에는 단백질이 있는데, ABO 항원 말고도 항원으로 작용할 수 있는 단백질이 굉장히 많아요. 내가 정확하게 몰라서 대답은 못하겠는데, 필요할 때 서로 수혈을 하지 않는 것을 보면 아닐 가능성이 커요. 분명한 건 항원 항체 반응이 어떻게 나타나느냐에 따라서 혈액을 줄 수 있고 없고가 결정된다는 겁니다.

## 다인자 유전

**장수철** 그 다음에 좀 복잡한 유전 현상을 볼 텐데요. 사실 다 알고 있는 이야기예요. 여러 개의 유전자가 작용해서 하나의 특징이 결정된다는 거예요. '다인자 유전(Polygenic Inheritance)'이라고 하죠. 키는 유전자 하나에 의해서가 아니라 여러 가지 유전자가 결정합니다. 피부 색깔이나 얼굴 모양도 그렇다고 이야기했습니다. 눈 색깔도 그렇다고요. 그리고 자폐증의 경우에도 굉장히 복잡한가 봐요. 자폐증에 관련된 유전자로 1번 염색체의 유전자가 알려져 있는데 그거 하나만이 아니라 약 20개 정도의 유전자가 관련되어 있고, 또 환경과도 꽤 많이 관련이 되어 있나 봐요. 어쨌든 여러 개의 유전자에서 특징이 결정이 되니까 일대일 대응이 안 되는 거예요. 예를 들어 피부색을 결정하는 데에 유전자 세 쌍이 어떤 조합을 갖는지에 따라 피부색의 명암이 달라질 수 있습니다. 유전자 조합이 AABBCC면 매우 검은 색, AaBbCc면 중간색, aabbcc면 매우 밝은 색이 나타나게 되는 거예요.

## 다면 발현

**장수철** 사실은 유전학이나 분자생물학에서 발견하지 못한 것도 굉장히 많아요, 아직도. 다면 발현(pleiotropy)이 이런 경우인데, 유전자 하나가 여러 가지 표현형 발현에 영향을 주는 경우를 말해요.

11번 염색체에 있는 헤모글로빈 유전자 하나가 변화함으로 인해서 낫 모양 적혈구가 만들어지죠. 그러면 몸에 산소 공급이 원활하지가 않아서 몸 곳곳이 제대로 기능을 안 해요. 또 낫 모양 적혈구가 지나가면서 혈관 벽을 긁어요. 혈관이 약해지는 곳이 생기겠죠? 또 혈관 벽에 박히기도 해요. 그러면 뒤에 오던 놈이 모양이 비슷하니까 차곡차곡 쌓여요. 그러면 혈관이 막히죠. 혈전 비슷하게 작용을 하는 거예요. 그래서 혈관 계통의 병이 많이 생겨요. 또는 낫 모양 적혈구가 돌아다니다가 혈관을 지나 장기를 통과하면서 장기에 손상을 입히기도 해요. 그래서 혈구세포를 만들거나 제거하는 역할을 하는 지라(spleen)가 제 기능을 못하게 돼요. 유전자 하나가 고장이 나면서 몸의 수없이 많은 표현형이 바뀌는 거예요.

또 어떤 예가 있을까요? SRY(sex-determining region Y) 유전자는 Y염색체에 있는, 성을 결정하는 유전자 부위를 말해요. Y염색체에서 SRY 유전자가 작동을 해야 얘가 수없이 많은 유전자를 건드려서 남성성을 만들어요. 많은 동물이 그래요. SRY 유전자 스위치가 딱 켜지면 가장 먼저 테스토스테론을 만드는 유전자 스위치가 켜져요. 그러면 테스토스테론이 여성 생식기로 갈 것을 남성 생식기로 바꿔 주는 거야.

이재성 그게 어느 단계에서 이루어지는 거예요?

장수철 SRY 유전자는 Y염색체에만 있어요. 수정이 된 다음에 아이가 만들어지는 과정에서 이런 일이 벌어지는 거예요.

이재성 애초에 그냥 남자인거네.

장수철 애초에 남자가 아니에요. 물론 XY는 남자이지만 만약 SRY 유전자가 고장이 나서 작동을 하지 않으면 XY염색체를 가지고 있다고 해도 신체적으로는 여성의 특징을 많이 갖고 태어나요. 그러니까 아무것도 작동하지 않은 그대로인 상태는 여자예요.

이재성 어, 그러면 말이 되네.

장수철 SRY 유전자 하나 때문에 테스토스테론이 생기고, 그것 때문에 성

기의 모양이 바뀌고, 나중에는 테스토스테론이 목소리도 굵게 만들고 근육도 더 크게 만들면서 남성의 여러 가지 신체적 특징을 갖추게 되는 거예요. 하나의 유전자에 의해서 남성성을 나타내는 수없이 많은 표현형이 나타나죠.

여기에는 약간의 반전도 있어요. 기본적으로 정자가 만들어지는 과정에서 X염색체하고 Y염색체 사이에 유전자 교환은 안 일어나요. 그런데 정말정말 가끔 X염색체하고 Y염색체 사이에서 유전자 교환이 일어나요. 그런데 하필 그것이 SRY야. X염색체가 SRY 유전자를 가지는 거예요. 이 X가 난자 X랑 만나면 XX죠? 그런데 아버지로부터 온 X가 남성 호르몬인 테스토스테론을 만들어요.

이재성 XX인데도 남자가 될 수 있네.

장수철 그렇긴 한데, 이 예는 굉장히 드문 사례죠. 그리고 XX인데 SRY 유전자를 가지고 있다고해도 실제로 테스토스테론의 효과가 골격이나 근육 정도에만 영향을 미치는 경우도 있기 때문에 SRY 유전자를 가진 XX가 반드시 남성이라고 할 수만은 없어요.

이재성 어떻게 그런 걸 발견했지? 굉장히 신기하네. 그러니까 정자를 만드는 과정에서 실수가 일어난다는 거죠?

장수철 네.


## 독립의 법칙

장수철 지금까지 유전병에 대한 이야기를 했는데, 잘못된 유전자 때문에 잘못된 단백질이 만들어지면 비정상인 표현형이 나타나잖아요. 하지만 사실 유전자가 모든 것을 결정한다고 말하는 것은 별로 설득력이 없어요. 환경에 따라서도 표현형이 달라질 수 있거든요. 샴고양이는 기온이 낮은 데 가면 코끝과 귀끝이 까매져요. 유전자가 단백질을 만드는데, 그 단백질이 온도에 민감하게 작동해서 색깔을 나타내는 거예요. 또 이럴 수가 있어요. 아버지가 암에 걸렸던 사람들의 자손은 암에 걸릴 확률이 일반인보다 높지만 암에 걸릴 수도 있고 안 걸릴 수도 있어요. 그러면 암은 환경에 좌우되는 병이라고도 볼 수 있죠. 조류 독감도 마찬가지예요. 조류 독감이 퍼졌는데 어떤 사람은 걸리고 어떤 사람은 안 걸려요. 유전자 차이 때문일까요, 환경의 차이 때문일까요? 표현형에 문제가 생기거나 질병이 발생해서 그 원인을 판단할 때는 항상 유전과 환경 두 가지를 같이 고려해야 해요. 어느 하나만을 원인으로 생각해서 판단하는 건 생물 특성의 중요한 점을 놓치는 거예요.

또 하나, 인과관계에서 실수를 범하는 경우가 있어요. 재미있는 것이, 머리가 빨간 사람은 주근깨투성이에요.

**이재성** 말괄량이 삐삐, 빨강 머리 앤.

**장수철** 주근깨가 많은 사람은 머릿결이 빨갛고요. 이것은 서로 원인과 결과 관계가 아니에요. '빨갛기 때문에 주근깨가 있다, 주근깨가 있기 때문에 빨갛다.'가 아니란 뜻이에요.

**이재성** 왜요?

**장수철** 원인과 결과의 문제가 아니라 두 개가 동시에 나타나는 거예요.

**이재성** 원인과 결과일 수도 있잖아요.

**장수철** 자, 멘델의 독립의 법칙을 이야기할 때가 된 것 같아요. 왜 이런 이야기가 나오는지 멘델의 실험을 보죠. 멘델이 완두를 까 봤더니 노란색이면서 동글동글해요. 옆에 있는 콩을 까봤더니 어떤 것은 쭈글쭈글하면

**그림 10-4 빨강 머리와 주근깨의 관계** 빨강 머리와 주근깨는 동시에 나타난다. 빨강 머리인 사람은 주근깨가 많고, 주근깨가 많은 사람은 빨강 머리다. 빨강 머리를 만드는 유전자와 주근깨를 만드는 유전자는 염색체 상에서 가깝게 있기 때문에 정자나 난자가 만들어질 때 두 유전자는 항상 같이 움직인다.

서 녹색이에요. 그래서 '야, 이거 노란색은 항상 동그란가보다. 그리고 쭈글쭈글한 것들은 항상 녹색인가보다.' 생각했어요. 그런데 둘을 교배했더니 어때요? 노란색이면 다 동글동글한 줄 알았더니 노란색이면서 쭈글쭈글한 것이 나오는 거예요. 녹색이면 다 쭈글쭈글한 줄 알았더니 녹색이면서 동글동글한 것이 나오고요. '아, 그러면 노랗다고 해서 다 동그란 것이 아니구나. 즉 콩의 색깔과 콩의 모양을 담당하는 유전자가 항상 같이 다니는 것이 아니구나.' 생각한 거죠.

이재성 그렇지. 그것은 말이 되지.

**장수철** 그래서 '완두의 모양과 색깔은 서로 독립적으로 작동을 하는구나.'

생각한 거예요. 그래서 독립의 법칙이 나오게 된 거예요.

빨강 머리이면 다 주근깨인 것은 염색체 상에서 두 개의 유전자가 거의 붙어 있어서 그래요. 아버지가 염색체를 하나 정자에 넣어 줬는데 같은 염색체에 빨간색 머리를 만들어 주는 유전자하고 주근깨를 만드는 유전자가 가깝게 있어요. 그래서 정자나 난자가 만들어질 때 두 유전자는 항상 같이 가는 거예요.

콩 색깔일 때는 다르죠. 말하자면 콩 색깔을 담당하는 유전자와 콩 모양을 담당하는 유전자가 서로 다른 염색체 상에 있다는 거예요. 다른 염색체에 있는 거죠. 그러니까 생식세포를 만들 때 부모는 콩 색깔은 녹색을 주고 모양은 쭈글쭈글한 것을 줄 수 있는 거예요. 노란색을 주고 쭈글쭈글한 것을 줄 수도 있고요. 그래서 완두의 색깔과 모양처럼 두 형질 유전자가 서로 다른 염색체에 있어서 형질이 각각 독립적으로 유전된다는 것을 '독립의 법칙'이라고 하죠.

그러나 같은 염색체에 바로 옆에 붙어 있게 되면 얘네들은 항상 같이 전달이 됩니다. 이것을 '두 개의 유전자는 연관되어 있다.'라고 하고, 이런 관계에 있는 유전자를 '연관 유전자(linked genes)'라고 해요. 이 경우에는 독립의 법칙이 적용되지 않습니다.

이재성 그러면 빨강 머리랑 주근깨가 연관 유전자네요?

장수철 네. 두 유전자는 서로 다른 염색체에 있는 것이 아니라 같은 염색체에 가까이 붙어 있기 때문에 독립적으로 움직일 수 없어요.

이재성 길에 다니는 빨강 머리는 염색한 거지?

장수철 하하. 그런 것 같아.

이재성 알려 줘야겠다. 완벽하게 하려면 주근깨도 만들어야 한다고.

장수철 유전 법칙에 대해서 이야기를 했는데 사실 뒷부분의 이야기는 굉장히 복잡해요. 그것을 단순하게 이야기하려고 하다 보니 이해하기 복잡했을 텐데, 어쨌든 붙어 다니는 유전자도 있고 독립적으로 다니는 유전자도 있습니다.

자, 오늘은 여기까지.

## 수업이 끝난 뒤

**이재성** 아까 질문했던 것 다시 질문할게요.

**장수철** 뭐였지?

**이재성** 내가 연구실에서 질문했던 거. 요즘 고등학교에서는 '멘델의 법칙'이라고 하지 않고 '원리'라고 한다고 하더라고요. 예외가 많기 때문에. '우열의 법칙'도 '우열의 원리'라고 한다고 들었는데…… 아무튼 옛날에는 법칙이라고 했는데 요즘에는 예외가 많아서 '원리'라고 배운대요.

**장수철** 원리라고 한다고요?

**이재성** 네. '법칙'이라고 하면 예외가 없어야 하잖아요. 예외가 많은 법칙은 법칙이 아니니까. 그러면 차라리 '생물학에는 법칙이라고 할 수 있는 것이 없다. 살아 있는 생명체를 다루는 것이어서 앞으로 계속 연구해 나가야 한다.' 하고 좀 뒤로 물러나는 것이 맞지 않을까 하는 생각이 들었어요.

**장수철** 멘델의 법칙을 '멘델의 원리'라고 부르는 것은 아마도 예외적인 사례에 너무 비중을 둬서 강조를 해서 그런 것 같아요. 생물학에 예외가 있다는 것은 다 인정을 해요. 하지만 예외적인 사례는 멘델의 법칙이 틀렸다고 이야기하는 것이 아니라 멘델의 법칙으로 생명 현상을 설명할 수 있는 부분이 많다고 하는 것이 맞아요. 그러니까 분리의 법칙은 우리가 알다시피 아버지, 어머니가 염색체를 두 세트씩 가지고 있는데 이 중 한 세트만 정자나 난자로 전달된다는 이야기에요. 그것은 틀린 얘기가 아니라고요. 여기에서는 예외가 없다고.

**이재성** 음, 그것은 예외가 없어.

**장수철** 그러니까 법칙이라고. 그런데 가끔 염색체가 비분리 되는 일이 벌어져요. 예외적으로 그런 일이 있을 수 있다는 거죠. 그렇다고 해서 그것이 멘델의 분리의 법칙이 틀렸다는 이야기냐 하면, 아니에요. 분리의 법칙은 정확하게 따르고 있는데 예외적으로 그런 일이 부가적으로 생겼다고 하는 것이 맞아요.

다만 '우열의 법칙'은 '우열의 원리'라고 할 수 있어요. 제가 이 수업 중에도 '우열의 법칙'이라는 말을 쓰지 않았고요. 우성과 열성은 두 유전자 중에 확실하게 어느 한쪽만 나타나느냐 아니냐를 의미하는데, 금어초의 예에서처럼 빨간 꽃과 흰색 꽃을 교배해서 분홍색 꽃이 나오는 경우나 ABO식 혈액형의 경우는 어느 유전자가 우성이고 열성인지를 명확하게 지적할 수 없는 거죠. 예전에 대학에서 배울 때를 떠올려 봐도 멘델의 법칙에는 분리의 법칙과 독립의 법칙밖에 없었어요. 고등학교 때 우열의 법칙이라고 배웠던 것은 분리의 법칙을 설명해 주는 현상 중 하나였어요. 그래서 그동안 우리나라 교과서에서 잘못 쓴 걸 최근에 바로잡은 것 같네요. 하지만 결코 '멘델의 법칙'을 '멘델의 원리'라고 할 수는 없습니다. 분리의 법칙이나 독립의 법칙은 엄연히 법칙의 지위를 가져야 한다는 것은 명확합니다.

비슷하게, 이론에 관한 이야기가 있어요. 우리가 흔히 '네 이론은 그런 거야? 내 이론은 이래.' 하고 이야기하잖아요. 그런데 과학에서 말하는 이론의 의미는 상당히 무겁습니다. 실험을 통해 증명된, 확고하고 특정한 환경 내에서 설명의 범위가 꽤 넓은 추상적인 명제를 '이론'이라고 해요. 예를 들어 아이슈타인의 상대성 이론이 있죠. 진화론도 이론이에요. 그런데 진화론의 경우 '가설'이라고 생각하는 사람들이 많아요. 진화론에 대해서는 각자 의견이 다를 수 있다고 생각하는 데서 출발하니까 틀린 이야기들이 많이 나오는 거죠. 하지만 진화론도 엄연히 따로 배워서 공부해야하는 학문 영역 중에 하나에요. 쉽게 무너뜨릴 수 없는 하나의 이론이라는 거죠.

이재성 가설이라고 하셨잖아요. 인문학 하는 사람들한테 가설은 한 마디로 '설'이거든요. 흔히 "썰 풀지 마라." 할 때 쓰는 "썰"과 연관을 시켜요. 설일 뿐이에요. 그런데 그 설이 검증을 거치면 이론이 된다고 이야기를 하거든요.

장수철 가설도 사실은 과학에서는 상당히 신중하게 만들어요. 여태까지 알려진 내용에 근거를 해서 새로운 것을 밝힐 수 있는 내용인지 아닌지를 검증을 해서 만드는 것이 가설이에요. 하나 가설 하나를 마련하려면 여태까지 뭐가 이루어졌는지를 다 공부해야 해요. 그래서 과학자들이 힘든 거예요. 그리고 새로운 가설을 만들면 가설을 증명하는 과정을 거쳐야 해요. 가설을 검증해서 아니라고 판정이 나면 가설을 파기하고 새로운 가설을 만들어야 해요. 만약에 가설이 맞다면 이 가설을 지지해 줄 수 있는 또 다른 가설을 만들어서 이론을 만들 수 있는지 봐야 해요. 이런 검증 과정이 쌓이고 쌓여서 하나의 이론이 만들어지는 거예요. 그러니까 이론의 무게감은 엄청나게 큰 거라고. 가설과는 완전히 다른 수준인 거예요. 웬만해서는 뒤집어지지 않습니다.

예를 들어 뉴턴의 만유인력의 법칙, 이론이거든요. 그런데 상대성 이론이 나오면서 우주에는 적용되지 않는 중력 이론이라고 해서 위기가 있었죠. 그렇지만 어때요? 지구라는 환경에서 보면 만유인력의 법칙은 맞아요. 파기될 수도 있었지만, 검증하는 과정이 있었고 그것을 허용했단 말이야. 굳건한 이론을 놓고 자기가 스스로 옳다 그르다를 판단할 수 있는 것처럼 생각해서 혼란을 겪는다면 그것은 그 사람이 고쳐야 하는 거예요.

이재성 아, 그리고 또 한 가지. 칼 포퍼(Karl Popper)하고…….

**장수철** 포퍼는 잘 모르겠어요.

이재성 포퍼하고 토머스 쿤(Thomas Kuhn)하고 만날 이야기하잖아요. 포퍼는 과학 지식이 누적된다고 하고 쿤은 그렇지 않고 패러다임(paradigm)이 교체된다고 하고요. 그런데 선생님이 가설을 검증해서 이론이 된다는 이야기는 마치 포퍼식의 접근인 것 같은 느낌이 들고, 만유인력의 법칙이 상대성 이론에 의해서 깨지는 게 아니라 지구에 한정된다는 이야기는 패러다임 문제인 것 같기도 하고……. 두 개가 섞여 있는 거 같아서 헷갈리는데요.

**장수철** 쿤이 이야기했던 패러다임의 변화 사례의 주 대상은 물질과학이에요. 쿤은 진화론을 비롯한 생명과학에 대해서는 거의 진술을 안 하고 있어요. 그래서 진화론 쪽에 공부를 많이 했던 에른스트 마이어(Ernst Walter Mayr)라고 하는……, 100살에 돌아가셨나? 2005년에 돌아가셨어요. 찰스 다윈의 후계자라는 이야기도 하는데 후계자가 하도 많아서……. 하하. 어쨌든 그 분은 패러다임의 변화라는 것은 생물학 이론에 적용되기는 어렵다고 했어요. 다윈이 이야기했던 것에 여러 가지 패러다임이 있다는 거예요. 예를 들면 '하나의 조상으로부터 현재의 생물이 유래했다.' 이거 하나의 패러다임이에요. 또 하나의 패러다임은 '계속해서 자손을 만드는 일련의 과정에서 조상과는 조금씩 다른 자손이 나온다.'는 것. 이것을 '변형 혈통(descent with modification)'이라고 이야기해요. 그래서 지금 벌써 두 개의 이야기가 나왔어요. 또 '이 과정은 자연선택을 통해서 일어난다.'는 것도 패러다임이라고 했어요. 자연이 제공해 주는 환경에 적응할 수 있는 특징을 가지고 있는 생물은 선택되지만 그렇지 않은 생물은 선택되지 않는다는 것도 하나의 패러다임이 되는 거예요. 쿤은 그 시대의 어떤 과학의 분야를 좌우할 수 있는 패러다임이 하나 있고, 그것이 일정한 시간이 지나면서 패러다임 변화를 일으키는 식으로 과학이 변화한다고 이야기했지만, 마이어는 이 이야기가 생물학에는 적용되지 않는 것 같다고 이야기했죠.

이재성 그런 것 같아서요. 쿤이 말한 것처럼은 설명이 안 되는 거 같아서 여쭤봤어요.

장수철 우와, 우리 진짜 오랜만에 퀄리티 있는 대화를. 하하하. 빵도 먹고 초콜릿도 먹어야 수준이 올라가. 하하.

또 요즘에 후성유전학(epigenetics) 이야기가 나와요. 1944년 제2차 세계대전 중에 네덜란드 암스테르담 노동자들이 연합군을 돕기 위해서 독일군을 협조하지 않기로 단결을 해요. 연합군이 그 시기에 맞춰서 독일군을 물리쳐 줬으면 좋았는데 그것이 실패를 한 거예요. 그래서 독일군이 이 지역을 완전히 포위해서 이 사람들을……

이재성 몰살했구나?

장수철 몰살한 것은 아니고, 그 지역을 봉쇄해서 물품이 들락날락 못하게 한 거예요. 그야말로 굶어 죽인 거야. 2만 명 정도가 죽고 나머지는 겨우 살았는데 그 몇 해 동안 낳은 아이들이 나중에 자라서 여러 가지 병이 생기는 거야. 예를 들면 고혈압, 당뇨, 심장 동맥 질환, 유방암 등 그런가보다 하고 시간이 지났는데 이 사람들의 아들딸까지 그런 거야. 그때 굶주림에 고통을 받았던 사람들에서 끝난 게 아니라 그 사람들의 자손까지 힘들게 병치레를 한 거예요. 그러니까 이 사람들이 아이를 가졌을 때 어떤 조건에 처했는가에 따라서 원래의 유전자와 다른 특징을 나타낼 수 있다는 거죠. 정자나 난자를 만드는 과정 또는 임신하는 과정, 애들이 자궁 속에서 자라는 과정에서 유전자가 환경에 영향을 받을 수 있다는 거예요. 이것을 '후성유전학'이라고 해요.

그렇지만 유전의 본질은 유전자예요. 부모의 유전자가 정자와 난자를 만드는 과정이나 수정란이 착상하고 발생하는 과정에서 유전자가 변형될 수 있어요. 그래서 임신한 사람들에게 그런 이야기하잖아요. 커피 마시지 말고 약 같은 거 함부로 먹거나 바르지 말라고요. 그런 것들이 몸속에 있는 아이의 유전자에 영향을 미칠 수 있기 때문이에요. 이것은 멘델의 법칙에 따라서 유전자가 자손에게 전달이 되었지만 환경하고의 상호작용 때문에 중간에 유전자가 손상될 수도 있고 발현되는 유전자가 달라질 수 있다는 거예요. 그렇게 보면 멘델의 법칙은 틀린 게 아니라고요. 멘델의 법칙은 기본적으로 지켜지는 거고, 거기에 덧붙여서 이런 저런 일도 벌어질 수 있다는 거예요.

# 내 안의 지도, DNA

## DNA부터 단백질까지

드디어 열한 번째까지 왔네요. 오늘 수업은 DNA예요. 이야기는 많이 들어봤을 것 같은데, DNA에 대해 얼마나 알고 있는지 모르겠네? DNA가 어떻게 생겼는지, DNA에 담긴 정보에서 어떻게 단백질이 만들어지는지 그 과정을 볼 거예요.


## 놀라운 DNA


**이재성** DNA는 뭐의 약자예요?

**장수철** 디옥시리보뉴클레익 에시드(deoxyribonucleic acid).

**이재성** 그게 무슨 뜻이에요? D가 뭐라고요?

**장수철** 디옥시리보(deoxyribo). '리보스'라는 5탄당에서 산소가 빠졌다는 뜻이에요.

**이재성** 5탄당에서 산소를 빼면 뭐가 되는 거예요?

**장수철** 아, 그런 건 아니에요. 5탄당에는 여러 가지가 있어요. '리보스'라고 하는 5탄당에서 산소가 하나 없는 것을 이야기하는 거예요.

**이재성** 그럼 N은 뭐예요?

**장수철** 뉴클레익(nucleic). 뉴클레익 에시드(nucleic acid) 자체가 핵산이라는 뜻이에요.

**이재성** 그러니까 전체를 합치면 뭐가 되는 거예요?

**장수철** DNA. 하하.

우리 두 번째 수업 때 이야기했었어요. 염기, 5탄당, 인산. 이 세 가지로 구성된 것을 뉴클레오타이드라고 해요. 뉴클레오타이드가 여러 개 모이면 핵산이 되는 거예요. 그런데 5탄당에서 2번 탄소에 산소가 없는 것이 모여 있으면 DNA가 되는 거고, 산소가 붙어 있는 것이 모여 있으면 RNA가 되는 거예요. DNA와 RNA에는 뉴클레오타이드가 몇 개 들어가 있을까요? 사람의 DNA에는 수천만 개 이상(23분자에 30억 개 정도)이 들어가 있고, RNA에는 많이 붙어 봐야 천 단위? 백 단위? 이 정도밖에 안돼요. 그리고 DNA는 이중 나선 구조가 생기지만 RNA는 이중 나선 구조가 잘 안 생겨. 왜 그럴까? RNA가 이중 나선 구조를 형성하는 경우도 있기는 하지만, 2번 탄소에 산소가 있으면 산소 사이에 반응력이 강해서 DNA처럼 이중 나선 구조를 유지하는 게 어렵다고 해요. DNA에 대한 질문을 적시에 잘 해 줬어요.

그 다음에 중요한 것은 염기예요. 염기에는 아데닌(adenine), 구아닌(guanine), 사이토신(cytosine), 티민(thymine)이 있습니다. 'A, T, G, C'라고 이야기하는 것이 바로 이거예요. 그동안 수업하면서 많이 이야기했죠? RNA에서는 티민 대신 우라실(uracil)이 쓰입니다. DNA의 티민에 약간만 변형을 주면 우라실이 되는데요, 'U'라고 표현합니다. A, T, G, C, 이 네 가지로 그 무슨 복잡하고 많은 유전 정보를 담을 수 있을까? 우리 몸에 들어 있는 뉴클레오타이드가 30억 개라고 했어요. 뉴클레오타이드는 네 종류니까 4의 n제곱을 하면 몇 가지의 유전자(유전체)가 가능하죠?

**이재성** 4의 30억 제곱 개.

**장수철** 네. 이거 사실은 우주에 없는 숫자죠. 거의 무한한 종류의 유전자

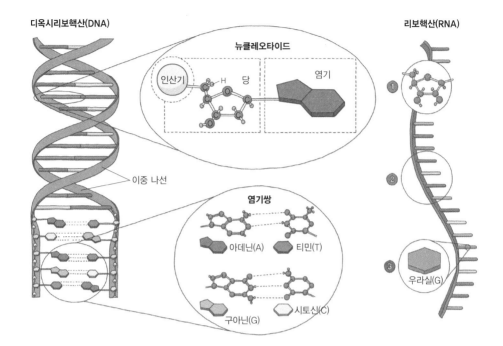

**디옥시리보핵산(DNA)**

**리보핵산(RNA)**

**뉴클레오타이드**

인산기 — H — 당 / 염기

이중 나선

**염기쌍**

아데닌(A) 티민(T)

구아닌(G) 시토신(C)

① ② ③

우라실(G)

**그림 11-1 DNA와 RNA는 어떻게 다를까?** 염기, 5탄당, 인산으로 구성된 물질을 뉴클레오타이드라 하고, 뉴클레오타이드가 모여 핵산을 이룬다. 핵산인 DNA와 RNA에는 몇 가지 다른 점이 있다. ① RNA의 당-인산 뼈대를 이루는 당 분자에는 여분의 산소 원자가 있다. ② DNA는 이중 나선, RNA는 단일 가닥이다. ③ RNA는 티민 대신 우라실을 가진다.

를 만들 수 있다는 거죠. DNA 상에서 유전자를 디자인해서 만들 수 있는 방법은 무궁무진합니다.

참고로 대개 유전자 하나에 해당하는 DNA의 크기는 1,000~1만 정도예요. 유전자 하나가 4의 1000제곱 가지로 만들어질 수 있다는 거예요. 만만한 숫자가 아니죠.

이재성 우리한테 염색체 몇 개가 있어요?

장수철 여태까지 만날 이야기했는데. 46개죠.

이재성 엄마 것, 아빠 것 다같이 해서?

장수철 네. 엄마나 아빠 것 한 세트에만 뉴클레오타이드가 30억 개예요. 그러니까 난자나 정자에 1번 염색체 두 개, 2번 염색체 두 개…… 이렇게 쭉 해서 22번 염색체 다음에 X나 Y염색체가 있잖아요. 한 벌 염색체에 해당하는 뉴클레오타이드의 숫자를 세어 보면 30억 개라고. 그러니까 사실은 어머니, 아버지에게서 온 것을 합해서 내 세포 하나에 60억 개가 있는 거죠.

이재성 DNA가?

장수철 아니지. 뉴클레오타이드가.

이재성 아, 30억 뉴클레오타이드라는 것이 염색체 23개를 다 합친 거예요?

장수철 네.

이재성 아, 뉴클레오타이드가 30억 개가 있는데 23개로 나뉘어 있는 거다? 어느 염색체 하나가 가지고 있는 뉴클레오타이드가 1,000개가 될 수도 있고, 1만 개가 될 수도 있고, 1억 개가 될 수도 있고…….

장수철 30억 나누기 23을 하면 하나의 염색체당 1억 정도는 된다는 말이죠. 그런데 사실은 그렇지는 않아요. 왜냐하면 1번 염색체가 월등하게 길고 2번이 그 다음으로 길고, 21번, 22번 가면 뉴클레오타이드가 몇천만 개 밖에 없어요. 그러니까 1번, 2번은 몇억 정도가 되는 거죠.


## DNA에서 정보를 빼내다


장수철 자, 한 개체가 가지고 있는 모든 DNA를 통칭해서 '유전체(genome)'라고 해요. 독일식 발음으로는 '게놈', 미국식 발음으로는 '지놈'이라고 해요. 사람의 유전체는 최근에 정확하게 30억 개라고 밝혀졌죠. 여기에서 단위는 염기쌍이에요. 도롱뇽은 염기쌍이 840억 개예요.

**이재성** 헉. 왜 이렇게 많아요?

**장수철** 몰라요, 아직도. 초파리는 1억 8000만. 양파도 우리보다 훨씬 DNA가 많아요. 180억. 아메바는……. 하하하. 6700억. 세균은 길이로 비교하면 우리 몸 세포의 10분의 1에서 100분의 1밖에 안 되는데 유전자는 우리의 5분의 1 정도 있어요. 세포 크기에 비례해서 DNA 크기도 그만큼 작을 줄 알았는데, 그렇지 않은 거죠. 생물체가 크고 복잡하다고 해서 거기에 들어 있는 DNA의 크기가 비례해서 크다는 것은 아니에요.

**이재성** 머리 크다고 똑똑한 거 아니다 이거죠?

**장수철** 너무 자학하지 마세요, 하하. 그런데 DNA의 크기가 크다고 해서 그게 다 유전자로 기능하는 게 아니에요. 사람의 경우 전체 DNA 중에서 유전자라고 할 수 있는 것은 전체의 1.5퍼센트 정도에 분포되어 있는 거예요. 전체 DNA 중에 1.5퍼센트만 단백질을 만드는 부위고, 나머지 98.5 퍼센트는 유전자가 아닌 거예요. 초파리는 우리가 가지고 있는 것과 비슷한 수의 유전자를 가지고 있고, 선충, 대장균, 애기장대 등 다른 생물은 우리보다 유전자가 차지하는 비율이 훨씬 더 큽니다.

'그럼 나머지는 뭐지? 사람의 DNA에서 98.5퍼센트가 쓰레기인 거야?'에 대해 처음 기대한 것과 너무 달라 어이가 없었던 거죠. 현재에 와서는 98.5퍼센트에 해당하는 DNA에 RNA를 만드는 부위가 의외로 많다는 걸 보여 주는 결과들이 나오고 있어요. DNA의 98.5퍼센트가 다 쓰레기인 줄 알았는데 그중에 상당한 비율(활발히 연구 중이라 계속 증가하고 있다.)은 계속 RNA를 만들어요. 그 RNA는 이 1.5퍼센트에서 만들어 낸 단백질이나 RNA가 작동하는 방식에 대해서도 작용을 하고, 이 1.5퍼센트

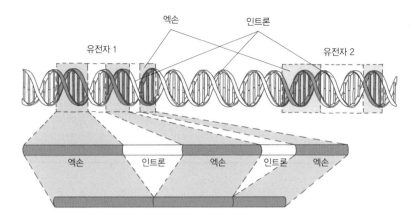

엑손　　　　　　인트론

유전자 1　　　　　　　　　　　　　　　　　유전자 2

엑손　　　　인트론　　　　엑손　　　인트론　　　엑손

**그림 11-2 진핵 생물에서 DNA 대부분은 아무런 단백질도 암호화하지 않는다.** 전체 DNA 중에는 단백질을 만들 수 있는 부위와 그렇지 않은 부위가 섞여 있다. 그런데 여기에서 단백질을 암호화하는 부위를 다시 들여다보면 어떤 부분은 단백질을 만들고(엑손) 어떤 부분은 단백질을 만들지 않는다(인트론). 마치 케이블 방송이나 야구 중계를 할 때 중간에 광고가 들어가는 것과 같다. 실제로 프로그램 시작부터 광고까지 다 합치면 방송 분량이 세 시간인데, 중간에 광고를 다 빼면 두 시간밖에 안 되는 것과 마찬가지다. 단백질을 암호화하지 않는 비-암호화 DNA의 25퍼센트(인트론)는 유전자 내에, 75퍼센트는 유전자 사이에 존재한다. 참고로 엑손은 전체 유전체의 1.5퍼센트를 차지한다.

유전자가 단백질을 만들어 낼지 안 만들어 낼지를 결정하는 데도 관여를 해요. '생물이 쓸데없이 DNA에 아무 일도 안 하는 98.5퍼센트의 염기쌍을 가지고 있을까?' 이거 누구나 질문할 수 있는 거거든요. 그래서 '진짜 하는 일이 뭔데?' 하고 많은 과학자가 질문을 하고 거기에 답하기 시작한 거예요.

전체 DNA에는 단백질을 만들 수 있는 부위와 그렇지 않은 부위가 섞여 있습니다. 단백질을 만들도록 암호화된 부분을 엑손(exon)이라고 하고, 암호화되지 않는 부분을 인트론(intron)이라고 합니다. 그런데 사실은 이것도 약간 문제가 있어요. DNA에서 여기에서부터 여기까지가 유전자라고 해서 그 부분을 꺼내서 보면, 그것도 다 유전자가 아니에요. 그중에서 어떤 부분(엑손)은 단백질을 만들고 어떤 부분(인트론)은 단백질을 안 만들어요. 비유를 해 볼게요. 케이블 방송이나 야구 중계 보면 중간에 광고 들어오죠? 그리고 광고 끝나면 다시 중계를 하고요. 실제로 프로그램 시작부터 광고까지 다 합치면 방송 분량이 세 시간인데 중간에 광고 다 빼면 두 시간밖에 안 될 거예요. 전체에서 여기에서부터 여기까지가 유전자라고 이야기했는데 실제로 인트론을 빼면 엑손은 얼마 안 돼요. 그대로 비교하자면 야구 중계 15분에 광고 200분 정도인 셈이죠.

그러면 왜 그렇게 되었을까? 나중에 '인트론을 뺐더니 유전자 스위치가 안 켜지더라. 인트론을 뺐더니 유전자 스위치는 켜지는데 원하는 만큼 많이 단백질을 못 만들더라. 인트론을 뺐더니 만들어지는 단백질의 종류가 줄어들더라.' 하는 것들이 밝혀지죠. 단백질을 직접 만드는 부위가 아니라고 생각해서 무시를 했었는데 나름대로 하는 일이 있는 거였어요. DNA는 알면 알수록 새로운 것들이 계속 나와요.

DNA가 어떻게 생겼는지는 봤으니, 이제 단백질이 어떻게 만들어지는지를 볼까요? DNA는 중요하지만 DNA에 새겨진 암호는 정보일 뿐이에요. 생물학적인 특징은 단백질 때문에 겉으로 나타날 수 있는 거예요. 그런데 DNA에서 단백질을 바로 만드느냐? 아니죠. 그 사이에 RNA가 만들어집니다. DNA를 큰 도서관이라고 생각해 보죠. 그리고 도서관의 장서가 전부 다 수만 가지의 요리법을 담고 있는 책이라고 생각을 해 보죠. 그런데 오늘은 좀 독특한 오므라이스 요리를 먹고 싶어요. 그래서 요리법이 담긴 책을 찾았는데 책이 너무 두꺼운 거예요. 그러면 그 두꺼운 책을 가지고 나와서 볼까요? 그러려면 일단 책을 들고 나와야 하는데, 사서의 허락 받아야 하고, 무거운 책을 들고 나오기도 힘들고, 본 다음에 다시 반납해야 하잖아요. 그보다는 필요한 부분만 복사를 해서 가

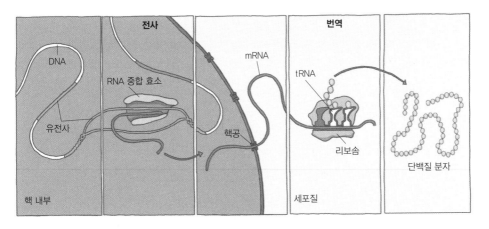

**그림 11-3 유전자에서 단백질이 만들어지기까지의 과정** 유전자는 적혈구를 만드는 법, 간세포를 만드는 법 등 수많은 정보를 가지고 있는데, 세포는 그때그때 필요한 정보만을 복사해 mRNA라는 짧은 단일 가닥 분자를 만든다(전사). 그렇게 만들어진 mRNA는 핵공을 통해 핵을 빠져나와 리보솜과 만나는데, tRNA가 mRNA의 암호에 해당하는 특정 아미노산을 리보솜으로 운반해 오면 리보솜에서 아미노산을 결합시킨다(번역). 아미노산 결합이 끝나 리보솜에서 빠져나오면 단백질 분자가 완성된다!

지고 오는 게 더 편할 것 같아요. 그 복사하는 과정이 DNA의 복사본, 즉 RNA가 만들어지는 과정에 해당해요. 베낀다는 의미에서 이것을 '전사 (transcription)'라고 해요.

DNA의 언어와 RNA의 언어는 근본적으로 같아요. A, T, G, C, 이 네 개의 알파벳 대신에 A, U, G, C를 쓰는 거죠. T대신 U만 쓰는 거지 나머지 시스템은 똑같아요. 그래서 종이 한 장을 복사해 왔어요. 그 종이 한 장을 보고, 거기에 있는 요리법대로 단백질을 합성해요. 정확하게 이야기하면, 아미노산을 그 요리법이 요구하는 순서대로 결합시키는 거예요.

그런데 여기에서, 단백질과 RNA의 언어 시스템이 달라요. RNA의 언어는 A, U, G, C라는 네 개의 염기인데 단백질의 언어는 20가지 아미노산이에요. DNA와 RNA 나라가 쓰는 언어하고 단백질 나라가 쓰는 언어가 다른 거예요. 따라서 RNA 정보를 단백질 정보로 바꾸려면 번역을 해야 해요. RNA에서 단백질로 가는 것은 근본적으로 언어가 바뀐다고 해서 '번역(translation)'이라고 해요.

이 과정을 이공계 학생들에게 설명할 때는 DNA로부터 RNA가 만들어지는 과정만 한 시간, RNA에서 단백질을 만드는 과정만 한 시간을 썼어요. 전 과정을 설명하는 데 세 시간 넘게 걸리는 거죠. 하지만 핵심은 간단해요. DNA로부터 단백질이 만들어진다, 그 중간에 RNA가 전령으로서 역할을 한다, 이 정도만 알면 될 것 같아요.

그렇다면 전사는 어떻게 일어날까요? 먼저 DNA 이중 나선을 풀어요. 풀린 두 가닥의 DNA 중에서 한쪽만 유전자예요. 다른 가닥의 같은 위치에 있는 부분은 유전자가 아닙니다. 두 가닥의 DNA 중에서 꼭 한쪽 가닥에만 유전자가 있는 건 아니에요. 쭉 유전자, 유전자, 유전자 하다가 다른 가닥에 유전자가 있을 수도 있어요. 다만 같은 위치에 두 가닥의 DNA가 동시에 유전자로 작용하는 경우는 없어요. 이것이 의미하는 바는 뭘까요? 왜 그럴까요?

DNA에서 염기는 A와 T, G와 C가 짝지어 결합하고 있기 때문에 두 가닥의 DNA 중 한쪽 가닥의 염기 서열을 알면, 다른쪽 DNA 가닥의 염기 서열을 알 수가 있죠. 만약에 한쪽 DNA가 고장 나면 다른 염기 서열대로 복제를 해서 RNA를 만들면 돼요. 한 가닥은 유전자고, 다른 한 가닥은 원본을 보존하는 백업이에요. 원본이 고장 났을 때 이 백업으로부터 다시 원본을 만들 수 있죠. 이런 점 때문에 두 가닥의 DNA가 진화상 유리했을 거라고 생각할 수 있어요. 만일 한 가닥만 있으면, 한번 파괴되면 복구가 안 되는 거죠.

이재성 자료는 꼭 백업해 놔야 해요.

**장수철** DNA 이중 나선이 풀리면 RNA 중합효소가 유전 정보의 원본인 DNA를 읽어서 유전 정보의 사본, 즉 RNA를 만들기 시작해요. 원본의 짝이 되는 뉴클레오타이드가 하나씩 붙겠죠. 그리고 뉴클레오타이드와 뉴클레오타이드를 연결하죠. RNA가 다 만들어지면 머리와 꼬리 쪽에 RNA를 보호해 주는 분자가 붙습니다. 그리고 이 과정에서 인트론이 제거가 돼요. 광고를 다 빼고 동영상을 편집하듯이 여기에서도 인트론을 다 빼는 거예요.

RNA는 여러 종류가 있는데, 전사에서 만들어지는 RNA는 'mRNA(messenger RNA)'예요. 유전 정보를 전달해 주는 RNA라고 해서 메신 저RNA, 우리말로 전령RNA라고 해요. 영화 〈미션 임파서블2(Mission Impossible2)〉 보면, 처음에 시작할 때 톰 크루즈가 선글라스 끼고 명령을 받잖아. 선글라스에서 어떤 명령이 뜨죠. 그러고 나서 선글라스를 던져 버리는데, 팡 깨지잖아. mRNA가 그런 식이에요. DNA에서 필요한 정보를 복사해 와서 명령을 전달한 다음에 싹 없어져요. 필요할 때마다 그때그때 베끼고, 베낀 사본은 잠깐 쓰고 없어집니다.

자, mRNA가 만들어졌어요. 이제 mRNA가 가지고 있는 정보를 세 개씩 끊어서 읽습니다. 그러면 이것에 해당하는 아미노산을 '운반RNA(transfer RNA, tRNA)'라는 분자들이 가지고 와요. mRNA는 유전자의 암호를 대 주고, tRNA는 암호를 읽고 거기에 해당하는 아미노산을 가지고 오는 거예요. 그러면 mRNA의 암호 순서대로 아미노산이 붙는거죠. mRNA 상에서 정보를 세 개씩 끊어서 차례차례 그것에 해당하는 아미노산을 가져와서 순서대로 연결하는 것이 번역입니다.

아미노산을 순서대로 연결하는 과정은 리보솜에서 일어납니다. 리보솜 내에 있는 RNA가 아미노산과 아미노산을 결합시키는 일을 해요. 그리보솜이 rRNA예요. 사실 이 대목에서 감흥을 느껴야 해요. 왜냐하면 대개 화학 반응을 촉매하는 것들은 단백질이거든요. 그런데 아미노산 두 개를 붙이는 화학 반응을 촉매하는 것은 단백질이 아니라 RNA란 말이에요. 단백질이 아니라 RNA가 그 일을 했다고요.

**이재성** 별로 감흥이 없는데?

**장수철** 알았어요. 여기에서 더 이야기하고 싶은 건 RNA가 하는 일이 많다는 겁니다. mRNA는 DNA 정보를 그대로 베껴서 전달해 주는 일을 하고, tRNA는 mRNA 정보를 읽어서 아미노산을 가지고 오는 분자예요. rRNA는 아미노산과 아미노산을 결합시켜 주는 리보솜 내의 RNA고요. 어때요? RNA 세 개가 역할이 다 다르죠?

SRP RNA는 만들어진 단백질을 필요한 장소로 옮기는 역할을 하는 RNA예요. 핵 안에 DNA가 있고 mRNA가 DNA를 복사해서 핵 바깥으로 나오면 이 mRNA에 리보솜이 와서 붙는다고요. 리보솜은 핵 안에 없어요. 핵 바깥에 있어요. 리보솜에서 단백질이 만들어지면 다른 필요한 곳으로 가야겠죠? 만들어진 단백질은 미토콘드리아로 갈 수도 있고, 소포체 막에 붙일 수도 있고, 식물이라면 엽록체 내부로 들어갈 수도 있는데, SRP RNA는 만들어진 단백질을 소포체로 끌고 가서 소포체 안에 넣어 주는 역할을 해요. 그 다음에 snoRNA(small nucleolar RNA). 리보솜은 핵 바깥에만 있죠? 그런데 리보솜 안에 있는 rRNA는 핵 안에서 만들어져요. 이때 rRNA가 만들어지는 과정에 참여하는 물질 중 하나가 snoRNA입니다. siRNA(small interfering RNA)와 miRNA(microRNA)는 뉴클레오타이드가 20개 정도 붙어 있는 굉장히 작은 RNA예요. 애들은 돌아다니다가 자기랑 맞는 mRNA가 있으면 그 RNA랑 결합을 해서 박살을 내요. 단백질 합성 과정을 방해한다는 뜻이죠. 그러니까 mRNA가 돌아다니다가 얘한테 걸리면 끝나는 거예요. 그 mRNA는 더 이상 단백질을 안 만드는 거죠. siRNA와 miRNA가 왜 있는 걸까요? mRNA가 계속 활성화되면 계속 단백질이 만들어질 거예요. 계속 단백질을 만들지 안 만들지를 얘들이 결정하는 거예요.

지금까지 이야기한 건 일일이 다 알 필요는 없어요. 다만 RNA가 하는 일이 많다 하는 것만 알아 두면 됩니다.

RNA와 관련해서 재미있는 얘기가 있는데 잠깐 하고 넘어갈까요? 최초의 생명이 출현을 했을 때, 유전 물질이 DNA였을까, 단백질이었을까를 놓고 사람들이 싸웠거든요.

**이재성** 단백질.

**장수철** 단백질을 만들려면 뭐가 있어야 해요? mRNA가 있어야 하고, DNA가 있어야 하죠. 그런데 DNA는 단백질이 도와줘야 만들어질 수 있어요. 그러면 '닭이 먼저야, 달걀이 먼저야?' 하는 질문이 나와요. 그래서 사람들이 유심히 보니까 바이러스에서는 RNA가 DNA처럼 작동해요. 즉 유전자 역할을 하는 거죠. 그리고 앞에서 봤듯이 rRNA는 효소처럼 작용해서 아미노산을 붙여 주는 역할을 하죠. 화학 반응을 촉매하는 거예요. 즉 우리 몸에서 단백질처럼 행동하는 거예요. siRNA랑 miRNA도 마찬가지예요. RNA를 자르는 것도 화학 반응이거든요.

그래서 RNA는 '최초에 DNA 역할과 효소 역할을 같이 한 분자다. 두 가지 역할을 같이 하다가 효소 역할은 단백질한테 넘겨주고, 유전 물질로서의 역할은 더욱 정확하게 복사할 수 있는 DNA한테 넘겨줬다' 하는 것이 많은 생물학자가 가장 그럴 듯하게 여기는 최초 생명 탄생의 시나리오예요. 그래서 초기에 'RNA 세상(RNA world)'이 있었다고 이야기하죠.

## 돌연변이

**장수철** 그림 11-4는 초파리의 눈을 확대해서 찍은 거예요.

이재성 초파리하고 그냥 파리하고 무슨 차이가 있어요?

**장수철** 파리는 우리가 눈으로 봐도 꽤 큰 놈들이고 초파리는 바나나 껍질을 놔두면 꼬이는 굉장히 조그마한 거.

이재성 아, 그게 초파리예요? 그런데 왜 초파리 가지고 해요? 더 큰 거 가지고 하지.

**장수철** 아무래도 초파리가 작으니까 동일한 부피의 시험관에 더 많은 개체가 들어갈 수 있죠. 개체수가 크니까 훨씬 더 통계 처리를 하기에 좋고요. 그리고 염색체의 수가 네 개로, 단순하고 한 세대가 짧다는 것 등 여러 장점이 있어요.

보세요. 초파리에 돌연변이를 유발했더니 눈이 안 생겼어요. 이것은 약간은 얌전한 돌연변이고, 더듬이가 나와야 할 곳에 눈이 생기는 돌연변이도 있어요. 좀 심한 돌연변이는 더듬이에서 다리가 나와요. DNA 염기 서열을 변화시키면 이런 일이 벌어집니다. DNA의 뉴클레오타이드가 바뀌거나 붙거나 빠지거나 해서 아미노산이 바뀌는 거죠. 이러면 완전히 이상한 단백질이 나오는 거예요. 마치 우리가 컴퓨터에서 타자를 칠 때 옆으로 하나씩 밀려 쓴 거랑 같아요. 이와 같이 뉴클레오타이드 하나가 바뀌어서 생기는 돌연변이를 '점 돌연변이(point mutation)'라고 해요. 그밖에 염색체 일부분이 왕창 떨어져 나가거나 재배치되거나 반복되어서 생기는 것도 중요한 돌연변이입니다.

그런데 DNA 염기 서열을 바꾸는 것이 그렇게 쉬운 일이냐 하면, 아니에요. 돌연변이가 생겼을 때, 돌연변이를 고쳐 주는 단백질이 있어요. 정

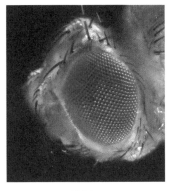 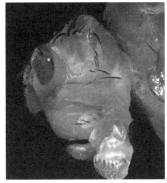

정상 눈 눈이 없는 돌연변이

**그림 11-4 돌연변이** 초파리에 DNA 염기 서열을 변화시켜 돌연변이를 유발했더니 눈이 없는 초파리가 나왔다. DNA 염기 서열에서 뉴클레오타이드 하나가 바뀌거나 붙거나 빠지면 엉터리 단백질이 만들어져 돌연변이가 유발된다.

확하게 말하면 염기 서열이 바뀌어서 세포 분열이 비정상적으로 마구 일어나는 것을 막아 주는 단백질이에요. 유방암의 경우 *BRCA1*, *BRCA2* 라는 유전자가 그런 단백질을 만들어 내요. 이 유전자가 고장이 나면 세포 분열이 마구 일어나더라도 막을 수가 없는 거예요. 유방암이 생기는 거죠.

자, '돌연변이'라고 하면 부정적인 느낌입니다. 그런데 아닐 수도 있습니다. 이야기했던 것 중에서, 고릴라하고 침팬지의 혈액형 중에 B형은 없다고 했어요. 그러니까 사람, 고릴라, 침팬지의 공통 조상은 혈액형이 O형하고 A형밖에 없었다고 하는 것이 거의 틀림없는 사실이에요. 그러나 오랜 세월 종이 계속해서 분화를 하면서 인간과 침팬지의 공통 조상에서 인간의 조상 쪽이 자꾸 갈라져 나왔어요. 그러면서 생긴 돌연변이 중 하나가 B형 혈액형이에요. 그랬을 때 B형은 나쁜 돌연변이인가요?

그래요? 아니죠.

또 다른 예도 있어요. 서양 사람은 아시아 사람이 술 마실 때 얼굴이 금방 빨개지면서 술을 못 이기는 걸 이해를 못한다고 하더라고요. 자기네들 사이에서는 그런 사람이 없거든. '술 못 먹는 사람이 있을 수도 있지.' 하는 게 우리는 상식인데 외국에서는 상식이 아니래요. 그래서 무엇이 다른가 하고 봤어요. 알코올을 섭취하면 알코올 탈수소효소(alcohol dehydrogenase)가 작용해서 알코올이 알데하이드로 바뀌어요. 그 알데하이드 때문에 머리가 아프거나 속이 울렁거리는 거예요. 알데하이드가 빠르게 분해되면 그만큼 잘 취하지 않아요. 알데하이드 처리 효소를 가지고 있는 사람들은 알데하이드 탈수소효소 유형 1(dehydrogenase type 1)이에요. 유형 1은 부모에게서 물려받은 유전자가 모두 유형 1유전자예요. 열성인 거죠. 우리나라 사람의 경우 4분의 3이 유형 1에 속해요. 나머지 4분의 1은 알데하이드 탈수소효소 유형 2예요. 유형 2는 우성이에요. 부모에게서 유형 2 유전자를 모두 물려받았거나 유형 2 유전자 하나, 유형 1 유전자 하나를 가지고 있는 거죠. 그래서 유형 1 유전자를 하나만 가지고 있는 사람들은 술을 마시면 안 돼요. 해마다 신입생 환영회 한다고 술을 먹이다가 죽는 사람이 생기는 사건이 발생하잖아요. 이 내용을 안다면, 그렇게 하면 안 된다고. 알데하이드가 독성으로 작용해서 위험할 수 있어요. 그래서 술을 아무나 다 먹이는 것이 아니에요.

이재성 알데하이드를 분해할 수 있는지 없는지 어떻게 알 수 있어요? 나는 술을 잘 안 마시는데, 마시면 마시거든.

**장수철** 그러면 선생님은 알데하이드 탈수소효소 유형 1이에요.

이재성 4분의 1?

**장수철** 4분의 3. 나는 4분의 1에 속해요.

이재성 그걸 어떻게 알아요? 선생님이 나보다 더 많이 마시잖아요.

장수철 못 참아내. 선생님하고 같이 술 마시면 되게 힘들어요.

이재성 먹고 힘들다는 것이 어떤 건데요?

장수철 얼굴이 벌게지고, 취기를 느끼기 전에 속 아픈 거지. 남들은 기분이 좋다는데 나는 속이 아파서 기분이 안 좋아. 머리 아픈 정도도 훨씬 빠르고 심해.

이재성 아, 그럼 나도 4분의 1이다.

장수철 그런가요? 그런 사람들이 있어요. 우리나라만 그런 것이 아니라 일본 사람들도 그렇고, 아시아 사람이 대개 그렇대요. 그런데 외국인들은 잘 이해를 못한대요.

　여기에서 말하려고 하는 건 전체 인류를 놓고 봤을 때 알데하이드 탈수소효소 유형 1이 대다수고 유형 2가 돌연변이라는 거예요.

이재성 그럼 나 돌연변이에요?

장수철 그렇죠. 우리는 돌연변이를 가지고 있는 거예요. 그런데 이것이 해로운 거예요? 아니잖아요. 그냥 다른 거죠. 알코올을 못 즐기는 것에 속하는 것뿐이지. 돌연변이는 나쁘다는 것이 일반적이지만 올바른 판단은 아니에요. 돌연변이는 좋고 나쁘고가 아니고 이런저런 종류가 있다는 것을 보여 줄 뿐이에요.

　그 다음에, 돌연변이가 생물 개체의 죽음을 유도한다? 현재까지 환경에 잘 적응하면서 진화해 왔잖아요. 잘 적응된 상태에서 본래의 유전자와 다른 유전자가 생긴다고 하면 아무래도 적응이 불리하겠죠. 그렇지만 모두가 다 그런 것은 아니에요. 알데하이드 탈수소효소 유형 2 유전자를 가지고 있다고 해서 내가 죽음에 가까워진다? 그것은 아니잖아요.

이재성 술 많이 먹으면 죽잖아.

**장수철** 안 먹으면 되잖아.

이재성 모르고 먹어서 죽기도 하잖아요.

**장수철** 물론 그럴 수도 있겠지만, 그건 극단적인 거고 자기가 자기 증세를 알잖아요. 알고 안 먹으면 더 건강할 수도 있는 거지.


## 공통 조상

**장수철** 유전자는 DNA로 구성된 지구 상에 있는 모든 생명체가 가지고 있는 보편적인 암호예요. 사람이나 양파나 곤충이나 원생생물이나, 지구 상에 있는 모든 생명체는 다 유전자로서 DNA를 가지고 있습니다. 별로 뭐 대단한 것 같지 않죠? 그런데 이렇게 생각할 수 있어요. '뭔가 복제할 수 있는 거면 되지 꼭 DNA로 유전 정보를 가지고 있어야 할까?' 이런 질문을 해 볼 수 있다고요.

왜 모든 생명체가 DNA를 유전자로 가지고 있을까요? 우리가 추론할 수 있는 것은, '우연히 서로 다른 기원에서 출발했는데 전부 다 유전자로서 DNA를 가지고 있기는 어렵다. 그러니까 아마도 지구 상에 있는 모든 생명체는 DNA를 유전자로서 가지고 있는 조상으로부터 유래했을 것이다.' 하는 거예요. 다윈은 DNA를 모르면서도 지구 상에 있는 생명체는 공통 조상에서 유래했다고 이야기했죠. 분자생물학의 발달로 그러한 근거를 마련하면서 진화론은 엄청난 힘을 얻게 돼요. 모든 생명체는 DNA를 유전 물질로서 가지고 있고, DNA에 들어 있는 A, T, G, C의 염기 서열을 읽어 내는 방식이 다 똑같다는 거예요. 그래서 사람의 유전자를 대장균에 집어넣으면 어때요? 대장균이 사람의 유전자가 만들어 내는 단백질을 만들어 내요. 인슐린을 만드는 유전자를 세균에 넣으면 세균이 인슐린을 만들어요. 그러니까 우리 몸이 DNA를 읽어 내는 방식과 세균이 읽어 내는 방식이 완벽하게 동일하다는 이야기죠.

반딧불이의 유전자 중에서 밤에 반짝반짝 빛을 내게 하는 유전자 있잖아요. 그 유전자를 담배라는 식물에 넣었어요. 반딧불이는 동물이고 담배는 식물이죠? 동물이건 식물이건 상관없어요. 불빛을 만들어 내는 그 유전자를 담배라는 식물에 넣었더니 어떻게 되었어요? 똑같이 그 단백질을 만들어 내니까 담배에서 빛이 나겠죠? 반딧불이가 유전자를 읽어 내는 방식과 담배가 유전자를 읽어 내는 방식이 다르다면 불가능한 일이죠. 마찬가지예요. 해파리 유전자 중에서도 빛이 나는 유전자가 있어요. 그것을 돼지의 DNA에다가 집어넣어서 발톱하고 코끝에서만 발현되도록 조작을 했더니 해파리 빛이 나요. 해파리의 유전자를 읽어 내는 방식과 돼지의 유전자를 읽어 내는 방식이 다르면 불가능한 거죠.

'유전자를 아무리 바꾸더라도 그 효과는 생물들 사이에서 다 똑같이 나온다.' 참 재미있는 현상이야. 좋아요, 유전자를 모두 DNA로 가지고 있는 것, 알겠다. 우리 인정하자. 그런데 거기에 DNA의 염기 서열을 읽어 내는 방식도 모든 생물이 똑같은 거예요. 공통 조상에서 유래하지 않고서 이러기는 너무너무 어려워요. 리처드 도킨스가 서로 다른 조상으로부터 시작을 해서 DNA라고 하는 유전 물질을 가지고, 그 유전 물질을 동일한 방식으로 읽어낼 확률을 소개했어요. 그 계산에 따르면 몇십조 분의 1이에요. 이 이야기는 생물이 각기 다른 공통 조상에서 유래해서 유전 물질로서 모두 다 DNA를 가지고 있으면서 DNA의 염기 서열을 읽어 내는 방식이 동일할 확률은 거의 없다는 거예요. 그러니까 공통 조상에서 유래했다는 설명 말고는 다른 것들은 설득력이 없어요. 근거가

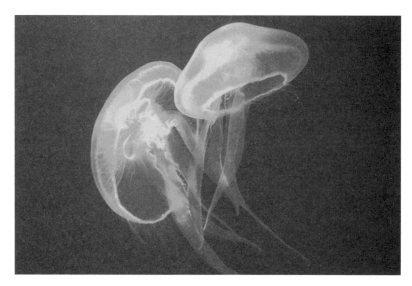

**그림 11-5** 해파리의 빛 유전자를 돼지의 DNA에 집어넣어서 돼지의 발톱과 코끝에 빛이 나도록 할 수 있다. 해파리의 유전자를 읽어 내는 방식과 돼지의 유전자를 읽어 내는 방식이 다르면 불가능한 일이다.


거의 없다는 거예요. 분자생물학이 처음에 출현했을 때, '진화론에 어떤 영향을 끼칠까?' 사람들이 이런저런 생각을 많이 했는데, 분자생물학은 진화론을 강력하게 뒷받침했어요.


## 이중 나선 이야기

**이재성** 그런데 처음에는 DNA를 이중 나선이 아니라 삼중 나선이라고 생각 했잖아요.

**장수철** 그렇게 생각했던 사람들이 있었죠.

이재성 처음에 왜 삼중 나선이라고 생각했던 거예요?

장수철 그것은 잘 모르겠고, 삼중 나선이 아니란 것이 밝혀졌죠. 그림 11-6에서 두 사람 누군지 알아요? DNA 구조를 발견한 사람들.

이재성 누가 왓슨이에요?

장수철 오른쪽이 프렌시스 크릭(Francis Crick)이고 왼쪽이 제임스 왓슨(James Watson)이에요. 크릭이 왓슨보다 열두 살이 많아요. 이 사람들은 아데닌하고 만나는 것이 무엇인지를 고민했어요. 염기는 A하고 T가 결합하고, G하고 C가 결합해요. 무슨 이야기냐 하면, A가 T랑 결합하지 C나 G하고는 결합하지 않는다는 이야기예요. 어떻게 알았겠어요? 머리로 생각할 수는 있어요. 'A랑 G는 링 두 개, T랑 C는 링 하나짜리 구조인데, 두 개짜리끼리 만나면 폭이 넓어지고, 링 하나짜리끼리 결합하면 폭이 좁아지고, 그러면 DNA가 울퉁불퉁하겠네. 그러면 좀 이상하지 않나? 링 두 개짜리랑 하나짜리가 하나씩 만나면 폭이 일정하게 유지가 되겠네.' 좋아요. 그런데 꼭 링 두 개인 A가 링 두 개인 T와 결합하라는 법 없죠? 역시 링 하나인 C하고 만나도 되죠? 왜 이 사람들은 A가 T와 결합을 하고 G와 C가 결합해야 한다고 생각했을까요? 왓슨과 크릭이 실질적으로 한 일은 없어요. 이 사람들이 한 건 자기들이 추론한 내용에 따라 다른 사람이 해 놓은 연구 결과들을 보고 정리한 것이에요.

어윈 샤가프(Erwin Chargaff)라는 과학자가 DNA를 연구하다 보니까 이상하게 A하고 T의 비율이 같고 G와 C의 비율이 같은 거예요. 어떤 생물을 관찰하더라도 그런 거예요. '아, 그러면 A하고 T가 붙나 보다.' 샤가프가 이런 발표를 할 때, 왓슨이 그 자리에 있었고, 왓슨하고 경쟁하는 입장에 있었던 라이너스 폴링(Linus Pauling)은 그 자리에 없었어요. 폴링은 엄청난 과학자예요. 노벨상을 두 개 받았죠. 하나는 화학상, 하나는

**그림 11-6 제임스 왓슨(왼쪽)과 프랜시스 크릭(오른쪽)** 왓슨과 크릭은 1953년 《네이처》에 DNA의 구조에 관한 한 장짜리 논문을 발표했다. DNA의 이중 나선 구조가 모습을 드러낸 순간이었다. 젊은 시절, 이들은 다른 사람의 실험 결과를 근거로 창의력을 발휘해 DNA의 구조를 밝혀냈다.

평화상. 어렸을 때 워낙 지적 호기심이 많아서 집에 있는 책을 다 읽은 거야. 그걸 부모가 기특하게 여겨서 책을 계속 갖다 줬는데, 소화력이 엄청나서 부모를 곤란하게 만들었다는 얘기가 있어요. 그런 사람이 라이너스 폴링. 나중에 어떤 책을 애한테 줘야 할지 학교 선생도 대책이 안 설 정도로 똑똑했대요.

**이재성** 폴링은 책도 먹었어요? 소화력이 엄청나다면서요?

**장수철** 자자, 진도 나가죠. 하여간 그랬는데, 나중에 이 사람이 화학을 하면서 단백질의 2차 구조를 밝혀서 노벨상을 받아요. 생명체 내에 있는 분자 구조를 밝혀내는 데 일가견이 있던 거지. 당시에 이 사람은 맨해튼 프로젝트(Manhattan Project)에 반대하는 입장이었어요. 맨해튼 프로젝트는 제2차 세계 대전 중에 미국에서 추진한 핵무기를 개발하는 프로젝트인데……

**이재성** 잠깐만. 잠깐만. 빨리 사진 찍어요. 지금. 이런 이야기 할 때 진지해 보이거든. 이럴 때 뭔가 신비한 과학자 같지 않아? 머리가 붕 떴거든.

**장수철** 아, 진짜! 리듬도 깨지고. 뭐 이야기하고 있었지?

**이재성** 맨해튼 프로젝트. 핵폭탄.

**장수철** 폴링은 그것을 반대했어요. 당시 책임자였던 로버트 오펜하이머(Robert Oppenheimer)가 폴링에게 화학 부문을 맡아 달라고 제안했는데 거절한 거예요. 이후에 그 프로젝트에 반대하는 강연도 했어요. 그러면서 이런 정도 에너지양을 가진 폭탄이 터지면 이만큼의 피해가 생긴다 하는 이야기를 대중 앞에서 하는 거예요. 그래서 정보국이 폴링한테 감시를 붙였어요. 그런데 감시하는 사람이 폴링이 이야기하는 것을 듣다보니까 보통의 고급 정보를 가지고 있는 게 아닌 거예요. 그래서 '저 과학자는 어떻게 저렇게 정보망이 좋은 거지?' 하는 생각이 들어서 가서 물어봤어요. "당신 그 정보를 어떻게 빼냈냐?" 하고요. 물어봤더니 씩 웃으면서 "내가 계산한 거다." 이러는 거죠. 맨해튼 프로젝트에서 실제로 일을 하지도 않으면서 슥슥 흘러나오는 정보만으로 폭탄의 위력을 계산해서 사람들 앞에서 설명할 수 있을 정도로 과학적인 능력이 비상했던 거예요.

어쨌든 폴링한테 왓슨은 상대가 안 됐어요. 왓슨은 아주 젊은 20대 초중반의 나이고 폴링은 30대 초반의 나이였는데, 왓슨은 영국으로 건너갔어요. 영국에서 DNA 구조를 밝히는 것은 프로젝트가 아니었어요. 왓슨이나 크릭이나 둘 다 각자 자신의 연구 주제가 있는데, 그것을 안 하고 만날 연구소 밖에서 DNA 모형을 만든 거야. 종이를 오리고 붙이고 해서 만들었어요.

이중 나선 구조를 밝히는 데 결정적인 단서를 제공한 건 런던에 있던 로절린드 프랭클린(Rosalind Franklin)이라는 여성이 찍은 엑스선 사진 때

**그림 11-7 로절린드 프랭클린** DNA의 이중 나선 구조를 밝히는 데 결정적인 단서를 제공한 것은 그가 찍은 DNA의 엑스선 회절 사진이었다. 프랭클린은 철두철미한 과학자로서 DNA 이중 나선 구조의 발견을 비롯해 수많은 업적을 남겼다. 하지만 아쉽게도 숱한 엑스선 촬영으로 방사선에 노출돼 난소암으로 죽었고, 결국 노벨상도 받지 못했다.

문이었어요.

**이재성** 회절 사진?

**장수철** 네, 엑스선이 회절 사진. 당시 연구소 상사였던 모리스 윌킨스(Maurice Wilkins)라는 사람한테 엑스선 사진을 찍어서 DNA가 이렇게 생겼더라 하는 것을 보여 줬던 거예요. 그러면 폴링은 뭘 했는가? 반전 운동을 하면서 돌아다니니까 미국 밖으로 나가지 못하도록 출국 금지 조치가 떨어졌어요. 그래서 당시 런던에 있던 샤가프가 'A와 T의 비율이 같고 G와 C의 비율이 같다.' 하는 발표를 하는데, 그 자리에 있을 수가 없었어요. 영국 캐번디시 연구소에서 플랭클린이 찍은 엑스선 회절 사진도 못 봤어요. 왓슨이랑 크릭은 엑스선 사진도 받고 필요한 정보를 수월하게 얻으면서 DNA 모형을 만들고 있었고, 폴링은 그런 정보 하나도 없이 자기 머리로만 생각을 한 거죠. 그래서 폴링은 'DNA 구조는 삼중 나선 구조일 것이다.'라는 논문을 발표했어요.

**이재성** 그래서 창피를 당했죠.

**장수철** 폴링이 한 잘못한 것 중에 하나는 염기와 인산기의 방향이에요. DNA에서 안쪽으로 들어가 있는 것이 염기고, 바깥쪽에 나와 있는 것이 인산기예요. 어찌 보면 별 거 아닌 것 같은데 이건 굉장히 중요한 이야기예요. 염기는 물과 친한 구조가 아니에요. 인산기는 물과 친한 구조고요. DNA가 물에 녹아 있다고 하는 것은 물 분자와 결합한다는 거죠. 결합할 수 있는 것은 바깥으로 나가고, 그렇지 않은 것은 안으로 들어가야 하잖아요. 그러니까 염기는 안으로 들어가고 당과 인산으로 이루어진 뼈대는 바깥으로 나와야 되죠. 그러나 어떻게 된 것인지 폴링은 거꾸로 묘사했어요. 왓슨은 폴링이 논문을 발표했다는 소식을 듣고 끝난 거라고 생각했어요. '나는 졌다. 우린 열심히 했지만 졌다.' 그런데 논문을 보니까 '아, 이 사람 친수성과 소수성을 헷갈렸네?'

이재성 아주 쉬운 것을!

장수철 아주 쉬운 것을 헷갈린 거죠. 폴링이 삼중 나선 구조를 발표한 지두 달 후에 왓슨과 크릭이 이중 나선 구조를 발표해요. 폴링은 화학의 대가였고 왓슨은 화학에 대해 문외한이었는데, 뭘 모르는 사람이 프로를 잡은 거예요.

1953년에 왓슨과 크릭은 《네이처(Nature)》라는, 논문 실리기 진짜 어려운 과학 학술지에 딱 한 쪽짜리 논문을 냈어요. 보통 《네이처》나 《사이언스(Science)》 같은 데에 논문 한 번 내려면 몇 년을 죽어라고 실험을 한 다음, 뺄 것 빼서 아주 핵심에 해당하는 것만 추리고 다시 확인을 하고 그것을 또 줄이고, 이런 과정을 거쳐서 4~5쪽 정도의 논문을 만들거든요. 대부분의 경우 그래도 될까 말까 그래요. 그런데 왓슨과 크릭은 전혀 그런 것 없이 딱 한 장짜리. 실험도 아무것도 안 하고. 나중에 노벨상은 모리스 윌킨스, 프랜시스 크릭, 제임스 왓슨이 받아요. 로절린드 프랭클린은 왜 못 받았느냐?

이재성 죽어서.

**장수철** 네. 난소암으로 죽었어요. 노벨상은 죽은 사람한테는 안 주죠.

**이재성** 엑스선 찍다가 암에 걸린 거지.

**장수철** 응. 그런데 로절린드 프랭클린이라고 하는 여자 자체가 굉장히 대단한 사람이에요. 과학적인 사고가 아주 머리에 배인 사람이에요. 아무리 노벨상 수상자라고 해도 이야기하다 보면 논리가 달릴 수도 있고, 마음 놓고 이야기 하다 보면 앞뒤가 틀릴 수도 있잖아요? 그런데 프랭클린 앞에서는 그게 안 통하는 거야. 완전히 박살이 나는 거야. 아주 철두철미한 사람이에요. 과학자로서는 대단한 사람이었어요. 개인적으로 로절린드 프랭클린이 이중 나선을 있게 하는 데 가장 중요한 역할을 했다고 생각해요. 이 사람이 한 일이 본질적인 것이기도 하고.

**이재성** 그런데 로지(로절린드 프랭클린의 별칭)도 삼중 나선이라고 했어요. 같은 사진을 보고 어떻게 누구는 이중 나선이라고 보고, 누구는 삼중 나선이라고 볼 수 있는지, 그것이 궁금해서 물어본 거였어요.

**장수철** 그래서 왓슨과 크릭, 이 둘 하고 프랭클린하고 많이 싸워요. 이 둘이 모형을 가지고 가서 프랭클린한테 설명을 해요. 그러면 프랭클린은 잘 듣고 있다가 '그것을 증명해 줄 수 있는 실험 데이터가 너희에게는 없다.' 그래요. 항상 그것 때문에 깨지고 야단맞아요. 나름대로 서로 머리 싸매고 논의한 건데 말이죠.

　잘 알려져 있지 않을 뿐이지 중요한 업적을 남긴 여성 과학자가 많이 있어요. 아인슈타인 첫 번째 부인이 특수 상대성 이론을 발견할 때 굉장히 중요한 역할을 했는데, 그 사람은 이름에 나오지도 않아요. 그리고 항생제 내성과 관련해서 세균에 대한 연구를 많이 한 사람이 있어요. 조슈아 레더버그(Joshua Lederberg)라는 세균학자가 있는데, 두 세균이 서로 접합해서 유전자 교환을 한다는 걸 발견했어요. 이 현상을 연구하는 데 처음부터 거의 대부분을 같이 한 사람이 그의 부인이었어요. 그런데 부인 차버리고 새 부인하고 살면서 그 성과는 전부 다 자기 것으로 돌렸어요. 그 사람도 노벨상 받았어요.

이재성 언제 사람이에요?

**장수철** 그 사람이 아마 1958년에 노벨상을 받았을 거예요.

이재성 아우, 꽤 최근이네.

**장수철** 그런 걸 보면 여성 과학자들이 참 안타까워요. 나중에 프랭클린이 암에 걸려서 고생할 때, 크릭이 병문안을 많이 가요. DNA 구조에 대해 논의하면서 프랭클린이 자신의 실험 데이터에 근거해서 DNA 구조를 이야기하는데, 크릭이 많이 배워요.

이재성 저, 질문 하나만 더. DNA 이중 나선을 사진으로 찍을 수 있나요?

**장수철** 데이터를 보고 이중 나선이라고 우리가 읽는 거지.

이재성 그거 로지가 찍었잖아요? 엑스선으로.

**장수철** 네, 찍었죠. 그런데 보면 이중 나선같이 안 생겼어요. 사진 자체는 X자처럼 생겼어요.

이재성 그러니까 그걸 보고 어떻게 이중 나선인지를 안 거지?

**장수철** 이중 나선처럼 생긴 것을 직접 볼 수 있냐고요? 그런 것은 없어요. 아마 앞으로도 굉장히 어려울 거예요.

이재성 그런데 어떻게 이중 나선을 그려 놨어요?

**장수철** '엑스선으로 DNA를 때렸더니 이런 패턴이 나왔네. 이런 패턴을 모아서 판단을 해 보니, 이중 나선이면 맞겠구나.' 하는 거죠. 엑스선 사진을 찍어서 이중 나선 모양이 쫙 나오는 게 아니에요. 이후에 여러 가지 실험을 통해서 이중 나선이라는 것이 밝혀져요.

## 유전자의 정의

**장수철** 오늘은 이것만 더 얘기하고 끝내죠. 유전자가 뭘까요? 멘델의 정의에 따르면 유전자는 겉으로 어떤 특징을 나타내도록 하는 물질적인 실체를 말합니다. '보라색 꽃을 만드는 게 뭐 때문이야? 흰색 꽃을 만드는 건 뭐 때문이야?'라는 질문에 답했을 때, 유전자가 물감처럼 섞이는 게 아니었죠?

그런데 초파리로 실험했던 토머스 헌트 모건은 '염색체 상의 일부분이 유전자로서 작동을 한다.'라고 하는 것까지 밝혔어요. 암컷과 수컷 초파리를 교배하는데 이상하게 수컷만 흰색 눈이 나오는 거예요. 왜 그럴까 해서 데이터를 분석해 봤더니 눈색깔을 지시하는 유전자가 X염색체 상에 있다고 하면 설명이 되는 거예요. '유전자가 염색체 상에 있고, 그중에 일부분을 차지한다.' 이것이 모건의 생각이었어요.

우리는 DNA에서 특정 단백질을 만드는 일부분을 우리는 유전자라고 하죠? 그런데 살펴본 것처럼 RNA가 단백질처럼 작동하기도 했었죠? 효소 역할도 하고. 그뿐 아니라 RNA는 여러 가지 역할을 한단 말이에요. 그래서 현재에 와서는 'RNA를 만드는 DNA 조각도 우리가 유전자라고 하자.' 여기까지 이야기가 나왔어요. 그런데 여기에 더해서 '이 DNA 부위가 작동하거나 작동하지 않도록, 유전자 스위치의 온오프를 조절하는 DNA 부위도 유전자라고 하자.' 하는 이야기도 나와요. 그래서 '유전자를 조절하는 DNA 부위도 유전자라고 하자.' 하는 사람들도 있습니다. 여러 가지 정의가 있는 거죠. 어떤 식으로 유전자의 정의가 진행되어 왔는지 알 수 있겠죠?

자, 다음에는 생명공학을 하겠습니다.

열두 번째 수업

# SF에서 현실로

## 생명공학

자, 드디어! 마지막 시간이네요. 오늘은 생명공학 기술에 관해 알아볼 거예요. 그동안 세포와 DNA 등에 관해 알아낸 지식을 바탕으로 그것을 어떻게 기술로 활용하고 있는지 원리를 살펴봅시다. 그리고 생명공학 기술이 우리 생활에 어떤 영향을 주고 있는지도 다양한 예를 통해 살펴볼 거예요.

## 맞춤 의학

**장수철** 그림 12-1은 사람의 유전체, DNA를 쭉 분석한 사진이에요. 각각의 뉴클레오타이드를 색깔별로 표시할 수 있는 기술이 있어요.

옛날에는 한 사람이 가지고 있는 DNA를 모두 읽어 내는 데에 우리나라 돈으로 10억 정도의 돈이 들었어요. 지금은 아마 수백만 원? 그런데 좀 지나면 아마 1인당 100만 원 정도로 떨어질 거라고 해요. '1,000달러만 있으면 그 사람이 가지고 있는 DNA를 완벽하게 분석한다.' 이게 현재의 목표예요. DNA를 분석하면 그 사람이 가지고 있는 유전병을 알 수가 있어요. 심장병에 걸릴 수 있다, 대장암에 걸릴 확률이 다른 사람보다 좀 높다, 여러 개의 유전자가 고장 난 걸 보니 암에 걸리겠다, 어떤 약에 대해 내성이 있다 없다, 하는 것들도 쭉 나올 거예요.

이재성 보험사가 되게 좋아하겠네?

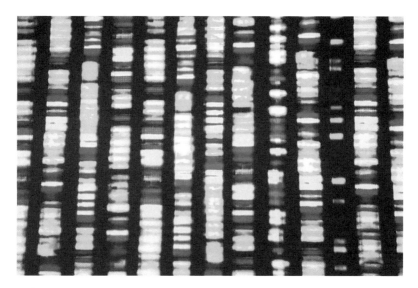

**그림 12-1** 사람의 DNA를 분석한 사진. 각각의 뉴클레오타이드를 색깔로 나타냈다.

**장수철** 좋아하죠. 그런데 거기에 대해서는 법률적인 장치가 있어야 할 것 같아요. 어쨌든 '이제는 그냥 의학이 아니라 맞춤 의학으로 가야한다. 모두에게 똑같은 치료가 효과적일 거라고 하는 생각을 버려라.' 그렇게들 이야기해요. 여기에서 맞춤 약학이 따라 나올 수밖에 없어요. 똑같은 증상을 치료할 때 이 사람한테 잘 듣는 약은 뭐고 잘 듣지 않는 약은 뭐다 하는 것들을 맞춤 처방하는 거죠. 그러려면 의사들이 공부를 많이 하는 수밖에 없어요.

아는 어르신이 2009년에 돌아가셨는데 혈관 내에 혈전이 자꾸 생겼어요. 혈전이 혈관 내에 생기면 혈관을 돌아다니다가 혈관을 막죠. 그 분 같은 경우에는 다리 쪽 혈관이 막혔어요. 아주 오래 전부터 혈액이 잘 통하지 않아서 다리가 자꾸 저리고 차가운 거예요. 그런데 혈전이 다리 혈관만 막는 줄 알았는데 돌아다니다가 뇌혈관까지 막아서 뇌졸중이 온 거죠. 만약 그분이 아스피린이 잘 듣는 체질이었다면, 별 문제 없었을 거예요. 아스피린이 혈전을 녹이거든요. 그런데 약이 잘 안 들어요. 결국 뇌졸중으로 쓰러지셨는데, 그분은 아스피린 성분이 듣지를 않는다는 거야. 뇌졸중을 치료할 때 쓰는 가장 편하고 흔한 약이 소용이 없다는 거죠. 다른 사람들은 거의 듣거든요. 그런데 혈전 때문에 혈관이 막혔을 때 쓰는 약에 여러 가지가 있어요. 사람에 따라 약을 골라서 쓸 수 있는 거죠. 이 사람이 약을 썼을 때 신장이 쉽게 상하는 사람인지 간이 쉽게 상하는 사람인지를 먼저 알아낸 다음에 약을 어느 정도 범위에서 써야 하는지 구체적인 처방이 나오는 거예요. 퇴원을 하시고 나서 써야 할 약에 대해서 의사가 설명해 주는데, 굉장히 까다롭다고 하더라고요.

비슷한 이야기가 많아요. 감기에 걸렸다고 해서 다 같은 약을 쓸 수 있는 것도 아니고, 몸의 특정한 곳에 이상이 있다고 해서 다 동일한 것을 쓸 수 있는 것도 아니에요. 그리고 전에 미국에 있을 때 매일같이 햄버거 먹다가 몸이 가려웠었다고 얘기했었죠? 나중에 알고 보니까 서양 친구들은 지방 분해 효소의 활성이 우리보다 약간 높더라고요. 똑같이 지방을 먹더라도 지방에 대해서 취약한 정도가 동양인들이 더 커요. 그리고 영양도 사람마다 다 달라요. 똑같은 양의 탄수화물을 섭취했는데 어떤 사람은 당뇨로 발전하고 어떤 사람은 괜찮아요. 그래서 유전자 분석을 하면 이 사람은 상대적으로 탄수화물을 많이 섭취해도 된다, 이 사람은 탄수화물을 절제하되 기름 성분은 잘 분해하는 체질이니 기름 성분 좀 더 늘려서 먹어도 된다 하는 맞춤형 영양도 가능하지 않을까 하는 이야기도 나와요.

생명공학과 인류의 건강은 인류의 복지하고 상당히 밀접하게 관련이 있어요. 사람이라는 집단을 대상으로 보고 연구했던 의학, 약학, 영양학 등이 개인 맞춤으로 점점 더 세분화될 것 같다 하는 것이 요즘 화두입니다. 최근에는 인공 생명(artificial life)도 만들어요. 세균에서 염색체를 빼고 실험실에서 화학적으로 만든 염색체를 집어넣는 거예요. 그리고 우리가 보고자 하는 특징을 가지고 있는지 없는지 그 세균을 일일이 모니터링해요. 최근에는 인공 생명으로 생명 현상을 하나씩 규명하는 일까지 시작했어요. 하지만 그것은 굉장히 위험한 일입니다. 자연에는 없는 완전히 새로운 생명체이기 때문이에요. 모니터링을 하다가 그 세균이 가지고 있는 해악적인 요소를 발견할 수도 있어요. 그것을 정확하게 모르는 상태에서 세균이 실험실 바깥으로 나갈 수 있거든요. 굉장히 안전하게 관리하는 것으로 알려져 있어요.

## 재조합 DNA

**장수철** 현대 생물학 또는 현대 생명공학의 기초는 유전공학입니다. 어떤 생물의 유전자 일부를 다른 생물의 유전자에 삽입해서 이식하는 거예요. 사람의 유전자를 뜯어서 세균한테 넣는 거죠. 서로 다른 생물의 DNA를 합쳐서 만들어진 DNA를 '재조합 DNA(recombinant DNA)'라고 해요. 그런 생물을 '키메라(chimera)'라고 하고요. 유전자를 재조합하는 것이 바로 유전 공학의 핵심이에요. DNA 재조합 기술은 건강과 관련해서 의약품을 생산하고 병을 진단하고 치료하고 예방하는 데 이용됩니다. 질병뿐만 아니라 농업과 관련해서도 생명공학은 지대한 공헌을 하고 있죠. 우선은 지금까지 생명에 관해 배운 것들을 어떻게 이용하는지 생명공학 기술을

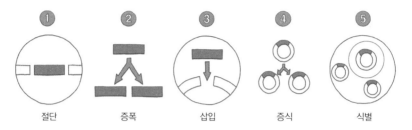

**그림 12-2 생명공학 기술의 도구와 기술** 생명공학 기술의 기본은 사람의 유전자 일부를 뜯어서 세균의 유전자에 삽입하는 것이다. ① 유용한 형질을 가지고 있는 생물의 DNA를 잘라낸다. ② DNA 단편을 사용할 수 있을 만큼 충분한 양으로 늘린다. ③ DNA 단편을 세균 세포에 끼워 넣는다. ④ 세포가 분열하면서 재조합 DNA가 증식한다. ⑤ 유용한 형질에 대한 DNA를 찾아낸다.

살펴볼게요.

생명공학이라고 하면 DNA를 잘라서 다른 DNA에 집어넣는 걸 떠올리면 됩니다. 예를 들어 사람의 인슐린 유전자를 잘라서 세균의 DNA에 삽입한 다음에 세균을 증식시키는 거예요. 그 다음에 이 유전자가 활동하게끔 해서 각각의 세균이 인슐린을 만들게 하는 것이죠. 그렇게 해서 인슐린을 대량으로 얻는 겁니다.

이 기술은 간단히 유전자를 절단, 증폭, 삽입, 증식, 식별하는 과정이에요. 증폭은 그야말로 기계만 사용해서 DNA를 증폭시키는 것이고 증식은 세균을 사용해서 DNA를 증폭시키는 것이죠. 그리고 식별은 내가 원하는 DNA가 어떤 것인지 알아보기 위해서인데, 주로 방사성 동위원소를 사용해서 표시합니다. 간단하게 그 과정을 한 번 보죠.

일단 DNA를 자릅니다. 실제로 가위로 DNA를 자를까요?

이재성 아니.

장수철 어쩜 사람이 이렇게 똑똑할 수가 있어? 하하. 생물학자들이 유심히 살펴봤더니 효소가 그 일을 해요. DNA를 자르는 효소를 '제한 효소(restriction enzyme)'라고 해요. 이중 나선에서 한쪽 DNA 염기 서열이 ATCGAT일 때 A와 T 사이를 인식해서 끊어 주는 특정한 제한 효소가 있어요. 그렇게 해서 유용한 유전자를 잘라내요. 그리고 같은 효소를 사용해서 세균의 DNA도 끊어 줘요. 그러면 DNA가 벌어지겠죠? 거기에다 새로운 DNA를 넣고 다시 붙이는 거예요. 그림 12-3을 보면 좀 더 이해하기 쉬울 거예요.

그렇다면 제한 효소는 어디에 있을까요? 세균한테 있어요. 현재 알려진 것만 수천 가지예요. 굉장히 많아요. 계속 발견되고 있고요. 내가 자르고자 하는 부분의 염기 서열을 알고 있다면 그 제한 효소를 선택해서 자를 수도 있어요. 내가 연구하는 DNA에 대한 정보가 많을 때 가능한 일이죠. 그런데 이 제한 효소가 왜 세균한테 있을까?

세균을 죽이는 방법이 여러 가지가 있는데 그중 하나가 바이러스를 뿌리는 거예요. 실제로 소련에서는 세균에 감염돼서 고생을 하면 몸에 바이러스를 넣어 줬어요. 지금도 그렇게 한다고 하더라고요. 바이러스가 돌아다니면서 세균을 깨버리는 거예요. 바이러스는 길이로 비교하면 세균의 10분의 1, 우리 세포의 1,000분의 1 정도의 작은 크기예요. 세균이 있으면 바이러스가 세포막에 딱 착륙을 한다고. 그리고 세균에 자기 DNA만 딱 넣어요. 그러면 세균 안에 있는 세균을 위한 DNA, 세균을 위한 리보솜, 세균을 위한 단백질이 바이러스를 구성하는 DNA와 단백질을 합성하는 거예요. 그리고 세균의 DNA는 분해돼요. 그러고 나서 바이러스가 세균의 세포에 구멍을 내면 세균이 뺑 터지는 거야. 세균은 죽고 바이러스가 퍼지는 거죠. '야, 그러면 바이러스 때문에 세균은 완전히 다 멸종을 하겠네?' 하는 생각이 들잖아요. 그런데 세균도 대항할 수 있는 무기를 만들었어요. 그것이 제한 효소예요. 수많은 종류의 세균이 각

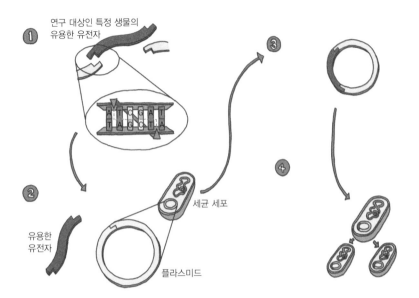

**그림 12-3 재조합 플라스미드 만들기** ① 연구 대상인 특정 생물의 DNA를 제한 효소로 자른다. ②같은 효소로 세균의 플라스미드 한 곳을 절단한다. ③ 라이게이스를 이용해 유용한 유전자를 플라스미드에 삽입한다. ④ 재조합 플라스미드를 다시 세균 세포에 삽입해 원하는 유전자를 보관할 수 있다. 또한 세포가 분열할 때마다 유전자가 복제된다.

자 가지고 있는 제한 효소가 다 달라요. 바이러스가 DNA를 삽입하면 제한 효소를 사용해서 잘라버리는 거죠. 물론 세균 자신의 DNA에는 표시를 해서 제한 효소가 공격하지 않게 합니다.

　그러면 나중에 바이러스는 또 어떻게 될까요? 계속 돌연변이가 일어나고 변형된 놈이 생기죠. 기존에 있었던 제한 효소로는 대항할 수가 없는 거죠. 세균이 죽는 거예요. 그러면 세균은 가만히 머물러 있나요? 역시 변형된 바이러스에 대항할 수 있는 돌연변이가 생기는 거예요. 세균의 돌연변이와 바이러스의 돌연변이가 자꾸 생기면서 서로가 서로에 대해서 견딜 수 있는 놈이 자꾸 생기는 거죠. 상호작용하며 양쪽이 같이 진화한다고 해서 '공진화'라고 하는데, 세균과 바이러스가 같이 진화한 덕분에 외부 침입자에 대항해서 침입자의 DNA를 자르기 위한 효소를 우리가 사용할 수 있게 된 거예요.

제한 효소로 DNA를 잘랐으면 집어넣은 걸 붙여야겠죠? 붙일 수 있는 효소도 있어요. '라이게이스(ligase, 리가아제, 리게이스라고도 읽는다.)'라는 효소입니다. 제한 효소로 자르고 라이게이스라고 하는 효소로 붙여서 재조합 DNA를 만들 수 있는 거예요. 이것이 유전공학 기술의 기본입니다.

자, 우리가 원하는 데에서 DNA를 잘라낼 수 있고, 삽입하고자 하는 DNA도 역시 똑같은 제한 효소로 자르면, 똑같은 염기 서열 부분이 잘라져 있겠죠? 똑같은 염기 서열을 양 끝에 가지고 있으니까 서로 붙이기가 쉽단 말이에요. 재조합 DNA를 만들 때는 보통 세균이 가지고 있는 원형 DNA인 플라스미드를 이용해요. 플라스미드를 자르고 그 사이에 우리가 원하는 DNA를 삽입하는 거예요. 이 세균을 키우면 돼요. 세균을 키운다고 하는 것이 뭔가 한번 생각을 해 보죠. 재성 선생 어제 세균 몇 마리 키웠어요?

이재성 수십억 마리?

장수철 응. 수십억 마리. 오늘 화장실 갔다 왔어요?

이재성 네. 갔다 왔어요.

장수철 그러면 오늘부터 다시 키우고 있는 거죠. 우리는 매일 10억 마리 이상의 대장균을 키우고 있어요. 아무리 고고한 척 깨끗한 척하는 여자가 앉아 있다고 해도 화장실 가서 10억 마리씩 대장균을 빼내는 것은 어쩔 수가 없어. 예외가 없어.

이재성 한 세 번은 들은 것 같아.

장수철 여기에서 계속 그 이야기했어요?

**이재성** 그렇죠. 세 번은 더 했죠?

**장수철** 세균에 DNA를 집어넣고 이 세균을 키우는 거예요. 대장균을 주로 이용하는데, 대장균이 좋아하는 것이 뭘까요? 우유 성분의 락토오스 (lactose)라고 하는 것 하고요, 아주 노골적으로 탄수화물인 포도당을 넣어주면 돼요. 온도는 몇 도로 맞추면 잘 자랄까요?

**이재성** 36.5도.

**장수철** 그렇죠. 우리 체온이죠. 36.5도. 그 다음에 어떤 조건이 필요할까요? 체내 내용물을 잘 섞기 위해 플라스크에 담긴 배양액을 슬슬 돌려주는 거예요. 세균의 수가 두 배가 되는 시간을 '배가 시간(doubling time)'이라고 해요. 대장균의 경우 한 마리가 두 마리가 되는 것이 빠르면 20분이에요. 배양액을 슬슬 움직이게 해서 하루쯤 놔두면 한 마리가 1000만 마리, 1억 마리, 이렇게 돼요. 그렇게 가만히 앉아서 DNA를 증식시키는 거죠.

재조합 DNA는 여러 가지로 유용하게 이용할 수 있어요. 재조합 DNA 기술로 엄청나게 많은 종류의 DNA를 만들 수 있어요. 알다시피 내가 가지고 있는 유전자의 DNA는 30억 개의 뉴클레오타이드로 이뤄져 있어요. 그런데 아까 우리가 DNA를 자를 때 여섯 개의 염기를 인식해서 잘랐죠? 이 제한 효소는 여섯 개 염기 자리에 각각 특정한 염기가 올 확률이 4분의 1씩이에요. 그래서 이 조합이 나올 확률은 4의 6제곱 분의 1. 그러면 어떻게 되더라? 4096. 약 4000분의 1이란 뜻이에요. 그러면 30억 개 염기를 가진 DNA에 이 효소를 집어넣으면 30억 나누기 4,000을 해야 돼. 그러면 8만 쯤? 우리의 DNA를 준비하고 이 제한 효소를 넣으면 대략 8만 조각이 나와요. 그런 다음에 같은 제한 효소로 잘라 둔 세균의 플라스미드에 뿌리면 세균의 플라스미드에 각각 8만 가지의 다른 DNA 조각이 삽입되는 거예요. 우리의 DNA가 조각조각 세균에 나눠 보관되

는 거죠. 이것을 '유전자 도서관(gene library)'이라고 해요.

그런데 그중에서 내가 원하는 DNA를 가지고 있는 세균이 어느 것인지 눈으로 보고 알 수가 없잖아요. 그래서 내가 원하는 DNA와 결합할 수 있는 방사성 동위원소나 형광을 입히는 거예요. 그걸 'DNA 탐침(DNA probe)'이라고 해요. 그렇게 해서 세균들을 선별(screening)하는 거죠. 선별된 세균을 가져다가 쫙 배양하면 내가 원하는 DNA가 같이 늘어나겠죠? 그것을 분석하는 거예요. 이 유전자가 언제 어느 때에 발현을 하고 얼마나 단백질을 많이 만들고 어떤 상황에서 잘 만드는지, 이 유전자 스위치는 언제 켜지고 언제 꺼지는지, 유전자 발현을 조절하는 부분은 어디인지 등 다 조사할 수가 있어요.

유전자 도서관을 만들어 놓으면 우리가 연구할 때마다 일일이 필요한 DNA를 쪼개서 세균한테 집어넣는 일을 반복할 필요가 없어요. 한꺼번에 마련해 놨으니 필요할 때마다 꺼내 쓰면 된단 말이에요.

다음으로 DNA의 양을 대량으로 늘리는 기술인 중합효소연쇄반응(polymerase chain reaction)을 볼까요? 간단히 'PCR'이라고 해요.

DNA의 합성 과정을 생물학자들이 관찰해 봤더니 처음에 이중 나선인 DNA가 둘로 갈라지는 거예요. 몸속에서 효소가 이 일을 해요. 지퍼 열듯이 효소가 DNA를 쫙 열면, 열려진 것을 주형(template)으로 각각 복제를 해서 네 가닥, 즉 두 분자의 DNA를 만들어요. 아, DNA가 이렇게 복제되는구나 했는데, 온도가 높을 때 이중 나선이 갈라진다는 것을 생물학자들이 주목했어요. 이런 특성들을 이용해서 DNA를 증폭시키는 방법을 개발한 거예요. 뉴클레오타이드(DNA 재료)와 고온을 견디는 DNA 중합효소를 넣은 상태에서 먼저 온도를 높여서 두 가닥의 DNA를 갈라지게 만들어. 그 다음에 다시 온도를 내려요. 원본 DNA가 복제될 환경을

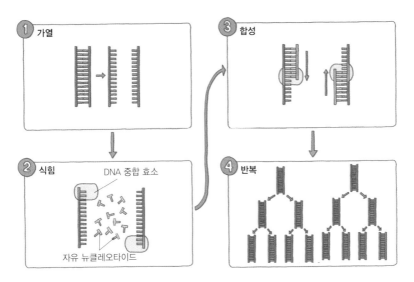

**그림 12-4 중합효소연쇄반응(PCR)** PCR은 하나의 원본 DNA를 짧은 시간에 많은 양으로 증폭시킨다. 범죄 현장에서 채취한 증거물에서 범인의 DNA를 분석하려고 할 때 PCR을 이용한다. DNA 중합효소와 뉴클레오타이드를 넣은 후 ① 분리해 낸 DNA 단편이 들어 있는 용액을 가열하여 이중 가닥 DNA를 단일 가닥으로 분리한다. ② DNA를 식힌다. ③ DNA 중합 효소는 각각의 단일 가닥에 상보적인 염기를 붙인다. ④ 가열과 냉각 과정을 반복하면 수많은 복사본이 만들어진다.

만드는 거죠. 그러면 DNA가 합성돼요. 그런 다음에 이 과정을 한 번 더 돌리는 거야. 그러면 다시 배로 늘고, 한 번 더 하면 또 배로 늘어나고, 한 번 더 하면 또 배로 늘어나죠. 처음에 하나의 원본만 준비하고 DNA 재료랑 온도를 견딜 수 있는 DNA 합성 효소를 집어넣어 준 다음에 온도를 올렸다 내렸다만 하면 되는 거예요. 그러면 DNA가 기하급수적으로 늘어나죠.

자, 이거 어디에 유용할까요? 범인을 가릴 때 유용해요. 어떤 사람이 침입자와 싸우다가 죽었어요. 몇몇 혐의를 받고 있는 사람이 있는데, 도대체 누가 범인인지 모르겠어요. 죽은 사람을 잘 살펴봤더니, 이 사람이 싸우다가 범인을 할퀴었는데 잘 보니까 손톱 밑에 살점이 있는 거야. 이것을 잘 모아서 현미경으로 보니까 세포가 20개 정도 되는 거 같아요. 그것을 화학 처리를 해서 DNA를 PCR 기계에 집어넣고 돌리면 그 DNA가 엄청나게 증폭돼요. DNA를 분석할 수 있을 정도로 양이 늘어나는 거예요. 분석한 DNA를 혐의자들의 DNA와 비교한 자료는 누가 범인인지 가려내는 데에 굉장히 중요한 단서가 될 수 있죠. 머리카락에서도 DNA를 채취할 수 있어요. 머리카락에는 세포가 없지만 머리카락 끝에는 모낭을 구성하고 있는 세포가 몇 개 있거든요. 그것도 역시 잘 분리를 해서 PCR 기계에 집어넣고 DNA를 증폭시키면 분석할 만큼 나와요.

또 언제 PCR을 이용할까요? 수천 년 전 멸종한 매머드(mommoth)를 복원하는 데 이용돼요. 시베리아에 죽어서 얼어 있는 매머드의 일부분을 뜯어다가 DNA를 분석할 수 있어요. 이렇게 분석된 염기 서열을 사용하면 현존하는 코끼리와 비교해서 친척 관계를 유추할 수도 있어요. 또 이런 경우도 있어요. 전 세계적으로 고래를 잡지 말자고 하는데, 아무래도 일본이 의심스러워요. 국제 협약을 준수해서 멸종 위기에 있는 고래는 잡지 않고 나머지만 잡는다는 데 아닌 거 같은 거죠. 그래서 종 다양성에 관심이 많은 협회나 운동 단체가 일본의 고래 시장에 잠입해서 흔히 거래되는 고래 고기 일부분을 샘플로 뜯어 와요. 멸종 위기 종 고래랑 DNA가 얼마나 비슷한지를 알아보려는 거죠. PCR 기계에 집어넣고 증폭시킨 다음에 DNA를 비교해 보니까 어때요? 멸종 위기 종 고래랑 DNA가 비슷하거든. 그래서 일본 너희 너무한다, 협약을 준수한다고 분명히 이야기했고 멸종 위기 종에 있는 고래는 먹지 않는다고 해 놓고선 먹고 있는 거 아니냐, 증거를 들이밀고 일본을 몰아세우는 거예요.

PCR은 DNA를 분석하는 데 굉장히 유용한 수단이 됐어요. '캐리 멀

**그림 12-5** 매머드 복원은 성공할 수 있을까? 매머드를 복원하기 위해서는 시베리아에 묻혀 있는 매머드의 사체에서 DNA를 분석해야 한다. DNA를 분석하려면 그만큼 양이 충분해야 하는데, 이때 PCR을 이용해 DNA를 양을 손쉽게 늘릴 수 있다.

리스(Kary Mullis)'라는 미국 화학자가 1985년에 발명했는데 이 사람은 1993년 노벨상을 수상한 이후 연구직을 그만 두고 인생을 즐기고 있는 것 같아요. 가끔 생물학계에 논란의 여지가 있을 때 자신의 의견을 발표하곤 하는데 그다지 도움이 되는 것 같지는 않아요.

## 우리 주변의 생명공학 기술

**장수철** 지금까지 여러 가지 사례를 얘기했지만, DNA 재조합 기술을 사용하는 아주 전형적인 예는 인슐린 생산입니다. 인슐린은 우리 몸의 이자에서 만들어 내는, 혈당을 조절해 주는 물질이죠. 당뇨에 걸리면 인슐린이 안 생겨요. 당뇨병에는 제1형 당뇨병(diabetes melitus type 1)과 제2형 당뇨병이 있는데 제1형 당뇨병이 바로 인슐린을 못 만드는 당뇨병이에요. 그래서 이 당뇨 질환을 가지고 있는 사람들은 인슐린 주사를 맞아야 하는데, 예전에는 인슐린이 엄청나게 비쌌어요. 인슐린을 인공적으로 못 만들었기 때문에 소나 돼지, 특히 소를 잡아서 소의 인슐린을 주사했거든요. 소 한 마리를 잡아도 자기 몸에 주사할 만큼 잘 나오지도 않아요. 그러니까 얼마나 많은 소를 잡아야 했겠어요? 가격이 굉장히 비쌌죠. 부자들만 고칠 수 있는 병이 당뇨병이었어요.

인슐린은 생명공학 회사가 생기고 나서 DNA 재조합 기술로 만든 최초의 물질이에요. 세균의 DNA에다가 인간의 인슐린 DNA를 삽입한 다음 이것을 세균에 넣어서 세균을 키운 거죠. 그러면 세균이 인슐린 단백질을 만들겠죠? 그 다음 세균을 깨서 인슐린을 모으는 거예요. 이런 대량 생산 기술 때문에 요즘은 인슐린을 굉장히 싸게 구입할 수가 있습니다. 제가 본 자료에는 1,500개 이상의 생명공학 기업에서 40조 이상의 매출을 올리고 있다고 하는데, 지금은 이것보다 더 늘었을 거예요. 개인적으로는 100조 정도 넘지 않았을까 생각해요.

또 다른 예로 인간 성장 호르몬(human growth hormone, HGH)을 들 수 있어요. 터너 증후군인 아이를 생각해 봅시다. X염색체가 하나밖에 없어요. 이 증후군의 특징이 여러 가지인데 그중 하나가 키가 안 큰다는 거예요. 가만히 두면 다 커봐야 130센티미터? 그 정도밖에 안 되는 거예요. 그래서 주기적으로 병원에 가서 인간 성장 호르몬 주사를 맞는데, 계속 키가 조금씩 커서 현재는 또래하고 별 차이가 없어요. 우리나라의 경우, 키 150까지는 의료 보험이 적용된다고 하더라고요. 아, 적어도 160까지는 해줘야 하는 거 아니야? 어쨌든 그 이후에는 본인 부담이라고 해요.

**이재성** 평균 신장이 있으니까 그런 거 아닐까요?

**장수철** 150이면 평균도 안 될 걸. 나도 맞고 싶어. 하지만 어렸을 때 맞아야 해요. 지금은 소용없어. 하하. 사실 성장 호르몬 주사가 지금 아무리 비싸다고 해도 옛날만큼은 아니에요. 인간 성장 호르몬은 뇌 안쪽에서 만들어져요. 처음에는 이것도 역시 소를 잡았어요. 소에서 뇌를 적출한 다음에 뇌의 일부분에서 이 단백질을 얻는 거예요. 정확히 말해서 '인간 성장 호르몬'이 아니라 '소 성장 호르몬(bovine growth hormone, BGH)'이죠. 얼마나 조금 나오겠어요. 소는 또 얼마나 많이 잡았겠어요. 그만큼 성장 호르몬을 얻기가 힘들었고요. 더 큰 문제는 소 뇌에서 가끔 광우병을 일으키는 프리온(prion)이 발견된다는 거였어요. 그래서 소 뇌에서 얻은 HGH를 맞은 사람 중에 일부분은 광우병에 걸리기도 했단 말이에요. 도대체 이것을 어떻게 해야 하나? 한 가지 방법은 있죠. 사람 시체 각각의 머리에서 뇌를 적출한 다음 그 안에서 성장 호르몬을 추출해 내는 거예요. 하지만 그 과정도 어렵고, 그렇게 해서 얻는 양도 얼마 안 되고.

**이재성** 할 짓도 아니고.

**장수철** 할 짓도 아니고. 그렇게 해서 HGH를 모았다고 해도 얼마나 또 비싸겠어요. 웬만하면 키 작은 채 살아라, 이렇게 되는 거예요. 그런 문제점을 싹 해결한 것이 생명공학 기술이에요. 성장 호르몬 유전자를 세균

---

**프리온(prion)이란?** 단백질(protein)과, 바이러스 입자를 뜻하는 비리온(virion)의 합성어. 바이러스 같은 전염력을 가진 단백질 입자를 뜻한다.

에 넣어서 키우니까 광우병 문제도 없고, 사람 호르몬을 쓰니까 효과도 좋은 거예요. 그래서 사람들이 많이 쓰게 된 거죠.

또 하나는 적혈구생성소(erythropoietin) 생산이에요. 이것도 역시 인간의 적혈구생성소 유전자를 세균에 집어넣어서 얻게 된 거죠. 적혈구생성소를 섭취하면 적혈구가 빵빵 생겨요. 그러면 내가 다른 사람보다 산소를 더 흡수할 수 있는 거예요. 산소를 더 흡수한다는 이야기는 그만큼 에너지 대사를 더 활발하게 한다는 거예요. 그래서 적혈구생성소를 먹은 사람들은 운동 능력이 확 늘어요. 운동 능력이 향상되니까 근육을 발달시키는 데 유리하겠죠. 실제로 운동선수들이 적혈구생성소를 먹었나 해서 혈액 도핑 검사를 해요. 암을 극복하고 운동선수가 돼서 굉장히 화제가 되었던, 랜스 암스트롱(Lance Armstrong)이라는 사이클 선수 있잖아요. 나중에 그 사람이 적혈구생성소를 써서 문제가 됐죠. 그것도 많이. 빈혈 치료를 하기 위한 목적이라면 좋은데, 암스트롱처럼 운동 능력을 더 향상시키려고 하면 부작용이 생길 수도 있어요. 왜? 혈액 내에 적혈구가 너무 많으면 혈액이 쉽게 굳어요. 혈전이 생기는 거예요. 그래서 혈관이 막히고 여기저기 혈액 순환이 안 되어서 아주 치명적인 질환이 생길 수도 있습니다.

## 유전자 치료의 꿈과 현실

**장수철** 안타깝게도 12년 동안 풍선 속에서 살았던 아이가 있었어요. '버블 소년(bubble boy)'이라고 불린 이 아이는 중증복합면역결핍증(severe combined immunodeficiency, SCID)을 가지고 태어났어요. 이런 아이들은 완전히 세균이 없는 곳에서 살아야 생명을 유지할 수 있어요. 굉장히 힘든 일이에요.

아이가 어머니 뱃속에서 나올 때 질을 통과하죠. 질에는 유산균을 비롯해서 대장균, 젖산균 등 세균이 굉장히 많아요. 이 세균들은 질이 여러 가지 병에 감염되는 것을 막아 주는 좋은 세균이에요. 이런 세균은 아이가 질을 통과하면서 입을 통해서 안으로도 들어가거든요. 위산이 많이 분비되기 이전에 슥 들어가서 대장에 자리를 잡는 거예요.

이재성 그러면 제왕절개 하면 안 되겠네?

장수철 안 되는 건 아니고, 자연분만을 하면 아기의 면역력을 키우는 데 유리한 거죠. 또 대장이 눌리면서 대장 성분의 일부가……. 대장 성분의 일부가 뭐예요? 하하.

이재성 똥!

장수철 아이가 태어나자마자 가장 먼저 먹는 것 중에 하나가 어머니의 배설물인데, 아이는 태어나는 과정을 통해서 입과 장, 피부 일부분에 세균을 가지고 태어나요. 그러면 이로운 세균을 몸에서 키울 수 있어요.

우리가 세균에 의한 감염성 질환에 걸렸을 때 항생제 내성을 가장 걱정하죠? 요즘 항생제 내성이 굉장히 심해요. 항생제 내성 세균이 대개 해로운 거잖아요. 이것을 다스릴 수 있는 가장 좋은 방법 중 하나가 이로운 세균을 키우는 거예요. 이로운 세균이 해로운 세균의 성장을 막아서 우리 몸에서 병을 일으키지 못 하게 한다고. 우리 면역계의 활동성을 높은 상태로 유지하는 것도 필요하지만 이로운 세균의 수를 일정한 수준으로 유지하는 것도 굉장히 중요해요. 매일 유산균을 마시면 이로운 세균이 조금 더 세력을 많이 얻을 거예요.

그런데 버블 소년은 좋든 나쁘든, 세균이 조금이라도 있으면 이겨 내

**그림 12-6 풍선 안에서만 살았던 아이** 중증복합면역결핍증이라는 유전병을 안고 태어난 데이비드 베터(David Vetter)는 평생을 무균실 풍선 안에서 살아야 했다. 이 병은 골수세포에서 면역 기능을 하는 효소가 잘못돼 몸의 면역 기제가 작동하지 않는 병이기 때문에 환자는 좋은 균이든 나쁜 균이든 세균과의 접촉을 피해야 했다. 늘 비닐을 사이에 두고 부모를 만나야 했던 '버블 소년' 베터는 12년을 풍선 안에서 살다가 세상을 떠났다.

지 못해요. 몸의 면역 기제가 작동하지 못하기 때문에 이 아이는 아주 심각하게 앓게 돼요. 중증복합면역결핍증은 골수세포에서 면역 기능에 해당하는 효소가 잘못돼서 생기는 거예요. 그래서 면역세포를 만들어 내는 뼈 내부에 있는 골수세포를 꺼내요. 그리고 정상적인 효소의 유전자를 골수세포에 집어넣어요. 어떻게 집어넣을까요? 세균의 경우에는 플라스미드가 세균 안팎으로 들락날락하기 때문에 재조합 DNA를 세균 옆에 주기만 하면 세균이 알아서 안으로 가지고 들어가요. 그런데 우리 세포는 안 그렇거든요. 어떻게 했겠어요? 바이러스를 썼어요. 바이러스에 필요한 유전자를 집어넣어서 골수세포를 감염시켰어요. 그랬더니 골수세포 중에 제대로 된 유전자를 가지고 있는 놈이 생긴 거예요. 그래서 그 세포를 골라다가 골수에 다시 주사를 했죠. 그랬더니 정상적인 면역세포 들이 생긴 거예요. 이것을 '유전자 치료(gene therapy)'라고 해요.

중증복합면역결핍증에 관해서만 유전자 치료가 성공했어요. 다른 질 병에서는 현재까지 성공하지 못했어요. 사실 중증복합면역결핍증 환자 들에게서도 다 성공한 것은 아니고 절반이 넘는 아이들에게서만 성공했 어요. 하지만 완전히 무균 상태인 공간에서 평생을 살 수가 없잖아요. 절 반의 성공이지만 유전공학 기술을 이용해서 유전적 장애를 치료하는 사 례라고 할 수 있습니다.

유전자 요법이 어려운 것은 특정 세포에 특정한 유전자를 삽입해야 하 는 것이 쉽지가 않기 때문이에요. 또 적절한 시간에 적절한 비율로 삽입 해야 하는데 그 조건을 잘 몰라요. 골수세포를 치료할 경우 통증을 동반 하는 문제도 있고요.

그 다음에 다른 질병에 걸릴 위험성도 있어요. 골수세포에 다시 유전 자를 집어넣을 때 바이러스를 이용한다고 했잖아요. 바이러스의 독성을 완전히 다 확인했을까요? 한다고 했지만 바이러스가 가지고 있는 DNA 중에 일부분이 남아서 나중에 우리 몸에서 어떤 짓을 할지는 모르죠. 원 래는 골수세포에 유전자를 집어넣을 때 '레트로바이러스(retrovirus)'라고 하는 놈을 써요. 레트로바이러스는 HIV를 생각하시면 돼요. 최근에는 감기를 잘 일으키는 바이러스 중에 아데노바이러스(adenovirus)라고 있는 데, 레트로바이러스 대신 사용하곤 해요. 바이러스 종류를 고르는 데 신 중해야 하는 거예요. 바이러스가 돌아다니면서 세포에다가 유전자를 다 넣어 주는 건데 이거 잘못하면 큰일 나요. 바이러스에 의한 다른 질병이 생길 수 있기 때문에 생물학자하고 의사 들이 굉장히 조심하는 겁니다.

이런 문제 때문에 현재 유전자 요법이 광범위하게 실시되지 않았어요. 몇 가지 시험을 해 본 결과 그렇게 성공률이 높지도 않았고요.

이제 질병 예방에 생명공학이 어떻게 기여하는지 볼까요? 유전체를 검사하면 이 사람이 유전 질환을 가지고 있는지 없는지, 어떤 유전병을 가지고 있고, 그 유전병에 걸릴 확률이 얼마인지 알 수가 있어요. 또 어머니 쪽과 아버지 쪽을 검사해서 어느 쪽에 질환 유전자가 있는지, 두 사람이 결혼해서 아이를 낳았을 때 열성 유전병이 나올 확률이 몇 퍼센트인지도 알 수 있죠. 임신했을 때, 그 아이가 유전적 장애를 가지고 있는지 없는지, 어떤 유전적 장애를 가지고 있는지도 볼 수 있어요.

지금까지 생명공학 기술의 좋은 점만 얘기했죠. 생명공학 기술이 모든 면에서 좋기만 한 걸까요? 생명공학 기술이 사회적으로나 현실적으로 어떤 영향을 미칠지 생각해 볼 필요가 있어요. 유전적인 장애를 미리 알아내는 것은 사회적인 차별을 유발할 수 있다는 문제가 있습니다. 유전적인 장애가 있으면 건강 보험에서 가만히 있겠어요? 무슨 조항이든 집어넣어서 불리한 조건을 내걸겠죠. 이 문제는 사회적으로 해결이 되어야하는 거지, 개별적으로 해결되는 문제가 아닌 것 같아요.

모든 질병이나 장애에 대해서 그렇지만, 유전병을 가진 사람을 차별하지 않도록 배려할 필요가 있어요. '생선냄새 증후군(trimethylaminuria)'이라는 유전 질환이 있어요. '너 왜 그렇게 냄새가 나니? 유전적으로 문제 있는 거 아니야?' 하고 무심코 던지는 말이 당사자에게는 상처가 될 수 있어요. 마음으로야 그 사람을 배려하고 싶지만 지금 당장 그 사람한테서 생선 썩은 내가 나는데, 피하고 싶죠. 하지만 당사자는 사소한 말과 행동 하나하나에서 차별당한다는 느낌을 받을 수 있어요. 내가 당사자면 어떤 느낌일까 생각해 볼 문제예요.

유전 질환에 대한 정보를 알았을 때 고민이 더 깊어지기도 해요. 내가 지금 임신을 했는데 내 몸속의 아이가 유전 질환을 가지고 있다는 걸 알아요. '어떻게 할 것인가? 낳을 것인가, 말 것인가?' 결국은 부모가 결정하는 거잖아요. 유전적 질환에 대해서 우리가 미리 알고 여러 가지 대책을 세울 수 있다는 이점이 있다고 하더라도 고민은 더 깊어질 수밖에 없다는 겁니다.

## 생물학자가 GMO에 대해 말하고 싶은 것

**장수철** 농업에서도 생명공학이 기여한 바가 큽니다. 육종은 예전부터 우리가 원하는 동식물을 얻는 방식이었어요. 현재 우리가 먹는 옥수수는 조상종 옥수수와는 완전히 달라요. 멕시코에서는 조상종 옥수수가 지금도 재배되는데, 조상종 옥수수는 밀이나 벼와 비슷하게 생겼어요. 낱알이 조금이라도 큰 것들끼리 자꾸 교배를 시키면서 몇백 년이 지나다 보니 오늘날의 옥수수가 생긴 거죠.

현대적 의미에서 생명공학 기술은 유전자나 세포를 인위적으로 조작하는 기술을 말합니다. '황금쌀(golden rice)'이라는 노란색 쌀 안에는 베타카로틴(beta-carotene)을 만드는 유전자가 들어 있어요. 수선화와 세균에서 유전자를 빼내서 벼의 DNA에 삽입해 벼가 베타카로틴을 만들 수 있게 한 거예요. 베타카로틴은 비타민 A의 전구체로, 베타카로틴을 먹으면 몸속에서 비타민 A가 만들어져요. 비타민 A가 부족하면 시력에 이상이 생기는데, 황금쌀은 제3세계 아이들이 이런 고생을 많이 하거든요. 황금쌀을 먹으면 비타민 A 결핍으로 인한 시력 이상증을 예방할 수 있는 거죠.

**그림 12-7 조상종 옥수수** 조상종 옥수수는
오늘날 우리가 먹는 옥수수와는 다르게, 벼와
비슷하게 생겼다. 낱알이 조금이라도 큰 것끼
리 몇백 년 동안 계속 교배를 시켜 오늘날과
같은 옥수수가 나왔다. 예전부터 육종은 우
리가 원하는 동식물을 얻는 방법이었다.

그런데 한 가지 문제가 있어요. 비타
민 A는 수용성이 아니라 지용성이어
서 이것을 흡수하기 위해서는 적당
히 기름기가 있는 음식을 같이 먹어
줘야 하거든요. 그런데 가난한 제3세
계 아이들이 무슨 기름기 있는 음식
을 먹겠어요. 아쉽게도 좋은 뜻만큼
잘 활용이 되는 것 같지는 않아요.

아마 농업에서 가장 문제가 되는
것 중 하나가 벌레일 거예요. 농작물
을 가만히 두면 벌레들이 잎을 죄다
먹어 치워버릴 거예요. 쌀이 되었든
옥수수가 되었든 식물은 잎에서 호

흡을 하고 광합성을 해야 자라는데, 잎이 엉망이 되면 농사를 어떻게 짓
겠어요. 그래서 흔히 농약을 뿌리죠. 그런데 농약을 뿌리면 사람들이 뭐
라고 해요? 농약 성분이 건강을 해친다고 하죠. 현재로서는 농약을 뿌리

**황금쌀** 세계보건기구(WHO)의 추정에 따르면, 해마다 25만~50만 명의 아이들이 비타
민 A 결핍으로 실명하고 있으며 그중 절반은 시력을 잃은 지 12개월 이내에 사망하고
있다. 이에 대한 해결책으로 1984년 필리핀에서 열린 국제 농업 회의에서 황금쌀에
대한 아이디어가 제안되었다. 이후 개발에 시행착오를 겪다가, 쌀에 베타카로틴 유전
자를 삽입하는 프로젝트를 록펠러 재단의 지원으로 7년간 진행하여 황금쌀을 얻는 데
성공하였다. 2000년, 이에 대한 연구가 《사이언스》에 실렸다.

**그림 12-8 황금쌀을 만든 생명공학 기술** 황금쌀에는 베타카로틴을 만들어 낼 수 있는 유전자가 들어가 있다. 베타카로틴은 비타민 A의 전구체로, 베타카로틴을 먹으면 몸속에 비타민 A가 만들어진다. 황금쌀은 수선화와 세균으로부터 유전자를 얻어 벼의 DNA에 삽입해 만들어졌다.

지 않는 방법에는 두 가지가 있습니다. 유기농법으로 키우는 것과 유전자를 조작한 작물을 키우는 것이에요.

그런데 잘 생각해 보세요. 농약을 치지 않고 순수하게 유기농법만으로 얼마나 많은 사람을 먹여 살릴 수 있을까요? 많은 사람이 유기농법이 좋다고 하지만 식량 문제의 측면에서는 좋은 방법이 아니라고 생각해요. 유기농이 좋다면 전 인류가 모두 유기농 생산품을 먹어야 할 것 아니에요. 하지만 현실적으로 유기농법으로는 전 인류를 먹여 살릴 수 있는 양의 식량을 생산해 낼 수 없어요. 유기농의 진짜 문제는 값이 비싸다, 절차가 복잡하다 하는 것이 아니고 유기농법으로 얼마나 많은 사람을 먹여 살릴 수 있는가 하는 거예요.

농약을 치지 않으면서 생산량을 유지할 수 있도록 나온 방법이 유전자 조작이에요. 벌레가 식물을 먹으면 죽게끔 유전자 조작을 하는 거예요. 벌레를 죽이는 세균이 있습니다. 그 세균의 유전자를 'Bt 유전자'라고 하는데, Bt 유전자를 식물세포에 삽입하는 거예요. 그러면 이 유전자가 Bt 단백질을 만들겠죠. 해충이 잎을 갉아먹다가 Bt 단백질 때문에 죽는 거예요. 그래서 농약을 뿌리지 않고도 농작물을 해충의 피해 없이 키울 수 있어요. 그런데 사람들이 뭐라고 하나요? 자연적인 것이 아니고, 인공적으로 유전자 조작을 해서 만든 것이라 좋지 않다고 해요. 생명공학 기술로 사람들이 원하는 대로 농약을 뿌리지 않도록 해 줬지만 만족하지 못하는 거예요. 하지만 앞서 말했듯이 순수한 유기농법만으로는 전 인류의 식량 소비량을 감당할 수가 없습니다. 실제 우리가 먹는 음식을 보죠. 우리가 먹는 콩의 93퍼센트는 유전자 조작 작물이에요. 목화는 10분의 9, 옥수수는 86퍼센트가 유전자 조작을 해서 얻는 거예요. 미국에서는 옥수수를 아주 많이 소비해요. 옥수수를 짜 내서 나온 성분으로 액상 과당을 만들어서 가공식품에 사용해요. 수없이 많은 음료에다가 넣는단 말이에요. 콜라 등 음료 성분을 보면 액상 과당이 몇 퍼센트 꼭 들어가 있어요. 다 옥수수를 가공해서 만든 것인데, 옥수수의 대부분이 유전자 변형 작물(genetically modified organism, GMO)이에요.

---

**Bt 유전자** 나비 세균(*Bacillus thuringiensis*)이 가지고 있는, 살충성 독소 단백질을 만들어 내는 유전자를 말한다. '바실러스 튜링젠시스'라는 이름에서 따 와 'Bt유전자'라고 한다.

이재성 GMO 이야기예요?

장수철 네. GMO.

이재성 지금까지 GMO의 좋은 점에 대해서 이야기하셨는데요. 저 같은 일반 사람들이 생각하기에는 유전자 조작을 한 것에 부정적인 인식을 가지고 있거든요. 자연적인 것이 아닌 것들을 경계하는 경향이 있죠. 안 좋은 점도 분명히 있지 않나요?

장수철 물론 문제가 있는 것들도 있습니다. 유전자 조작은 우리가 필요한 것을 많이 생산해 낼 수 있다는 점에서는 좋지만, 의도하지 않은 결과가 나올 수도 있어요. 털이 없는 닭을 대량 생산하는 곳이 있어요. 이 털 없는 닭은 털을 직접 뽑은 것도 아니고 유전자 조작을 해서 털을 못 만들게 한 것도 아니에요. 뭔가 처리를 해서 털이 다 빠지도록 한 거예요. 왜 이런 닭을 만들었을까요?

이재성 치킨. 닭 잡을 때 털을 뽑을 필요가 없잖아요.

장수철 맞아요. 하지만 보기엔 좀 별로예요.

이재성 통닭이 돌아다니는 것 같겠는데.

장수철 더 문제인 것은 기생충이 좋아라 하고 달라붙어서 발육에 문제가 생길 수 있다는 거예요. 또 털과 날개가 없어서 제대로 된 닭 모양이 아니니까 수탉과 암탉이 교배를 하는데 자세가 안 나와요. 그래서 얘는 자손을 만들 수가 없어요. 털 없는 닭을 생산하기 전에 이런 일이 일어날 줄 미리 알았을까요? 생물 조작으로 발생할 일을 모두 예측하기란 어려운 일입니다.

　GMO도 마찬가지예요. 제초제 저항성 식물 사례는 좀 씁쓸하죠. 이 식물이 잡초처럼 생태계에서 우세해지면 문제가 될 수 있어요. 경작 식물에 다양성이 사라지면 위험하다는 우려도 있어요. 생물 다양성은 상당히 걱정해야 하는 문제예요. 제초제나 병충해에 내성이 있는 식물, 또는 유전자 조작을 했더니 맛이 좋아지거나 생산량이 높아진 식물을 단일 품종으로 심을 거 아니에요? 다양한 종류의 식물이 경작되지 않는다는 거죠. 생태계가 한 종류의 식물로 쫙 깔린다고 생각해 보세요. 환경에 변화가 생기면 단일 품종의 식물이 한꺼번에 피해를 입을 수가 있습니다.

이재성 그래서 바나나가 없어진다고 그러더라고요.

장수철 네. 바나나 병원균이 전염병처럼 퍼져 나가는데, 한 가지 품종만 계속해서 키워 와서 그 바나나가 다 죽으면 바나나가 사라지는 거죠. 우리가 먹는 많은 종류의 농작물이 이런 위험성을 가지고 있어요.

GMO에는 동물도 있어요. 북극에 사는 연어에서 성장 호르몬을 만드는 유전자를 보통 연어에 삽입해 키우는 경우가 있어요. 유전자를 조작하지 않은 연어와 유전자 조작 연어를 똑같은 기간 동안 키웠는데 몸집이 두 배나 더 큰 거예요. 성장도 빠르고요. 맛은? 동일해요. 그러면 유전자를 조작한 연어를 GMO 산업으로 키우는 거죠. 그러나 동물의 경우 식물에 비해 생태계에 미칠 위험성을 평가하기 어렵다는 난점을 가지고 있습니다.

그 다음에 논란이 있는 주장이 몇 가지 있습니다. 우리가 죽이려고 하

---

**바나나 전염병** 2014년 4월 바나나 나무의 뿌리를 공격하는 곰팡이균인 TR4(Tropical race 4)가 바나나 생산지인 중동과 아프리카로 빠르게 퍼졌다. 전 세계적으로 작황의 45퍼센트, 수출의 95퍼센트를 차지하는 캐번디시 품종이 특히 취약해 우려가 컸다. 이 문제로 전문가들은 품종의 다양성 문제에 대해 논의했다.

지 않은 생명체가 뜻하지 않게 죽을 수도 있다는 이야기가 나왔거든요. 나비, 나방 같은 곤충은 여기저기 식물 사이를 돌아다니면서 수분을 해주는 이로운 곤충이에요. 해충을 죽이기 위해서 작물에 세균의 유전자를 집어넣었는데, 해충만 죽이는 게 아니라 다른 곤충까지 죽인다는 거예요. 이렇게 되면 확실히 문제가 있는 것 아니냐. 그런데 면밀하게 실험을 다시 했을 때, 그런 일이 일어날 법하지 않은 것으로 나왔어요. 한쪽에서는 다시 한 번 실험을 하자고 하는데, 아마 다시 실험을 해도 마찬가지일 거예요.

또 유전자 변형 식품을 먹는 것은 위험하다는 주장이 있어요. 브라질의 땅콩 식물의 유전자를 콩의 DNA에 넣었는데, 콩을 먹은 사람이 알레르기 반응을 보였어요. 하지만 이 사례 하나를 가지고 유전자 변형 식물전체가 위험하다, 통제가 안 된다, 유전자 변형 식물을 먹어서는 안 된다고 하면 침소봉대가 됩니다. 그 사례 하나 말고는 유전자 변형 식물이 위험하다고 입증된 예가 현재까지는 없습니다.

이재성 재미있는 게, 모든 사람이 자기가 하는 분야를 다 옹호하는 것 같아요. 보통 소비자의 입장에서는 햇반이나 스팸 같은 가공 식품을 볼 때 몸에 나쁜 건 아닌지 따져 보곤 하는데, 식품공학을 하는 사람들은 그런 것들을 정말 잘 만든 식품이라고 하더라고요. 가공한 사람 입장에서는 경이로운 것이라고요. 마찬가지로 일반인은 GMO를 좋지 않게 생각하는데, 선생님은 좋은 거라고, 괜찮다고 하시는 것 같거든요.

장수철 과학기술에 대해서 이해하고 반대하는 것과 이해하지 못하고 반대하는 것을 구분했으면 좋겠다는 이야기를 하는 거예요. 예전에 환경 단체 회원 중 한 사람을 만나서 이야기할 기회가 있었는데, 과학기술이 발전하면서 생기는 폐해를 지적하면서, 자연에서 사는 삶으로 돌아가야 한다는 아주 극단적인 생각을 하고 있더라고. 그럼 불을 끄고 살아야 하나요? 그 얘길 듣고 정말 당황스러웠어요. 물론 일부겠지만 과학기술에 대해 정확히 이해하고 있지도 않으면서 아예 듣거나 대화하려고 하지도 않는 사람들이 있어요. GMO는 인류의 필요성에 의해 시작됐고, 위험성을 줄이려고 노력하고 있습니다. 과학기술이 할 수 있는 것들을 무턱대고 부정하는 것이 아니라, 과학기술이 할 수 있는 범위 안에서 문제점을 개선해 나가는 접근이 필요합니다.

최근에는 우려만으로 GMO 전체를 매도하는 것은 별 소득이 없다는 이야기가 나오고 있어요. GMO에 대한 문제점을 이야기할 때 유전자 조작 식물이 곤충에 심대한 영향을 끼치느냐 안 끼치느냐, 또는 우리 몸에 알레르기를 일으키느냐 안 일으키느냐는 개별 사항별로 접근해서 장단점을 판단해야지, GMO 전체를 놓고 좋다 나쁘다를 말하는 것은 시간 낭비라는 거죠. 'GMO에 대해서, 무슨 식물 또는 무슨 동물의 어떤 유전자에 관한 것인지 구체적인 것으로 좁혀 들어가서 이야기를 하자.'는 거예요. 그래야 GMO에 대한 오해도 풀고, 편견도 바로 잡을 수 있고, 또 GMO가 무조건 좋다고 하는 입장에 대해서도 틀릴 수 있다는 것을 보여 줄 수 있다는 거죠. 저도 개별 사안으로 접근하는 것이 GMO에 대한 합리적인 자세라고 생각합니다.

이재성 그렇다면 GMO에서 상업성 문제는 어떤가요? GMO가 상업성과 결합되면 위험성이 축소될 수 있다는 문제요. 중간에 기업이 사실을 은폐하거나 왜곡할 수 있잖아요. 기업이 끼어들면 과학자의 원래 의도와는 달리 업적이 왜곡될 수도 있겠구나 하는 생각이 들기도 해요. 원자력을 연구하는 것과 핵폭탄을 쓰는 것이 별개인 것과 비슷한 문제죠. 하지만 과학자가 과학기술의 책임으로부터 자유롭다고 할 수는 없을 것 같아요.

**장수철** 위험성과는 별개로, 상업성이 연구 개발에 영향을 미치는 건 맞는 이야기예요. 유전자 조작 식물이나 동물 하나를 만들기 위해서 연구비가 굉장히 많이 들어가는데, 그 비용을 건지지 못하는 경우도 있습니다. 엄청난 돈을 들여서 열심히 개발했는데 소비자가 외면하면 경제적으로 손해를 볼 수밖에 없는 거죠. 그래서 세계 최대의 다국적 농업 기업인 몬산토(Monsanto)의 경우 GMO를 디자인해서 투자를 해요. 예를 들어 열매는 맺고 씨는 못 맺게 만드는 거예요. 자본주의 사회에서 과학기술도 자본의 영향을 받을 수밖에 없습니다. 어쩔 수 없는 거예요. 사실 과학자의 책임에 대해 이야기하는 과학자들이 많지는 않아요. 연구비 때문에 소신 있는 발언을 하기가 어렵기도 하고, '나는 과학만 하겠다.' 하는 사람들도 많아서 그래요. 하지만 그나마 다행인 건 최근에 과학자의 책임이나 사회 문제에 참여하는 과학자들이 늘고 있다는 겁니다.

**이재성** 복잡한 문제네요. 생물학 내용이랑 같이 우리 삶과 관련지어서 사회 비판적인 주제도 연결해서 생각해 보면 좋을 것 같아요. 생물학만 배우면 우리 삶과 어떻게 관련이 있는 건지, 생물학을 왜 알아야 하는 건지 머릿속에 물음표만 뜨는데, 이런 이야기를 하니까 훨씬 와 닿는 느낌이에요.

**장수철** 그래요. 교양 수업에서 이런 수업을 하고 있어요. 이재성 선생이 참여하면 수업이 훨씬 재밌어질 것 같아. 하하.


## DNA 지문

**장수철** DNA는 또 어떻게 이용될까요? 요즘엔 과학 수사할 때 많이 이용 되죠. 미국에 '줄리어스 러핀(Julius Ruffin)'이라는 사람 이야기가 있는데,

당시 20대 후반이었어요. 아파트에서 어떤 여성이 성폭행을 당했는데, 사건이 일어난 지 몇 주 뒤에 러핀이 그 건물 엘리베이터를 타는 걸 봤다는 거예요. 그 여성은 러핀이 범인이라고 증언했어요. 그런데 러핀의 여자 친구는 사건이 일어났을 때 남자 친구가 어디에 있었는지는 알았거든요. 그래서 남자 친구가 범인이 아니라고 이야기했는데, 피해자가 맞다고 이야기하니까 어떻게 할 수가 없는 거죠. 그래서 감옥에서 20년을 살았어요. 아무 죄도 없는데 억울하지. 그런데 피해자 여성의 몸속에 남성의 세포가 남아 있었던 거예요. 이 사건이 1981년에 일어났는데, 2000년대 들어와서 DNA 분석 기법이 발달하고 나서 그 세포를 분석해 보니까 러핀의 것이 아닌 거예요. 그래서 20년 만에 석방되었어요. 20대에 들어가서 40대에 나온 거야. 이거 어떻게 보상할 거야?

혈액을 남겼다고 하면 또 이야기가 달라졌을 수도 있겠지만 그래봤자 A형, O형, AB형, B형, 네 가지고, RH$^+$, RH$^-$를 합쳐 봤자 여덟 가지밖에 안 될 거 아니에요? 그거 가지고 이 사람이 범인이다 아니다를 말하기는 굉장히 어렵죠. 하지만 DNA 분석의 경우 우연히 두 개의 DNA가 같을 확률은 100만 분의 1이에요. '맞다, 아니다'라고 말할 때 신뢰도가 아주 높다는 거죠. 이런 식으로 DNA 검사를 해서 억울함이 풀린 사람이 200명이 넘었어요. 거기에서 'DNA200'이라는 단어가 나온 거예요. 200여 명의 복역 기간이 12년 정도였대요. 개인적으로도 피해가 크지만 사회적으로도 굉장한 낭비예요. 12×200하면 2,400여 년에 해당하는 노동력이 날아간 거죠.

DNA 분석은 이제 우리나라에도 광범위하게 쓰이죠. 서래마을에서 일어난 프랑스 부부 영아 살인 사건에서 아이들을 죽인 사람이 그 프랑스 어머니냐 아니냐를 가지고 이야기가 많을 때, 우리나라 연구소에서 그 어머니가 맞다고 이야기했죠. 프랑스 사람들이 너희 과학은 못 믿겠다고 해서 자기네들이 다시 검사를 해 봤는데 똑같은 결과가 나왔죠.

어쨌든 범인을 잡을 때 DNA 지문을 이용해요. 사람마다 지문이 다 다르듯이 DNA도 사람마다 다 다르다는 것을 이용하는 거예요. 대개 VNTR(variable number of tandem repeats)이라는 유전자 분석 기법을 사용하는데, 'tandem repeats'는 지루하게 반복된다는 뜻이에요. VNTR은 같은 염기 서열이 반복되는 수를 말해요. 사람의 DNA, 포유류의 경우 다 마찬가지인데, 뚜렷하게 유전자라고 할 수는 없는 3~40개의 반복되는 염기 서열이 있어요. 사람마다 염기 서열이 다 똑같아요. 그런데 사람들마다 반복되는 횟수가 다 달라요. 왜냐 하면 이 반복되는 부분이 DNA가 복제되는 과정에서 더 복제가 되거나 덜 복제가 돼서 그래요. DNA가 부모로부터 자손한테 전달될 때마다 변이가 생기기도 하고 그냥 전달되기도 하고. 그러다 보면 그림 12-9에서 보듯이, 어머니 쪽에서 받은 염색체의 VNTR은 5인데 아버지 쪽에서 받은 염색체는 3이 되는 거죠. 그런데 이 사람이 VNTR이 각각 15, 4인 사람과 결혼을 한다면 그 아이가 갖게 되는 것은 5, 3도 아니고 15, 4도 아니고 이상한 그 중간에 해당하는 것, 예를 들어 5, 15 또는 3, 4와 같은 것을 갖게 되는 것이죠. 그런 식으로 각 개인마다 그 숫자가 다 다를 수 있다는 말이에요.

머리카락 끝부분에 모낭세포가 있었다고 하면, PCR을 통해서 세포를 잔뜩 증폭을 한 다음에 VNTR 영역을 자르는 제한 효소를 처리해 주는 거예요. VNTR이라고 하는 것이 우리 DNA 상에서 딱 한군데에만 있는 것이 아니라 여러 군데에 있거든요? 그 여러 군데를 다 제한 효소로 자르면 DNA 조각이 많이 나오겠죠? DNA 조각에 전기영동을 걸면 크기 별로 분리가 돼요. 반복되는 횟수가 많으면 많을수록 DNA가 크기

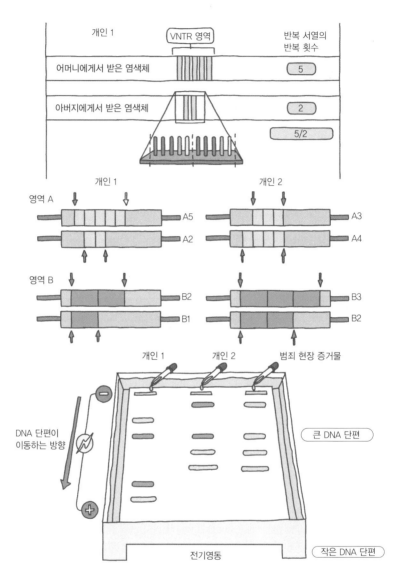

**그림 12-9 범인의 DNA 지문을 찾아라!** 사람마다 지문이 다 다르듯이 DNA도 다 다르다. 사람을 포함해, 포유류에는 유전자라고 할 수 없는 3~40개의 반복되는 염기 서열이 있는데, 사람들마다 반복되는 횟수가 다르다. 이 영역을 VNTR이라고 한다. DNA 지문은 범죄 현장에서 용의자를 가려낼 때 주로 이용한다. 제한 효소로 용의자의 DNA와 증거물의 DNA를 VNTR을 분리해 낸 뒤, 이 DNA 단편들을 전기영동 겔(gel)에 넣고 전하를 건다. DNA는 음전하이기 때문에 양전하인 방향으로 이동하게 되는데, 단편의 크기에 따라 이동 거리가 달라진다. 이를 보고 증거물의 DNA와 비교해 일치하는 DNA를 찾아내 범인을 가릴 수 있다.

때문에 위에 있을 거고 반복되는 횟수가 적으면 적을수록 그 반대예요. 그래서 전개되는 패턴을 비교해 볼 수 있어요. 이것이 두 사람이 같을 확률? 100만 분의 1도 안 돼요. 그래서 범죄 현장에서 세포 몇 개가 중요한 거예요. 결정적인 단서나 증거가 될 수 있거든요. 법의학적 가치를 갖는 거죠. 이런 DNA를 이용하는 것 중에 범죄 수사 말고 또 우리나라에서는 뭐가 유행하고 있죠?

이재성 친자 감별?

**장수철** 응. 친자 감별. 상당히 많지.

이재성 그런데 〈CSI〉 보면 범인 것을 증폭시키고서 '한 개밖에 안 남았다. 이것이 마지막이다.' 그런 이야기를 하거든요? 유전자를 계속 증폭시킬 수 있는 거 아니에요?

**장수철** 샘플이 여러 개가 있었는데 그중에 하나가 남았다, 그 뜻인가요?

이재성 범죄 현장에서 가져온 샘플이 몇 개가 안 남은 거예요. A라는 실험을 했는데 못 밝혔어. B라는 실험도 했는데 못 밝히고. 나중에 하나밖에 안 남았다는 얘기가 나오거든요? 만약에 그게 실패하면 범인을 완전히 못 잡는 거고 꼭 성공해야 한다는 뜻이었는데. 여기에서처럼 증폭시키면 되는 거 아니에요?

---

**전기영동** 전기가 통할 수 있는 용액에 묵처럼 생긴 겔(gel)을 넣고 전기를 흘린 다음 DNA 단편을 넣어 단편을 크기별로 확인하는 장치. DNA는 음전하를 띄는 분자이기 때문에 양전하 쪽으로 이동하는 특성을 이용한 것이다. 작은 단편일수록 아래쪽으로 빠르게 이동한다.

**장수철** 세포는 증폭이 안 되죠. 그러니까 모낭을 가지고 있는 머리카락이 세 가닥 있다고 치면 하나를 써서 실험을 하면 더 이상은 못 써요. 일단은 이 세포가 가지고 있는 원본을 써서 증폭을 했으면 그것은 끝나는 거예요.

이재성 한 번 밖에 못 쓴다는 거예요? 두 번은 못 써요?

**장수철** 네. 그것을 만약에 계속 쓰려고 한다면 DNA를 아주 정교하게 하나씩 증폭시킨 다음에 그놈들을 제한 효소로 잘라서 각각 세균에다가 다 집어넣어야 해요.

이재성 배양을 해야 한다는 거죠?

**장수철** 네. 그렇게까지 하려면 시간과 비용과 인력이 굉장히 많이 들어요. 그래서 이 과정을 안 해요. 증폭만 시켜서 패턴만 비교하고 버려요.

DNA의 쓰임새는 이뿐만이 아니에요. 사람의 특징을 설명하는 데에 DNA 분석 결과를 이용하곤 해요. 요즘 점점 늘어나고 있는데, 잔인한 범죄자나 이기적인 독재자의 성향 등을 어느 정도 유전자로 설명해 내고 있어요. 실제로 《나쁜 유전자(Evil Genes)》라는 책도 나왔어요. 거기에 대해서 구체적으로 DNA를 조사하는 것은 아니지만 그런 이야기가 나와요. 결정적이지는 않지만 어느 정도 DNA로 설명할 수 있다는 내용이에요.


## 영장류의 유전자


**장수철** 사람과 침팬지 유전자는 96퍼센트가 동일해요. 사람과 생쥐(mouse)의 DNA 염기 서열은 사람과 침팬지의 DNA 염기 서열보다 거의 60배 차이가 납니다. 그만큼 생쥐는 침팬지에 비해서 사람과 멀리 있는 거죠.

오랜 과거에 떨어져 나왔다는 거예요. 그 다음에 사람과 침팬지의 DNA 염기 서열은 사람들 사이의 DNA 서열보다 10배 차이가 납니다. 그래서 우리끼리는 99.9퍼센트 같아요. 수업 시간에 말도 안 되는 농담을 하는데, 둘을 비교했더니 99.8퍼센트가 같다, 그러면 둘 중 하나는 사람이 아니라고. 하하하. 약간 유머 감각이 떨어지는 애들은 웃고, 그렇지 않은 애들은 안 웃어요. 하하하.

이재성 그런데 사람하고 비슷한 것이 침팬지예요? 오랑우탄이라는 이야기도 있던데?

장수철 유인원 중에서 오랑우탄이 제일 멀어요.

이재성 멀다는 것이 무슨 뜻이에요?

장수철 유인원은 긴팔원숭이를 포함해서 보통 보노보, 침팬지, 고릴라, 오랑우탄을 말해요. 현재에서 과거로 조금 올라가면 보노보하고 침팬지의 공통 조상이 있고, 그 공통 조상과 인간의 조상이 나중에 만나요. 그러면 침팬지, 보노보, 인간의 공통 조상이 있겠죠? 더 올라가면 이 공통 조상과 고릴라의 조상이 만나요. 그러면 침팬지와 보노보와 고릴라와 사람의 공통 조상이 있겠죠? 생물학자들은 약 1,000만 년 전에 이 공통 조상이 갈라졌다고 생각하거든요? 그 공통 조상에서 더 올라가면 오랑우탄의 조상과 만나요. 그 위로 올라가면 영장류의 공통 조상이 나와요. 영장류의 공통 조상에서 수없이 많은 원숭이가 갈라져 나왔고, 그 다음에 유인원이 갈라져 나왔겠죠. 이런 것을 어떻게 알았느냐. 다 DNA 분석을 통해서 알았어요.

이재성 일단 원숭이가 영장류는 아니라는 것하고.

장수철 아니에요. 영장류 안에 원숭이와 유인원이 있어요. 우리는 유인원의 한 종족이고요.

이재성 인간이랑 가장 유사한 것이 침팬지다?

장수철 현재로서는 침팬지 또는 보노보예요.

이재성 보노보는 뭐예요? 처음 듣네?

장수철 보노보는 평화적인 침팬지라고 생각하시면 될 것 같아요. 침팬지에서 갈라져 나왔지만 처해 있는 자연 환경이 좀 달라서 침팬지 개체군과 좀 다른 특징을 가지게 되었는데, 얘네들은 갈등을 해소하고 성적인 유희를 즐긴다는 점에서 침팬지하고 굉장히 달라요. 그리고 침팬지는 수컷이 우세한데 얘네들은 그렇지가 않아요. 암컷과 수컷이 서로 역 관계에 있어요. 여러 가지 면에서 침팬지하고는 다른 특징들이 있는데, 유전적으로도 역시 차이가 있어서 보노보는 침팬지와는 다르게 분류를 합니다.

이재성 치타는 보노보예요? 침팬지예요?

장수철 어…….

이재성 〈타잔〉에 나오잖아요.

장수철 타잔이 있었으면 좀 알아보겠는데……. 침팬지였던 것 같아요.


## 이제는 너무나 익숙해진 생물 복제

장수철 자, 최근에 생명공학 기술에서 빼놓을 수 없는 것이 복제입니다. 클로닝이라고 하는데 우리말로는 복제한다는 뜻입니다. 복제양 돌리는 어떻게 만들어졌을까요? 원리는 간단해요.

한 쪽 암양에서는 젖샘세포에서 핵을 뜯어내고, 다른 암양에서는 호르몬 주사를 놔서 난자를 얻은 다음에 핵을 제거해요. 그러고 나서 난자에 젖샘 세포, 즉 젖을 구성하고 있는 세포의 핵을 넣는 거죠. 바깥에서 이

**그림 12-10 복제양 돌리** 복제양 돌리는 최초의 포유류 복제 생물이다. 돌리는 정자 없이, 체세포의 DNA를 난자에 삽입하는 방식으로 태어났다.

것을 어느 정도 세포 분열을 할 때까지 키운 다음에, 이것을 대리모 자궁에 착상을 시켜서 발생하게 두는 거죠. 여기에서 나온 것이 복제양 돌리예요. 최초로 포유류가 복제된 겁니다. 272번의 시도 끝에 한 번 성공한 거죠.

이전에 이미 개구리 복제는 성공했어요. 식물 복제는 익숙하게 해내고 있었고요. 식물을 복제를 하는 것은 어렵지 않아요. 그래서 실험을 많이 했는데, 동물은 안 됐단 말이에요. 개구리 복제에 한 번 성공했지만 포유류는 개구리에 비해서 더 복잡한 생명 구조이기 때문에 어려운 거 아닌가 하고 생각을 했었는데, 된 거예요. 동물 복제는 식물하고 다른 점이 있어요. 식물은 아무 세포나 뜯어다가 복제를 하면 돼요. 그런데 동물은 어떻게 해요? 아무 세포를 뜯어다가 복제를 해도 좋은데 반드시 난자가 있어야 해요. 난자에다 우리가 원하는 핵을 넣어야지만 복제가 됩니다.

배아줄기세포(embryonic stem cell), 많이 들어 봤죠? 우리 몸에서 정자와 난자가 수정한 다음 발생 과정에서 만들어지는 세포가 배아줄기세포예요. 자연적으로 수정돼서 만들어진 것이나 인공적으로 복제된 것이나 마찬가지인데, 배아줄기세포는 우리 몸을 구성하고 있는 200~300가지의 상이한 세포를 다 만들 수가 있어요. 모든 종류의 세포를 다 만들 수 있는 것이 배아줄기세포입니다. 그래서 엄청난 거예요. 복제로 배아줄기세포를 만들 수 있다면, 완벽하게 유전적으로 동일한 개체를 만들 수가 있는 거죠.

그런데 한계가 있어요. 꼭 난자가 있어야 해요. 그래서 인간 배아줄기세포를 얻을 때 여성들한테 호르몬을 주사해서 난자를 얻죠. 하여간 동물을 복제하려면 배아줄기세포를 만들어야 합니다. 이러한 과정을 통해서 고양이도 복제가 되었고, 원숭이도 됐고, 양도 됐고, 소도 됐고, 또 황우석 박사는 개를 복제했죠.

복제한다는 것의 의미가 뭘까요? 나를 똑같이 복제를 한다면 징그럽잖아. 이재성이 하나면 됐지 둘이면 식량 문제 심각해지죠. 한 개체만 있으면 됐지. 하하. 〈잔혹한 음모(The boys from Brazil)〉라는 영화 봤어요? 거기 보면 나치 잔당들이 히틀러의 부활을 꿈꾸는 이야기가 나와요. 히틀러가 태어났을 때의 가난한 환경이랑 히틀러 아버지, 어머니의 나이에 해당하는 부부를 여럿 준비해 놓은 다음에 히틀러를 만들어내는 세포? 하여간 줄기세포에 해당하는 것을 준비해서 여기저기 여자들 몸속에 넣어서 태어나게 하는 이야기예요. 결국은 실패하지만, 어쨌든 히틀러와 동일한 개체를 만든다고 하는 것이 좀 끔찍하죠. 하지만 아무리 유전적으로 동일하다고 하더라도 10대, 20대, 30대, 커가면서 경험하는 환경이 다르기 때문에 모습이나 성격이 다 달라져요. 예를 들면 일란성 쌍둥이가 유전자는 똑같지만 성격은 다를 수 있잖아요. 일란성 쌍둥이들의 수없이 많은 특징 중에서 동일한 것이 50퍼센트가 안 되는 경우도 있어요. 환경과 상호작용을 할 수밖에 없는 것이 우리 유전자가 가지고 있는 특징 중에 하나인 거죠.

동물 복제와 인간 복제는 그 의미가 조금 달라요. 동물의 경우, 질 좋은 소를 복제해서 많이 만드는 것은 우리 인간 입장에서는 좋죠. 맛있는 고기를 많이 먹을 수 있으니까. 애완동물도, 뭐, 좋을 수 있어요. 애지중지 키우다가 사고로 죽었을 때 죽은 놈의 세포로 똑같이 복제를 해서 계속해서 키우는 거예요. 그러나 사람은? 인간의 경우, 복제 또는 줄기세포 기술의 의미는 똑같은 '개체'를 만드는 것이 아니고, 이것을 이용을 해서 상한 내 몸의 일부분을 '교체한다'에 방점이 찍히는 거예요. 허구한 날 술을 먹어서 위가 상했어요. 그랬을 때 내 몸에서 세포를 하나 꺼내 가지고 이놈을 발생시켜서 위를 하나 만드는 거예요. '나'를 만드는 게 아니라 내 장기와 똑같은 구조를 가지고 있는 '장기'를 만드는 거죠. 이게 줄기세포가 앞으로 가지고 있는 엄청난 가능성이에요.

수업 시간에 애들한테 농담을 많이 해요. '야, 너희들이 될지 아니면 너희들 다음이 될지는 모르겠지만, 쭉 살다가 나이가 들면 대장의 기능이 떨어질 수가 있다. 그러면 너희는 동네 병원에 가서 한 10만원 주고 대장을 바꿀 수도 있다. 그 다음에 너희 아들이 심통이 나서 동생하고 싸우다가 라면 냄비를 엎어서 피부를 다칠 수도 있다. 그럴 때도 아이의 줄기세포를 가지고 동네 병원에 가서 조직 좀 재생시켜 주세요 하면 데인 부분 잘라내고 대체할 수도 있다. 그런 것이 줄기세포가 있기 때문에 앞으로 가능한 일이다.' 그래서 수명 연장 이야기도 나오는 거예요. 개체를 복제 한다고 하면 줄기세포에 대해 부정적으로 생각하지만, 우리 몸의 병들거 나 오래된 장기나 조직 들을 자기 세포로 재생해서 바꿀 수 있다고 하면 이야기가 달라지죠. 여기에 대한 기대감이 굉장히 큽니다.

의학적으로 사용될 수 있는 복제가 몇 가지 있어요. 돼지는 사람과 장 기 크기가 비슷해서 잘 키워서 사람에게 이식할 수가 있죠. 이건 기초적 인 거고, 양을 이용해서 우리 몸에 필요한 약을 만든다든지 햄스터를 이 용해서 적혈구생성소를 만든다든지 여러 가지를 할 수 있어요.

그러면 현재 이 줄기세포 연구가 어디까지 와 있을까? 한 예로, 쥐의 피부세포를 꺼내서 유전자 몇 개를 바꿨더니 이것이 배아줄기세포처럼 활동을 하는 걸 발견했어요. 생쥐의 피부세포가 배아줄기세포가 되었다 는 이야기는 사람의 피부세포도 된다는 이야기거든요? 내 피부세포를 뜯어가지고 유전자 몇 개를 변형을 시키는 거예요. 이것을 잘 키우면 내 가 돼요. 당근의 일부분을 뜯어서 배양을 하면 그대로 당근이 되는 것처 럼, 동물세포도 난자 없이 복제할 수 있다는 거예요. 이것을 유도 다능성 줄기세포(induced Pluripotent Stem Cell, iPS 또는 iPSCs)라고 하거든요. 2012년 에 일본 교토 대학교 야마나카 신야(山中伸弥) 교수가 이 연구로 노벨상 을 받았죠.

줄기 세포는 장기 말고 인슐린을 만들게 할 수도 있어요. 어, 이자에서 인슐린을 못 만드네? 이자에다가 줄기세포를 집어넣어서 인슐린을 만들 수 있게 하는 거예요. 그런데 줄기세포를 집어넣으면 어떤 일이 생길까? 대부분 암세포로 전환돼요. 과거에 국내 어떤 연구자가 무모하게 주장한 것처럼 파킨슨병을 앓는 사람에게 현재의 기술 수준에서 줄기세포를 이 식한다면 뇌종양이 될 가능성이 매우 큰 겁니다. 그래서 현재 풀어야 할 가장 큰 숙제는 줄기세포로부터 특정 조직이나 장기로 분화시킬 수 있는 조건을 찾아내는 거예요. 비교적 간단한 장기들을 줄기세포부터 분화시켰다는 보고들이 나오기 시작했어요.

마지막으로, 공룡의 복제가 가능할까요? 어떨 것 같아요? DNA가 방치되어서 나름대로 자기의 구조를 가질 수 있는 햇수는 4만 년이에요. 공룡은 6500만 년 전에 멸종을 했으니까 공룡 DNA가 있다고 하더라도 이미 많이 깨졌을 거예요. 그렇기 때문에 영화 〈쥐라기 공원(Jurassic Park)〉에서 나왔던, 호박 화석에 갇힌 모기에서 공룡의 피를 뽑고 거기서 공룡의 DNA를 추출해서 파충류의 난자에 집어넣어 발생시키고 하는 게, 안 돼요. 그것 자체는 해 볼 수는 있는데 DNA 자체가 엄청나게 손상됐기 때문에 안 되는 이야기예요. 원론적으로는 맞지만 제대로 된 DNA를 썼을 때나 가능한 이야기이라는 겁니다. 지금까지 생명공학에 대한 이야기를 했는데, 여기까지가 현재 우리가 성취해 낸 생명공학의 수준입니다.


## 수업이 끝난 뒤


이재성 질문이 있는데요. 젖샘세포 아까 말씀하셨는데, 복제를 할 때, 꼭 젖샘세포 핵이어야 하는 건가요?

장수철 특별한 이유가 있는 것은 아닌 것 같아요. 그 사람들이 실험하는 데 여러 모로 아마 친숙하거나 효과가 있을 것이라는 근거가 있을 거예요.

이재성 그리고 체세포를 이용해서 완전한 인간의 기관이나 조직을 배양하게 된다면 어떤 식으로 배양을 하게 되는 건가요? 피부가 막 이렇게 살아 있는 거예요? 예전에 보니까 쥐의 몸에 사람의 귀 모양을 달고 있는 사진을 본적이 있거든요. 그런 식으로 배양이 되는 건가요?.

**장수철** 그거 아니에요. 쥐나 다른 동물을 이용해서 일부분은 그런 식으로 만들어 낼 수도 있는데 궁극적으로는 시험관 내에서 우리가 원하는 조직이나 기관을 만드는 것을 목표로 하고 있어요. 과학자들이 원하는 것은 실험실 조건에서 배양을 해서 똑같은 것을 만들어 내는 것이고, 그 조건을 잡기 위해서 굉장히 노력하고 있어요. 그래서 현재는 가장 단순한 기관 중에 하나가 방광인데, 방광까지 된 것 같고…….

이재성 그럼 방광이 처음에 작았다가 점점 자라는 거예요?

**장수철** 자란다기보다는 세포 분열을 해서 우리 몸 안에 있는 장기만한 크기의 방광이 만들어지는 거예요.

이재성 떠오르지가 않아요. 상상이 잘 안 돼. 그런데 뇌도 장기예요?

**장수철** 하나의 기관이라고 볼 수 있죠.

이재성 그럼 이론적으로는 뇌도 만들어 낼 수 있는 거예요? 아까 피부 같은 건 미리 만들어서 다친 부위에 이식한다고 했잖아요.

**장수철** 신경세포를 여러 개 쭉 붙여 놓아서 손상된 부분을 복구할 수 있을지는 모르겠어요. 그러나 뇌를 실험실에서 만든다거나 뇌를 갈아 끼우는 건 아닐 거예요. 뇌신경은 외부 자극과 밀접하게 관련돼 있어요. 예를 들어 태어나자 얼마동안 한쪽 눈을 가리면 애는 평생 눈을 못 봐요. 왜냐하면 신생아 때 뇌신경하고 시신경이 연결돼서 시력이 발달해야 하는데, 한쪽 눈을 가리면 뇌신경 하고 시신경이 연결이 안 돼요. 그러면 눈도 멀쩡하고 뇌도 멀쩡한데 눈이 한쪽이 안 보여요. 다른 감각 기관의 신경도 마찬가지예요. 어렸을 때 공부하고 생각하면서 뇌신경이 연결되고 연결이 끊임없이 바뀌면서 뇌가 발달해요. 그렇기 때문에 A라고 하는 사람의 뇌와 B라고 하는 사람의 뇌의 신경세포의 수가 비슷할 수는 있어도 연결된 정도와 연결된 방식에서 엄청나게 차이가 나는 거예요. 뇌는 뇌를 구성하고 있는 신경세포의 개수도 중요하지만 어떤 식으로 얼마만큼 연결되어 있는지가 진짜 중요한 거예요. 그래서 뇌는 각 사람마다 고유한 개성이 나올 수밖에 없어요.

이재성 영화에서 어떤 사람 눈을 이식 받았을 때 그 사람이 봤던 장면들이 막 떠오르잖아.

**장수철** 그건 당연히 아니야.

이재성 〈서프라이즈〉에 나왔는데. 하하하. 뇌도 장기에 속하는 것인지 궁금했어요. 그런데 아까 돼지 장기를 많이 이용한다고 하셨잖아요. 침팬지 장기를 쓰는 것이 더 낫지 않아요?

**장수철** 침팬지는 개체수가 별로 없어요. 침팬지는 우리 인간한테 필요한 소중한 정보를 많이 가지고 있는데 침팬지를 장기용으로 쓴다면 소 잡는 칼을 쥐 잡는 데 쓰는 꼴이 되는 거죠. 자, 더 질문 있어요? 생명공학에서 중요한 것은 다 이야기했지만 사실 계속 이야기하다보면 끝이 없어요. 그러다가 어느 순간이 지나면 공상과학이 나와. 하하.


지금까지 열두 번의 수업을 했는데요, 나는 이재성 선생이 이 수업을 통해 생명이 뭔지 감을 잡았다면 만족해요. 생명의 특징을 과학적인 근거로 조금이나마 말할 수 있다면 더 좋겠지만. 그리고 우리가 분자, 세포, 개체 등 여러 수준에서 이야기를 나눴는데 이런 수준에서 생명을 볼 수 있는 눈이 생겼길 바라요. 그럼 그 눈을 통해 다음엔 진화론에 대해 이야기해보는 기회를 만들 수 있을 걸? 하하.

우리 수업이 드디어 끝났네요. 그동안 수고 많았습니다. 나가서 같이 저녁이나 하죠. 오늘은 제가 살게요.

장수철 박사님은 친구 같은 선배이다. 대학 때 만들었던 '위로 10년을 맞먹고 아래로 1년을 엄하게 다스린다.'는 인간관계 원칙에 따라 정말 맞먹는(?) 선배이다. 선천적으로 장난기 많고 국문과라는 전공 특성을 살려 늘 말장난으로 장 박사님을 어이없게 만들며 놀았다. 어느 날 장 박사님이 출판사에서 생물 관련 교양서를 만들자는 제의가 들어왔다면서 같이 만나자고 했다. 자고로 선배님 말씀을 듣지 않은 적이 없었기에(사실 이런 점으로 볼 때 내가 진짜로 위로 10년을 맞먹었는지 모르겠다.) 40대 아저씨의 철없음(?)을 감추고 지적으로 보이기 위해 무던히 애쓰면서 만남을 가졌다.

장 박사님이 책 쓰는 일을 도와 달라는 부탁에 몇 번을 사양하다가 돕겠다고 했다. 원래 선배님 말씀은 거역을 못하는데다가 조금 읽히는 책을 써 본 경험이 있었고, 그리고 같이 일하는 파트너가 좋았기에 사실 망설일 필요가 없었다. 이렇게 나는 2012년 겨울을 좋은 사람들과 함께 지내게 되었다.

학생들만 가르치는 교수가 아무런 훈련 없이 대중에게 잘 읽히는 책을 쓰기란 쉽지 않다. 글에 교수입네 하고 어깨에 힘이 들어가서 두 쪽도 읽기 어려운 책이 되거나, 쉽게 쓰겠다고 가볍게 접근하려다 읽으나마나 한 책이 되어 버리기 때문이다. 내 생각에 좋은 책은 전문성을 잃지 않으면서 독자에게 쉽게 전달할 수 있는 책이다. 그러려면 장 박사님 강의를 들으면서 장 박사님은 전문성을 잃지 않게 어깨에 힘주게 하고 나는 강의 내용을 일상으로 끌어오는 역할을 맡아야겠다고 생각했다.

그래서 처음에는 장난처럼 강의를 들었다. 어차피 나는 이제 나이 50(책 쓸 때는 40대였는데⋯⋯.)의 국문과 교수이고 생물 지식을 어디에 쓸 데도 없을 테니까. 그런데 강의를 들으면서 희한한 경험을 하였다. 내가 생물 공부를 안 한 지 30년이 지났는데, 고등학교 때 배웠던 단편적인 지식들이 떠오르고 그것들이 다이어트와 건강검진, 영화 〈아일랜드(The Island)〉 등 학창 시절 이후에 경험했던 여러 일과 연결되면서 그때는 이해가 되지 않았던 것들이 이해되기 시작했다. 처음에는 장 박사님을 돕겠다는 생각으로 들었는데, 시간이 지날수록 내가 배우기 위해 듣게 되었다. 지금은 국어를 가르치면서 생물 지식을 활용하는 진정한 융·복합 교수(?)가 되었다.

나는 지금 국어를 가르치고 있지만, 원래는 이과생이었다. 그래서 평소에 과학에 대해서는 다른 문과 출신들보다는 잘 알고 있다고 자부하고 있었고 관심도 있다고 생각했다. 특히 화학과 지구과학을 좋아했다. 그래서 화학이나 지구과학과 관련된 얘기가 나오면 아는 척도 하고 그랬다. 그런데 생물은 별로였다. 원체 게으른 성격이라 생물에 나오는 이름 외우기가 너무 싫었기 때문이다. 생물 하면 외우는 것이라는 생각이 지배적이다. 생각해 보니 고등학교 시절에 다른 친구들도 그렇게들 생각했던 것 같다. 아무튼 '생물은 전부 외우는 게 틀림없다.', 그렇게 생각했다. 장 박사님 강의를 듣기 전까지는. 생물의 내용들이 그렇게 서로 관련을 맺으며 연결되어 있는 줄 몰랐었다(그렇다고 외우는 게 전혀 없는 것은 아니다.). 지금은 생물을 더 잘한다고 아는 척을 하고 다닌다.

이번 프로젝트를 하면서 장 박사님의 새로운 모습을 보았다. 내가 무리한 부탁을 하거나 심한 장난을 쳐도(화장실에서 장 박사님이 큰일 보면서 밖에 있는 나를 부르기에 화장실 칸막이 너머로 고개를 쑥 들이밀고서 "부르셨어요?" 그랬더니 무척 당황해 했다.) 화를 내지 않던 분이 강의할 때 자꾸 엉뚱한 질문(기실 나는 진지한 질문이었다. 마치 아이가 처음 세상 일에 대해 호기심을 가질 때, 엄마한테 자꾸 질문하는 것처럼. "엄마, 주전자에서 연기가 왜 나요? 왜 연기가 아니고 김이에요? 김은 왜 모양이 자꾸 바뀌어요? 김은 왜 금방 없어져요? 김은 어디로 가는 거예요? 등등")을 하니까 짜증을 냈다(그때, 어렸을 때 엄마가 왜 짜증을 내셨는지 알게 되었다.). 나는 무안해서 안 그런 척 엉뚱한 질문을 계속했고, 결국…… 장 박사님이 신경질을 내는 모습을 보고야 말았다. 역시 사람을 제대로 알려면 여러 가지 일을 함께 해 봐야 한다는 것을 알게 되었다. 그 이후 장 박사님한테 깐죽대지 않는다.

이재성

# 사진 저작권

그림 1-1 ⓒⓘ Amada44, 그림 1-2 ⓒⓘ Kew Gardens, 그림 1-5 ⓒⓘ Mdk572, 그림 1-6(첫 번째) ⓒⓘⓢ Jaknouse (두 번째) ⓒⓘⓢ Zephyris (세 번째) ⓒⓘⓢ Dr. phil.nat Thomas Geier, 그림 1-8, 그림 3-1, 그림 3-6, 그림 4-6, 그림 5-1, 그림 5-9, 그림 6-1, 그림 7-5, 그림 7-10, 그림 8-2, 그림 8-5, 그림 8-6, 그림 9-1, 그림 9-2, 그림 9-3, 그림 9-6, 그림 10-5, 그림 11-5, 그림 12-1 ⓒshutterstock, 그림 1-11(맨 위부터) ⓒⓘⓢ Cephas, ⓒⓘⓢ Ansgar Walk, ⓒⓘⓢ Ansgar Walk, ⓒⓘⓢ Wegmann (여섯 번째부터) ⓒⓘⓢ Ritiks, ⓒⓘⓢ Brocken Inaglory, ⓒⓘⓢ Abhishek Jacob, 그림 2-6 ⓒⓘⓢ Asbestos, 그림 2-8 ⓒⓘ Ryan Thompson/U.S. Department of Agriculture, 그림 2-11 ⓒⓘⓢ Evan-Amos, ⓒⓘⓢ Junho Jung, 그림 4-1(차례로) ⓒⓘ Alan R Walker, ⓒⓘ Mark, ⓒⓘ Brian Snelson, 그림 4-2 ⓒⓘⓢ Drow male, 그림 4-7 ⓒⓘⓢ magnaram, 그림 6-4 ⓒⓘⓢ Ildar Sagdejev, 그림 7-1 ⓒⓘⓢ Doc. RNDr. Josef Reischig, CSc., 그림 7-8 ⓒⓘ Oxfam East Africa, 그림 8-8 ⓒⓘ Linda Tanner, 그림 10-2 ⓒⓘ OpenStax College, 그림 11-4 ⓒⓘ Washington NL, Haendel MA, Mungall CJ, Ashburner M, Westerfield M, Lewis SE., 그림 11-6(오른쪽) ⓒⓘ Marc Lieberman, 그림 11-7 ⓒ Robin Stott and licensed for reuse under this Creative Commons Licence., 그림 12-5 ⓒⓘⓢ Flying Puffin, 그림 12-6 ⓒ Jeremy112233, 그림 12-7 ⓒⓘ John Doebley, 그림 12-8 ⓒⓘⓢ International Rice Research Institute(IRRI), 그림 12-10 ⓒⓘⓢ Toni Barros

＊이 책의 그림과 사진은 저작권자의 협의 및 적법한 절차를 거쳐 사용되었습니다.

# 찾아보기

아주 특별한 생물학 수업
생물학자 장수철 교수가 국어학자 이재성 교수에게 1:1 생물학 과외를 하다

**1판 1쇄 발행일** 2015년 5월 26일
**1판 11쇄 발행일** 2023년 7월 17일

**지은이** 장수철 이재성

**발행인** 김학원
**발행처** (주)휴머니스트출판그룹
**출판등록** 제313-2007-000007호(2007년 1월 5일)
**주소** (03991) 서울시 마포구 동교로23길 76(연남동)
**전화** 02-335-4422  **팩스** 02-334-3427
**저자·독자 서비스** humanist@humanistbooks.com
**홈페이지** www.humanistbooks.com
**유튜브** youtube.com/user/humanistma  **포스트** post.naver.com/hmcv
**페이스북** facebook.com/hmcv2001  **인스타그램** @humanist_insta

**편집주간** 황서현  **편집** 임은선 임재희  **일러스트** 김윤미  **사진 촬영** 하현희
**녹취 및 원고 정리** 조은화 전연주  **디자인** 김태형 유주현
**용지** 화인페이퍼  **스캔·출력** 아틀리에  **인쇄** 청아디앤피  **제본** 민성사

ⓒ 장수철 이재성, 2015

ISBN 978-89-5862-853-8 03470